中等职业教育规划教材编委会

"十二五"职业教育国家规划教材
经全国职业教育教材审定委员会审定

≫ 中等职业教育规划教材

有机化学

李秀芹　徐利敏　主　编
俞继梅　　　　副主编
边风根　　　　主　审

化学工业出版社
·北京·

本书共分十二章，主要内容包括：饱和烃，不饱和烃，脂肪族卤代烃，醇、酚和醚，芳香烃，醛和酮，羧酸及其衍生物，含氮有机化合物，杂环化合物和生物碱，糖类化合物和蛋白质，合成高分子化合物。基础性有机实验分散在各章中，专设 15 个有机综合实训项目放在最后。

　　本教材以理论够用为原则，内容简明扼要，充分考虑了中等职业学校学生的特点，贴近学生实际。为提高学生对具体的有机化合物的感性认识，本教材在注重呈现有机化学基本知识、基本理论、基本实验操作技能的同时，注重有机化学知识与生产、生活的实际相联系，并用直观图片进行展示，激发学生学习兴趣，力求达到良好的教学效果。

　　本书可作为中等职业学校工业分析与检验、化学工艺专业或其他相近专业的教材，也可作为相关行业岗位培训参考书。

图书在版编目（CIP）数据

有机化学/李秀芹，徐利敏主编 . —北京：化学
工业出版社，2016.4（2024.9 重印）
"十二五"职业教育国家规划教材　中等职业
教育规划教材
ISBN 978-7-122-26423-7

Ⅰ. ①有…　Ⅱ. ①李…②徐…　Ⅲ. ①有机化学-
中等专业学校-教材　Ⅳ. ①O62

中国版本图书馆 CIP 数据核字（2016）第 042933 号

责任编辑：窦　臻　　　　　　　　　　文字编辑：林　媛
责任校对：宋　玮　　　　　　　　　　装帧设计：王晓宇

出版发行：化学工业出版社（北京市东城区青年湖南街 13 号　邮政编码 100011）
印　　装：三河市双峰印刷装订有限公司
787mm×1092mm　1/16　印张 14½　字数 352 千字　2024 年 9 月北京第 1 版第 9 次印刷

购书咨询：010-64518888　　　　　　　售后服务：010-64518899
网　　址：http://www.cip.com.cn

凡购买本书，如有缺损质量问题，本社销售中心负责调换。

定　　价：35.00 元

前言 FOREWORD

　　本书依据教育部修订的中等职业学校相关专业教学标准进行编写，突出了"有机化学"核心课程的地位和作用。在内容选取上严格执行新标准的要求，紧密结合生产实际，以学生的职业能力培养为出发点，深浅适度、详略得当。在表达上充分考虑学生学习特点及认知规律，表达方式灵活、多样，在教学设计上注重学生学习兴趣的培养，使学生乐学、易学。每章内容讲解前，首先用通俗易懂的语言说明教学目标；采用新颖的问题将每一节教学内容导入，设计"知识链接"将实际生产和生活与教学内容紧密相连，特别是教材在对常见的烃、烃的衍生物等各类有机物介绍时，十分注重各类有机物在生活、工农业生产的应用；设计"拓展提升"扩大学生的视野；归纳"本章小结"使学生明确学习重点。让学生通过有机化学的学习，更加了解有机化学在人类提高生活质量、改善生存环境、解决发展问题的过程中起到的巨大作用。

　　本书中加 * 号内容为选学内容，各学校可根据需要有选择地讲授。

　　本书可作为职业院校工业分析与检验、化学工艺专业及相关专业的教材，也可以作为企业的培训教材和有关人士进行安全培训的参考资料。

　　本书配有电子课件，选用本教材的学校可以与化学工业出版社联系（cipedu@163.com），免费索取。

　　全书共分 12 章，本溪市化学工业学校李秀芹老师任第一主编，编写第二章、第三章和第五章以及实训项目十一、实训项目十四、实训项目十五，同时负责统稿和修改。河南省焦作市技师学院徐利敏老师任第二主编并编写第八章和第九章以及实训项目一、实训项目三、实训项目五、实训项目六。江西省化学工业学校俞继梅老师任副主编并编写绪论、第一章、第四章和第七章以及实训项目七、实训项目八、实训项目十三。上海信息技术学校侯亚伟老师编写第十一章和第十二章以及实训项目十二。河南化工技师学院王伟老师负责编写第六章和第十章以及实训项目二、实训项目四、实训项目九、实训项目十。江西省化学工业学校副校长边风根任本书主审，在本书前期的策划及大纲、样章的编写过程中提出宝贵的意见和建议，对保证本书的高质量编写提供了有力的支持。本书的编写还得到本溪市化学工业学校副校长姜淑敏的编写建议，在资料收集中得到辽宁北方煤化工有限公司的大力支持，本溪市化学工业学校张显亮、段可欣、张春艳、刘雁冰、韩秀兰、付广海、季占宝、孙巍等老师在教材编写中给予了大力帮助，在此一并深表谢意。

　　由于编者的经历和水平有限，编写时间仓促，本书难免出现不妥之处，敬请读者批评指正。

编者

2015 年 12 月

目录　CONTENTS

第一章

绪论

 学习目标

1. 理解有机化学与有机化合物的含义。
2. 说出有机化合物的特性。
3. 了解有机化合物的分类。
4. 归纳有机化合物的结构及有机物的官能团类型。
5. 说出有机化合物的学习方法。

有机化学，又称为碳化合物的化学，是研究有机化合物的结构、性质、制备的科学，是化学中极重要的一个分支。

有机化学作为人类实践活动，可以追溯到史前。世界上几个文明古国很早就掌握了酿酒、造醋和制饴糖的技术，它们的工艺涉及了最初的有机化学变化。

知识链接

酿造

酿造是利用粮食发酵作用制造酒、醋、酱油等。黄酒的酿造：大米（糯米或粳米）或黄米原料经蒸煮，摊凉后，加入曲子，浸米水，或加入酵母搅拌后，在缸内糖化与发酵，发酵完成后进行压榨，压榨出的液体即为黄酒。

古代酿酒技术　　　　　近代酿造技术　　　　　现代醋类产品

第一节　有机化合物和有机化学

为什么要学习有机化学？

什么是有机化合物？什么是有机化学？

一、 有机化学的地位与作用

1. 人类生活离不开有机化合物

（1）衣　20 世纪以前，人类主要是以棉花、麻、羊毛、蚕丝来织布缝衣，这些材料是天然纤维，属于有机化合物。我国在古代用蚕丝织成的丝绸，通过"丝绸之路"而畅销西亚各国。棉花、麻、羊毛、蚕丝受产量的限制，从 1929 年开始，科学家经研究研制出"尼龙""的确良""合成羊毛""合成棉花"等多种合成纤维。合成纤维（见图 1-1）利用石油化工产品为原料制成，主要包括涤纶、锦纶、腈纶、丙纶、维纶和氯纶等，能制作各种纺织品、针织品、毛料、毛线等，具有易加工、强度大、弹性好、耐磨、耐化学腐蚀、不发霉、不怕虫蛀等优点。各种色泽鲜艳的合成纤维把人类的生活装扮得更加丰富多彩。

各种石油化工产品先制成小粒再纺成纤维

图 1-1　合成纤维

21 世纪的今天，随着纳米技术等高科技的广泛应用，将进一步改善合成纤维的吸湿性、透气性、耐温性差的缺点。

纤维素的分类

天然纤维　棉花、麻——纤维素（$C_6H_{10}O_5$）$_n$

　　　　　羊毛、蚕丝——蛋白质

人造纤维　木竹、草类——纤维素经化学方法提取出来

合成纤维　聚酰胺纤维——尼龙（或称锦纶）

　　　　　聚酯纤维——涤纶（或称的确良）

　　　　　聚丙烯腈纤维——腈纶（或称奥纶）（合成羊毛）

　　　　　聚乙烯醇缩甲醛纤维——维纶（合成棉花）

（2）食　饮食方面与有机化学密不可分，人体必需的三大营养——蛋白质、淀粉、油脂，还有多种维生素，都是有机化合物。糖类（包括葡萄糖、果糖、蔗糖、麦芽糖、淀粉、纤维素等）、蛋白质、油脂等天然有机化合物为人类生存提供能量。

另外，饮用酒（C_2H_5OH）、食醋（CH_3COOH）、酱油（含多种氨基酸）、味精（谷氨酸钠）、香料等食物调味品也是有机化合物。毒性较小的食物防腐剂苯甲酸被广泛用于酱油、醋、果汁、果酱、罐头、汽水和各种肉类制品中，但摄入过量的苯甲酸也会危害人体健康。

（3）住　现代建筑及装修所采用的涂料、有机玻璃和各种建筑塑料（塑料门窗、塑料给排水管、塑胶地板、塑料壁纸、PVC 外墙挂板、阳光板等），都是有机材料，它们将世界装饰得五彩缤纷。建筑及装修用的有机化合物见图 1-2。

（4）行　有机化合物橡胶是制造汽车、飞机等各种交通工具的必需材料，天然橡胶远远

涂料

有机玻璃电视背景墙　　　塑料水管

图 1-2　建筑及装修用的有机化合物

不能满足制造轮胎和各种传送带的需要，目前全世界所用橡胶 70％以上是合成橡胶。合成橡胶通常有丁苯橡胶（单体是丁二烯和苯乙烯）、顺丁橡胶、氯丁橡胶等，还有耐油性很好的聚硫橡胶、耐严寒和高温的硅橡胶。

现代出行离不开各种交通工具，交通工具中的汽车也用到了大量的有机材料，见图 1-3，汽车内的座椅、方向盘、视听器材等各种内部装修材料和外部的车灯、轮胎等都是有机材料，另外，作为交通工具燃料的汽油、柴油也都是有机化合物（烃类的混合物）。

汽油

图 1-3　交通工具汽车用的有机化合物

（5）药　大多数药物是有机化合物，在帮助人们战胜疾病、延长寿命的过程中发挥着重要的作用。弗莱明因发现青霉素获得 1945 年诺贝尔奖，青霉素（见图 1-4）的发现开辟了一条新的治病途径，拯救了成千上万人的生命。

(a)弗莱明　　　　　　　(b)青霉素的发现　　　　　　　(c)青霉素针剂

图 1-4　青霉素

2. 在生命科学领域的应用

生命体中的许多物质都是有机物，有机化学在研究生命机理方面起着重要的作用，我国科学家于 1965 年在世界上第一次人工合成了具有生物活性的蛋白质——结晶牛胰岛素，使人类在认识生命、揭示生命奥秘的进程中迈出了一大步，促进了生命科学的发展。

3. 特殊功能有机材料

随着社会的进步和科技的发展，特殊功能有机材料在航空航天、国防建设、疾病的诊断和治疗等方面正发挥着不可估量的巨大作用。军事上，如在飞机机体上喷涂特制的吸波涂料，可以降低敌方探测雷达的回波。医疗上，各种人工器官如人造心脏、人造血管、人造关节、人工肾脏等，具有优异的生物相容性，较少受到排斥，可以满足人工器官对材料的苛刻要求。

二、 有机化合物和有机化学的含义

1. 有机化合物的含义

有机化合物就是碳氢化合物及其衍生物，但一些简单的含碳化合物，如一氧化碳、二氧化碳、碳酸及其盐、氰化物、硫氰化物等除外。有机化合物主要构成元素为碳和氢，其他还有氧、氮、硫、磷、卤素等元素，其天然来源是石油、煤、天然气、农副产品及其他。

2. 有机化学的含义

有机化学就是研究含碳化合物或碳氢化合物及其衍生物的化学，是研究有机化合物的结构、性质、来源、制备及用途的一门学科。

有机化学的成就使煤、石油、天然气、农产品等自然资源得到了充分的综合利用，为合成染料、医药、炸药等工业奠定了基础。

第二节　有机化合物的特性

分组讨论，请每位同学举一个有机化合物的例子，根据所举例子列出 1～2 个它所具有的特性，然后进行总结。

有机化合物具有以下特性。

1. 容易燃烧

一般的有机化合物都容易燃烧，例如酒精、汽油、甲烷等，但四氯化碳不燃烧，而且可以灭火（扑灭电源内或电源附近的火）。

2. 熔点、 沸点低

在室温下，大多数无机化合物都是高熔点的固体，而有机化合物通常为气体、液体或低熔点的固体。例如，氯化钠和丙酮的相对分子质量相当，但二者的熔、沸点相差很大，丙酮的熔点为 $-81℃$，沸点为 $48.8℃$；而氯化钠的熔点为 $801℃$，沸点为 $1413℃$。

有机化合物熔点比较低，而无机化合物熔点较高，这是因为多数无机化合物为离子晶体，晶格之间是静电引力，晶格能高，所以熔点高，而有机化合物一般是分子晶体，晶格之间是微弱的范德华力，晶格能小，所以熔点低。有机化合物液体分子间是靠微弱的范德华力维系的，破坏它所需的能量小，所以，有机化合物的沸点较低。

有机化合物的熔点、沸点随着相对分子质量的增加而逐渐增加。一般地说，纯的有机化合物都有固定的熔点和沸点。因此，熔点和沸点是有机化合物的重要物理常数，人们常利用熔点和沸点的测定来鉴定有机化合物。

3. 难溶于水， 易溶于有机溶剂

有机物在溶剂中的溶解性遵循"相似相溶原理"，即极性相近的物质可以相互溶解。大多数有机物的极性较小，因而难溶于极性较大的水中。溶解有机物要用极性较小的有机溶剂（如乙醚、苯、烃、丙酮等）。除少数例外，大多数有机化合物难溶或不溶于水，易溶于酒精、乙醚、丙酮、汽油或苯等有机溶剂，因此有机反应常在有机溶剂中进行。

4. 反应速率慢， 副反应多

无机反应速率一般很快，而有机反应少则几小时，多则几天，甚至几年才完成。有机反应需要较高能量去破坏有机分子中的化学键，故有机反应大多较慢，常需采用加热、搅拌甚至催化剂等措施来加速反应。但并不是所有的有机反应都较慢，也有部分有机反应进行得十分迅速。如炸药（TNT、硝化甘油等）的爆炸反应、有机物蒸气的燃烧等反应。

5. 有机分子组成复杂、 数目庞大

目前有机化合物有两千余万种，很多有机化合物在组成上要比无机化合物复杂得多。例如从自然界分离出来的维生素 B_{12}（见图 1-5），组成是 $C_{63}H_{88}N_{14}O_{14}PCo$，相对分子质量为 1355。

6. 有机反应的产物复杂、 产率低

有机物的结构复杂、反应活性中心相对较多，反应时常不能局限在某一特定部分，这使反应结果比较复杂，常伴有副反应发生，产物种类较多，反应的产率一般较低（不能按照反应式定量进行）。对于一个无机反应，产率一般可达 90％～100％；对于一个有机反应，产率若能达到理论产率的 60％～70％就是比较满意的结果了。

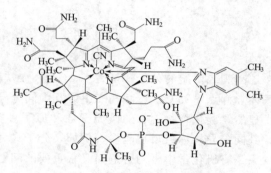

图 1-5　维生素 B_{12} 的结构

第三节　有机化合物的结构

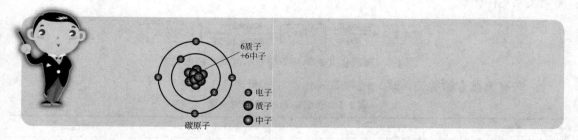

物质的性质取决于物质的结构，有机化合物大多是以共价键进行结合。

一、 碳原子成键方式

碳原子最外层有四个电子，既不容易得到四个电子，也不容易失去四个电子，它只能与其他若干个原子共用四对电子，形成四个共价键。也就是说，碳原子之间相互结合或与其他

原子结合时，都是通过共用电子对而结合成共价键，每个碳原子有四个共价键。碳原子可以碳碳单键（C—C）、碳碳双键（C═C）或碳碳三键（C≡C）相互连接成碳链或碳环。

二、 有机化合物结构的表示方法

有机化合物结构是指有机化合物分子中各原子是按照一定的排列顺序相互连接的，表示方法主要有结构式、结构简式、键线式三种。

（1）结构式　结构式是用元素符号和短线表示有机化合物分子中各原子的排列和结合方式的式子，其中每一根短线表示一对共用电子对或一个共价键。单键用"—"表示，双键用"═"表示，三键用"≡"表示。例如：

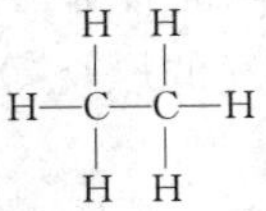

（乙烷 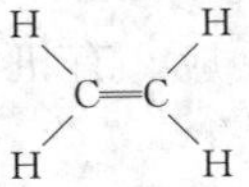　　　乙烯 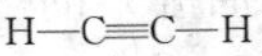　　　乙炔 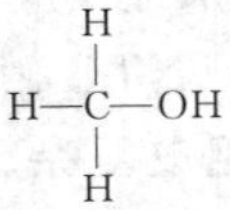　　　甲醇）

分子式相同、结构式不同的现象称为同分异构现象，分子式相同、结构式不同的有机化合物互称同分异构体。例如：

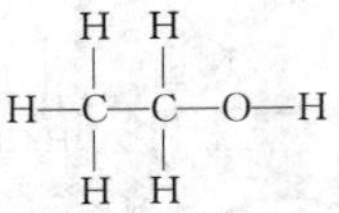

（乙醇 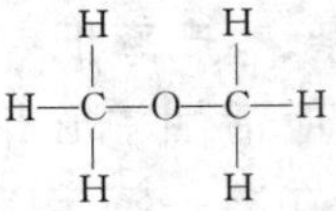　　　二甲醚）

乙醇和二甲醚的分子式都是 C_2H_6O，在常温下乙醇是液体，沸点为 $78.5℃$，而二甲醚是气体，沸点 $-23℃$。乙醇和二甲醚互为同分异构体。

显然，碳化合物含有的碳原子数和原子种类越多，分子中原子间的可能排列方式也越多，其同分异构体数目也越多。例如，分子式为 $C_{10}H_{22}$ 的同分异构体数可达 75 个。同分异构现象是有机化学中极为普遍而又很重要的问题，也是造成有机化合物数目繁多的主要原因之一。

（2）结构简式　结构简式是将结构式中的表示单键的短线"—"省略不写所得的一种简式。如，丙烷的结构简式为 $CH_3CH_2CH_3$，乙烯为 $CH_2═CH_2$，在熟练掌握了结构式和结构简式后，我们常常用结构简式来表示有机化合物的结构。

（3）键线式　键线式是将碳、氢元素符号略去，只表示分子中键的连接情况，每个拐点或终点均表示有一个碳原子。如，丙烷用键线式表示为∧。有机化合物结构不同表示方式之间的关系见图1-6。

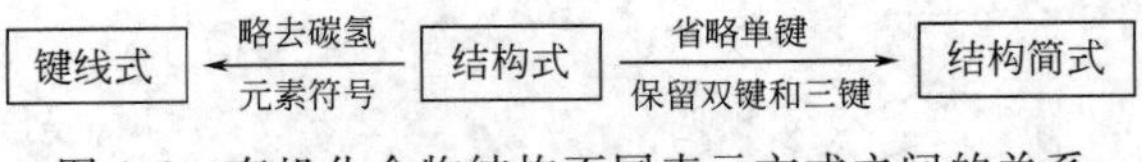

键线式　←（略去碳氢元素符号）←　结构式　→（省略单键 保留双键和三键）→　结构简式

图 1-6　有机化合物结构不同表示方式之间的关系

一些有机化合物的结构式、结构简式和键线式见表1-1。

表 1-1　有机化合物的结构表示

名称	结构式	结构简式	键线式
正戊烷	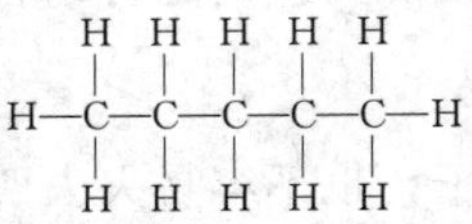	$CH_3CH_2CH_2CH_2CH_3$ （或 $CH_3—CH_2—CH_2—CH_2—CH_3$）	

名称	结构式	结构简式	键线式
2-甲基丁烷	H H H H | | | | H—C—C—C—C—H | | | | H H H H | H—C—H | H	$CH_3CHCH_2CH_3$ | CH_3	
2-丁烯	H H | | H—C—C=C—C—H | | | | H H H H	$CH_3CH=CHCH_3$	
正丁醇	H H H H | | | | H—C—C—C—C—OH | | | | H H H H	$CH_3CH_2CH_2CH_2OH$	OH
环己烷	H H H | | / H—C C—H 环	CH_2—CH_2 CH_2 CH_2 CH_2—CH_2	
苯	C=C H—C C—H C—C	CH=CH CH CH CH=CH	
吡啶	C=C H—C N C=C	CH=CH CH N CH=CH	N

三、 有机化合物结构与性质的关系

结构决定性质。有机化合物的性质，主要决定于其结构，根据有机化合物的结构，也可以推断有机化合物的性质。

第四节　有机化合物的分类

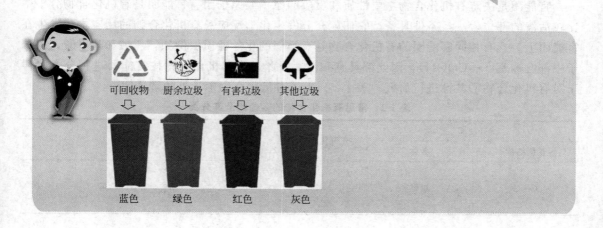

可回收物　　厨余垃圾　　有害垃圾　　其他垃圾

蓝色　　　绿色　　　红色　　　灰色

有机化合物的种类非常多，已达几千万种，并且总数每年都在增加。为研究和学习的方便，需要对有机化合物进行分类。

一、 按碳骨架分类

有机化合物是以碳为骨架的，可根据碳原子结合而成的基本骨架不同，分成三大类。

1. 开链化合物

开链化合物分子中的碳原子相互连接成链状而无环状结构，因油脂分子中主要是这种链状结构，因此又称为脂肪族化合物。例如：

$$CH_3CH_2CH_3 \qquad CH_3CH_2CH_2CH_2OH \qquad CH_3CH_2COOH$$
丙烷 　　　　　　　　　正丁醇 　　　　　　　　丙酸

2. 碳环化合物

这类化合物分子中的碳原子连接成环状结构，故称为碳环化合物。碳环化合物又可分成脂环族化合物和芳香族化合物。

（1）脂环族化合物　　这类化合物的性质与前面提到的脂肪族化合物相似，只是碳链连接成环状，例如：

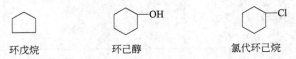

环戊烷 　　　　　　　　　环己醇 　　　　　　　　氯代环己烷

（2）芳香族化合物　　这类化合物分子中含有苯环或稠合苯环，它们在性质上与脂环族化合物不同，具有一些特性。例如：

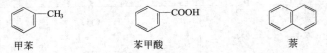

甲苯 　　　　　　　　　苯甲酸 　　　　　　　　　萘

3. 杂环化合物

这类化合物分子中含有由碳原子和氧、硫、氮等杂原子组成的环，例如：

呋喃 　　　　　　　　　噻吩 　　　　　　　　　吡啶

二、 按官能团分类

官能团是决定有机化合物主要性质和反应的原子或原子团。官能团是有机化合物分子中比较活泼的部位，一旦条件具备，它们就充分发生化学反应。有机化合物的反应主要发生在官能团上。含有相同官能团的有机化合物具有类似的化学性质。例如：乙酸和苯甲酸，因分子中都含羧基（—COOH），因此都具有酸性。因此，将有机化合物按官能团进行分类，便于对有机化合物的共性进行研究。表1-2列出了有机化合物中常见的官能团。

表1-2　常见有机化合物的官能团及其分类

官能团		有机化合物类别	化合物举例
基团结构	名称		
$\diagdown C=C \diagup$	双键	烯烃	$CH_2{=\!=}CH_2$　乙烯

官能团		有机化合物类别	化合物举例
基团结构	名称		
—C≡C—	三键	炔烃	H—C≡C—H　乙炔
—OH	醇羟基	醇	$CH_3CH_2CH_2OH$　丙醇
—OH	酚羟基	酚	⬡—OH
—C—O—C—	醚键	醚	CH_3CH_2—O—CH_2CH_3　乙醚
>C=O	羰基	醛,酮	CH_3—C(=O)—H　乙醛, CH_3—C(=O)—CH_3　丙酮
—C(=O)—OH	羧基	羧酸	CH_3—C(=O)—OH　乙酸
—NH₂	氨基	胺	CH_3—NH_2　甲胺
—NO₂	硝基	硝基化合物	⬡—NO_2　硝基苯
—X	卤素	卤代烃	CH_3Cl　氯甲烷, CH_3CH_2Br　溴乙烷
—SH	巯基	硫醇,硫酚	CH_3CH_2—SH　乙硫醇, ⬡—SH　苯硫酚
—SO₃H	磺酸基	磺酸	⬡—SO_3H　苯磺酸
—C≡N	氰基	腈	$CH_3C≡N$　乙腈

第五节　有机化学的学习方法

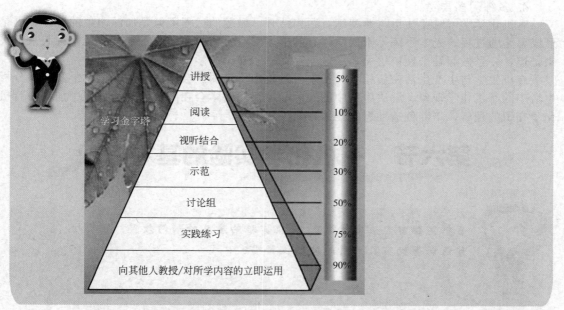

有机化学既是分析、食品、医药等专业的一门必不可少的基础课程，也是一门系统性和

实用性很强的自然学科，学好有机化学，对学生今后的工作和继续学习非常重要。

1. 把握物质结构

"结构决定性质，性质反映结构"在有机化学中表现得特别明显，这不仅表现在化学性质中，同时也体现在物理性质上。有机化学的中心问题就是结构与性质的关系问题，把握结构与性质的关系（见图1-7）是学好有机化学的基础。从化合物的结构特征出发，可以很好地理解有机化合物的主要性质特征包括物理性质和化学性质。"结构决定性质"是学习有机化学的法宝。

图1-7 有机结构与性质的关系

2. 弄清反应机理

在学习每一类有机化合物时，牢牢把握其能发生反应的反应过程（即反应机理），如：发生化学反应时，键在何处断？键在何处连？反应条件是什么？反应类型是什么？都要理解并深刻记忆，然后运用类比迁移等思维方法来分析问题。例如，已知一个有机物的结构式，可根据存在的官能团来分析它应具有的性质——看到醇羟基就应想到乙醇的性质，看到酚羟基就应想到苯酚的性质。

3. 经常进行记忆

学习有机化学要在理解的基础上做必要的记忆。对有机化合物的构造式、命名、基本性质等在开始学习时，要像记外文单词那样反复的强化记忆。或对所学知识及时归纳总结，找出相似的地方和不同的地方，进行比较记忆。或借鉴一些巧记法，如顺口溜：有机化学并不难，记准通式是关键。只含碳氢称为烃，结构成链或成环。双键为烯三键炔，单键相连便是烷。脂肪族的排成链，芳香族的带苯环。异构共有分子式，通式通用同系间。烯烃加成烷取代，衍生物看官能团。羟醛羧基连烃基，称为醇醛及羧酸。运用多种方式帮记忆，寓知识记忆于趣味之中。

4. 多练习多思考

有机化学学习时要注重与典型练习题相结合，做题的过程不但是加深印象的过程，更是形成思路的过程。光学不练等于白学，有的学生对有机物的性质记得十分清楚，说起来也头头是道，一旦做起题来便束手无策，这就存在一个知识的学与用断层的问题。

有机化学与生产生活密切相关，在学习过程中不仅要学会运用所学有机化学知识去分析生活中的有机化学现象、解决生活中的实际问题，还要学会在解决问题的过程中加深对有机化学知识的理解，培养创造性思维能力。

第六节　有机化学实验的基本常识

有机实验需要注意什么？　有机实验的废弃物如何处置？
你认识有机实验常用的玻璃仪器吗？

一、 有机化学实验基本规则

为了保证有机化学实验正常进行，培养良好的实验方法，并保证实验室的安全，学生必须严格遵守以下规则。

① 熟悉实验室的安全规则，学会正确使用水、电、煤、通风橱、灭火器等，了解实验事故的一般处理方法。做好实验的预习工作，了解所用药品的危害性及安全操作方法，按操作规程，小心使用有关实验仪器和设备，若有问题应立即停止使用。

② 实验前要清点仪器，如果发现有破损或缺少，应立即报告教师，按规定手续到实验预备室补领，实验时仪器若有损坏，亦应按规定手续到实验预备室换取新仪器。未经教师同意，不得拿用别的位置上的仪器。

③ 实验药品使用前，应仔细阅读药品标签，按需取用，避免浪费，自药品瓶中取出的药品，不应倒回原瓶中，以免带入杂质，取完药品后要迅速盖上瓶塞，避免搞错瓶塞，污染药品。不要任意更换实验室常用仪器（如天平、干燥器、折光仪等）和常用药品的摆放位置。

④ 实验时，要保持实验室和桌面的清洁，认真操作，遵守实验纪律，严格按照实验中所规定的实验步骤、试剂规格及与用量来进行。若要改变，需经教师同意方可进行。

⑤ 整个实验操作过程中要集中思想，避免大声喧哗，不要在实验室吃东西。

⑥ 实验中和实验后，各类固体废物和液体废物应分别放入指定的废物收集器中。

⑦ 实验完毕后应将玻璃仪器洗涤洁净，放回原处。清洁并整理好桌面，打扫干净水槽和地面，最后洗净双手。

⑧ 离开实验室前，应检查水电煤是否安全关闭。实验室的一切物品（仪器、药品和实验产物等）不得带离实验室。

二、 有机化学实验基本安全知识

有机化学实验很大程度上由玻璃仪器、实验试剂和电器设备等组成，如果操作不当，会对人体、环境造成伤害，实验试剂往往具有易燃、易爆、易挥发、易腐蚀、毒性高等特点，玻璃仪器与电器设备使用不当亦可发生意外事故。因此，有机化学实验室是一个潜在的、高危险性的场所。

（1）防火 实验操作要规范，实验装置要正确，对易燃、易爆、易挥发的实验药品要远离明火，不可随意丢弃，实验后应专门回收。若一旦发生火灾，应先切断电源、燃气，移去易燃易爆试剂，再采取其他适当方法灭火，如灭火器，石棉网或黄沙覆盖，或用水冲等。

（2）防爆 仪器装置要正确，常压蒸馏及回流时，整个系统不能密闭；减压蒸馏时，应事先检查玻璃仪器是否能承受系统的压力；若在加热后发现未放沸石，应停止加热，冷却后再补加；冷凝水要保持畅通。有些有机物遇氧化剂会发生猛烈的爆炸或燃烧，操作或存放应格外小心。

（3）防中毒 绝大多数有机实验试剂都有不同程度的毒性，对有刺激性或者产生有毒气体的实验，应尽量安排在通风橱，或有排风系统的环境中进行，或采用气体吸收装置。有毒或有较强腐蚀性的药品应严格按照有关操作规程进行，不能用手直接拿或接触这类化学药品，不得入口，或接触伤口，亦不可随便倒入下水道。

实验中若发现有头晕、头痛等中毒症状，应立即转移到空气新鲜的地方休息，严重者应送医院。

（4）防化学灼伤　强酸、强碱和溴等化学药品接触皮肤均可引起灼伤，使用时应格外小心。一旦发生这类情况应立即用大量水冲洗，再用如下方法处理。

酸灼伤：眼睛灼伤用 1％NaHCO₃ 溶液清洗；皮肤灼伤用 5％NaHCO₃ 溶液清洗。

碱灼伤：眼睛灼伤用 1％硼酸溶液清洗；皮肤灼伤用 1％～2％醋酸溶液清洗。

溴灼伤：立即用酒精洗涤，再涂上甘油，或敷上烫伤油膏。

灼伤较严重者经急救后速去医院治疗。

（5）防割伤和烫伤　在玻璃仪器的使用和玻璃工的操作中，常因操作或使用不当而发生割伤和烫伤现象。若发生此类现象，可用如下方法处理。

割伤：先要取出玻璃片，用蒸馏水或双氧水清洗伤口，涂上红药水，再用纱布包扎；若伤口严重，应在伤口上方用纱布扎紧，急送医院。

烫伤：轻者涂烫伤膏，重者涂烫伤膏后立即送医院。

三、 有机化学实验废物的处置

在有机化学实验中和实验结束后往往会产生各种固体、液体等废物，为提倡环境保护，遵守国家的环保法规，减少对环境危害，可采用如下处理方法。

① 所有实验废物应按固体、液体，有害、无害等分类收集于不同的容器中，对一些难处理的有害废物可送环保部门专门处理。

② 少量的酸（如盐酸、硫酸、硝酸等）或碱（如氢氧化钠、氢氧化钾等）在倒入下水道之前必须被中和，并用水稀释。

③ 有机溶剂必须倒入带有标签的废物回收容器中，并存放在通风处。

④ 对无害的固体废物，如滤纸、碎玻璃、软木塞、氧化铝、硅胶、硫酸镁、氯化钙等可直接倒入普通的废物箱中，不应与其他有害固体废物相混；对有害固体废物应放入带有标签的广口瓶中。

⑤ 对能与水发生剧烈反应的化学品，处置之前要用适当的方法在通风橱内进行分解。

⑥ 对可能致癌的物质，处理起来应格外小心，避免与手接触。

四、 有机实验常用玻璃仪器

有机实验玻璃仪器，按其口塞是否标准及磨口，而分标准磨口仪器（见图 1-8）及普通仪器（见图 1-9）两类。标准磨口仪器由于可以相互连接，使用时既省时方便又严密安全，它将逐渐代替同类普通仪器。这种仪器可以和相同编号的磨口相互连接，既可免去配塞子及钻孔等手续，也能免去反应物或产物被软木塞或橡胶塞所沾污。标准磨口玻璃仪器口径的大小，通常用数字编号来表示，该数字是指磨口最大端直径，单位为 mm。常用的有 10、14、19、24、29、34、40、50 等。有时也用两组数字来表示，另一组数字表示磨口的长度。例如 14/30，表示此磨口直径最大处为 14mm，磨口长度为 30mm。相同编号的磨口、磨口塞可以紧密连接。有时两个玻璃仪器，因磨口编号不同无法直接连接时，则可借助不同编号的磨口接头使之连接。

使用标准磨口玻璃仪器时应注意：

① 磨口处必须洁净，若沾有固体杂物，会使磨口对接不严密导致漏气。若有硬质杂物，更会损坏磨口。

② 用后应拆卸洗净。否则若长期放置，磨口的连接处常会粘牢，难以拆开。

③ 一般用途的磨口无需涂润滑剂，以免沾污反应物或产物。若反应中有强碱，则应涂润滑剂，以免磨口连接处因碱腐蚀粘牢而无法拆开。减压蒸馏时，磨口应涂真空脂，以免漏气。

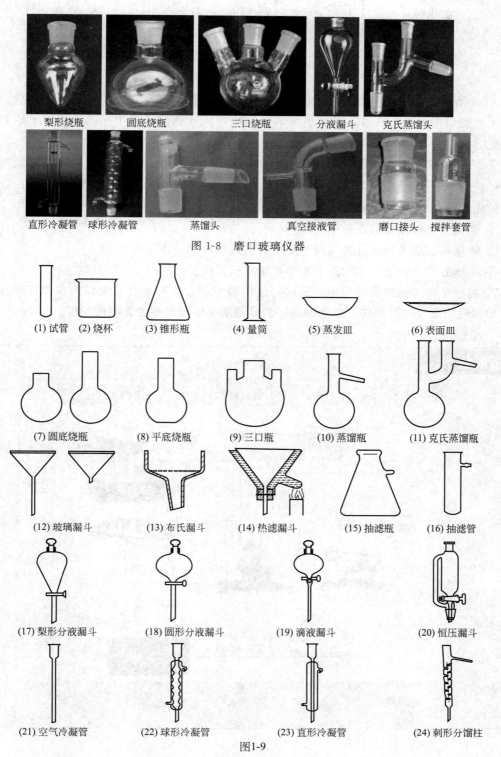

梨形烧瓶　　圆底烧瓶　　　三口烧瓶　　　分液漏斗　　　克氏蒸馏头

直形冷凝管　球形冷凝管　　　蒸馏头　　　　真空接液管　　磨口接头　搅拌套管

图 1-8　磨口玻璃仪器

(1) 试管　(2) 烧杯　(3) 锥形瓶　(4) 量筒　(5) 蒸发皿　(6) 表面皿

(7) 圆底烧瓶　(8) 平底烧瓶　(9) 三口瓶　(10) 蒸馏瓶　(11) 克氏蒸馏瓶

(12) 玻璃漏斗　(13) 布氏漏斗　(14) 热滤漏斗　(15) 抽滤瓶　(16) 抽滤管

(17) 梨形分液漏斗　(18) 圆形分液漏斗　(19) 滴液漏斗　(20) 恒压漏斗

(21) 空气冷凝管　(22) 球形冷凝管　(23) 直形冷凝管　(24) 刺形分馏柱

图1-9

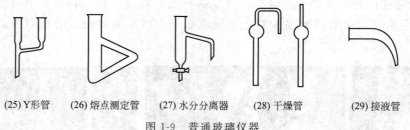

(25) Y形管　　(26) 熔点测定管　　(27) 水分分离器　　(28) 干燥管　　(29) 接液管

图 1-9　普通玻璃仪器

④ 带活塞的磨口玻璃器皿用过洗净后，在活塞与磨口间应垫上纸片，以防粘住。如已粘住可在磨口四周涂上润滑剂或有机溶剂后用电吹风吹热风，或用水煮后再用木块轻敲塞子，使之松开。

⑤ 安装标准磨口玻璃仪器装置时，应注意安得正确、整齐、稳妥，使磨口连接处不受歪斜的应力，否则易将仪器折断，特别在加热时，仪器受热，应力更大。

使用玻璃仪器还应注意以下几个方面：

① 使用时要轻拿轻放，以免弄碎。

② 除烧杯、烧瓶和试管外，均不能用火直接加热。

③ 锥形瓶、平底烧瓶不耐压，不能用于减压系统。

④ 温度计的水银球玻璃很薄，易碎，使用时应小心。不能将温度计当搅拌棒使用；温度计使用后应先冷却再冲洗，以免破裂；测量范围不得超出温度计刻度范围。

拓展提升

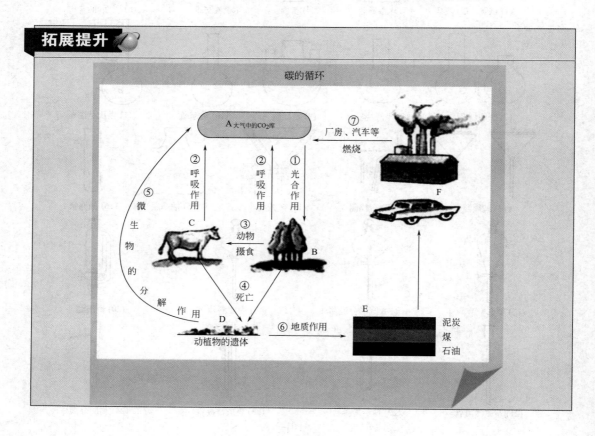

本章小结

1. 有机化合物及有机化学含义

2. 有机化合物的特性：易燃；熔点、沸点较低；难溶于水易溶于有机溶剂；反应速率慢且常有副反应；组成复杂等

3. 有机化合物的结构（重点）

（1）碳原子为四键，可相互连接成链或环

（2）有机化合物结构的表示方式——结构式、结构简式、键线式

（3）结构决定性质

（4）分子式相同，结构式不同的现象，称同分异构现象

4. 有机化合物分类：按碳架分类；按官能团分类

5. 有机化学的学习方法

6. 有机实验基本常识

习题

一、选择题

1. 下列物质中，属于有机物的是（　　）。

A. CO
B. CH_4
C. H_2CO_3
D. K_2CO_3

2. 下列物质中，不属于有机物的是（　　）。

A. CH_3CH_2OH
B. CH_4
C. CCl_4
D. CO_2

3. 下列叙述不是有机化合物一般特性的是（　　）。

A. 可燃性
B. 反应比较简单
C. 熔点低
D. 难溶于水

4. 大多数有机化合物具有的特性之一是（　　）。

A. 易燃烧
B. 易溶于水
C. 反应速率快
D. 沸点高

5. 下列说法正确的是（　　）。

A. 所有的有机化合物都难溶或不溶于水
B. 所有的有机化合物都易燃烧
C. 所有的有机化学反应速率都十分缓慢
D. 所有的有机化合物都含有碳元素

6. 在有机化合物中，一定含有的元素是（　　）。

A. O
B. N
C. H
D. C

7. 具有相同分子式但结构不同的化合物称为（　　）。

A. 同分异构现象
B. 同分异构体
C. 同系物
D. 同位素

8. 环保部门为了使城市生活垃圾得到合理利用，近年来实施了生活垃圾分类投放的办法。其中塑料袋、废纸、旧橡胶制品等属于（　　）。

A. 无机物
B. 有机物
C. 盐类
D. 非金属单质

9. 下列用品中，由有机合成材料制成的是（　　）。

A. 玻璃杯
B. 瓷碗
C. 木桌
D. 塑料瓶

10. 下列说法中不正确的是（　　）。

A. 甲烷是一种密度比空气小，有刺激性气味的无色气体

B. 把秸秆、杂草、人畜粪便等放在密闭的池中发酵会产生沼气

C. 汽油是一种良好的溶剂，可用汽油来洗涤衣服上的油渍

D. 头发、羊毛等在火焰上灼烧时闻到焦臭味

11. 目前许多城市的公交客车上写有"CNG"（压缩天然气）。CNG 的使用，可以大大降低汽车尾气排放，减少空气污染，提高城市空气质量。下列关于 CNG 的成分正确的是（　　）。

A. CH_3OH　　　　　　B. CH_4　　　　　　C. CH_3COOH　　　　　　D. C_2H_5OH

12. 化石能源是不可再生能源，人类必须树立节能意识。当今世界提倡低碳社会，保护环境是每个公民应尽的义务。某同学提出以下环保建议：①开发新能源，减少矿物燃料的燃烧；②开发生产无汞电池；③提倡使用一次性发泡塑料餐具和塑料袋；④提倡使用手帕，减少餐巾纸的使用；⑤分类回收垃圾。其中你认为可以采纳的组合是（　　）。

A. ①②③④⑤　　　B. ①③⑤　　　　　C. ①②③⑤　　　　　D. ①②④⑤

二、填空题

1. 从有机化合物的结构看，造成有机物种类繁多的原因是＿＿＿＿＿＿＿＿。

2. 《关于限制生产销售使用塑料购物袋的通知》（简称"限塑令"）于 2008 年 6 月 1 日开始实施。市售塑料购物袋有的用聚乙烯 $[-CH_2CH_2-]_n$ 制成，有的用聚氯乙烯 $[-CH_2CHCl-]_n$ 制成。请回答：

(1) 聚氯乙烯由＿＿＿＿＿＿种元素组成；

(2) 通过点燃的方法可以鉴别聚乙烯和聚氯乙烯，如果塑料购物袋点燃时有强烈的刺激性气味，这种塑料购物袋可能是由＿＿＿＿＿＿＿＿制成；

(3) 实行塑料购物袋有偿使用的意义是＿＿＿＿＿＿（可多选，填序号）。

A. 节约资源　　　B. 避免滥用塑料袋　　　C. 保护生态环境　　　D. 提高生活水平

第二章

饱和烃

学习目标

1. 复述烷烃的通式、同系列、构造式的书写方法、构造异构及其命名方法。
2. 掌握烷烃中碳原子的正四面体结构。
3. 复述烷烃的物理性质及其变化规律，记住烷烃化学性质及其应用。
4. 复述烷烃的来源、用途及工业制法。
5. 概述环烷烃的性质、通式及通性。

知识链接

农村沼气的制备和利用

综合利用沼气池就是改变农村环境的一个重要途径。建设一个沼气池可以使用 20 年左右，它可以节约能源，改善和保护环境，节约化肥和农药，提高农作物的产量和质量，促进和带动饲养业的发展。

第一节　烷烃的结构

烷烃是一类什么样的物质？它具有何种结构？

仅由碳和氢两种元素组成的化合物，称为碳氢化合物，简称烃。分子中只有单键的开链烃叫烷烃。在烷烃分子中碳原子之间以单键相连，其余的价键与氢原子相连，碳原子的四价达到饱和，所以烷烃又称为饱和烃。烃是有机化合物的母体，由烃可以衍生出其他有机化合物。

一、 甲烷的结构

甲烷的分子式为 CH_4，结构式为 $H-\overset{\displaystyle H}{\underset{\displaystyle H}{C}}-H$ ，分子模型见图 2-1。

甲烷分子中的碳原子与 4 个氢原子并不在同一个平面上，而是形成了一个正四面体的立体结构。碳原子位于正四面体的中心，4 个氢原子分别位于正四面体的 4 个顶点上。每两个相邻的 C—H 键在空间所夹的角度都是 $109°28'$。甲烷的分子结构示意图见图 2-2。

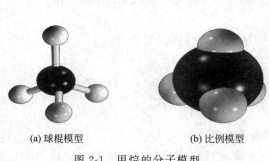

(a) 球棍模型　　　　　(b) 比例模型

图 2-1　甲烷的分子模型

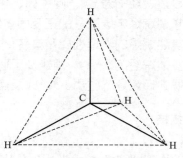

图 2-2　甲烷的正四面体结构

二、 同系物

自然界中存在着一系列结构与甲烷相似的化合物（见图 2-3）。

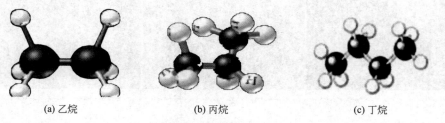

(a) 乙烷　　　　　(b) 丙烷　　　　　(c) 丁烷

图 2-3　烷烃的球棍模型

根据球棍模型，可以写出图 2-3 中三种物质的结构式、结构简式和分子式（表 2-1）。

表 2-1　三种烷烃的结构式、结构简式和分子式

烷烃	结构式	结构简式	分子式
乙烷	$H-\overset{H}{\underset{H}{C}}-\overset{H}{\underset{H}{C}}-H$	CH_3CH_3	C_2H_6
丙烷	$H-\overset{H}{\underset{H}{C}}-\overset{H}{\underset{H}{C}}-\overset{H}{\underset{H}{C}}-H$	$CH_3CH_2CH_3$	C_3H_8

烷烃	结构式	结构简式	分子式
丁烷	$\begin{array}{c} \text{H H H H} \\ \mid\ \mid\ \mid\ \mid \\ \text{H—C—C—C—C—H} \\ \mid\ \mid\ \mid\ \mid \\ \text{H H H H} \end{array}$	$CH_3CH_2CH_2CH_3$	C_4H_{10}

比较甲烷、乙烷、丙烷和丁烷，可以看出，它们结构相似，组成相差一个或几个 CH_2 原子团。在有机化合物中，将结构相似，分子组成相差一个或几个 CH_2 原子团的一系列化合物称为同系列。同系列中的化合物互为同系物。同系物化学性质相似，物理性质也随着碳原子数的增加呈现出有规律的变化。

烷烃分子随着碳原子数的增加，碳链增长，氢原子数也增多。如果碳原子数为 n，则氢原子数为 $2n+2$，烷烃分子的组成可用 C_nH_{2n+2} 表示。

试一试， 写出碳原子数分别为 16、20 的烷烃的分子式。

三、 同分异构现象

烷烃除甲烷、乙烷、丙烷外，普遍存在同分异构现象。一个分子中含有 4 个及 4 个以上碳原子的烷烃，都有同分异构体。

实验结果表明，分子式为 C_4H_{10}，可得到两种不同的分子，这两种不同分子的球棍模型如图 2-4 所示。

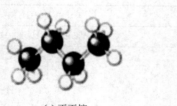

(a) 正丁烷

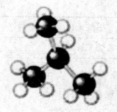

(b) 异丁烷

图 2-4 两种丁烷分子的球棍模型

正丁烷和异丁烷的结构简式分别为：

$$CH_3CH_2CH_2CH_3 \qquad\qquad CH_3—CH—CH_3$$
$$ \qquad\qquad\qquad\qquad |$$
$$ \qquad\qquad\qquad CH_3$$

正丁烷 　　　　　　　　　　　异丁烷

分子式 C_5H_{12}，可得到三种同分异构体，它们的结构简式分别为：

$$CH_3CH_2CH_2CH_2CH_3 \qquad CH_3—CH—CH_2—CH_3 \qquad CH_3—C—CH_3$$

正戊烷 　　　　　　　　异戊烷 　　　　　　　新戊烷

同分异构体的数目随着烷烃中碳原子数的增多而增加。如 C_6H_{14} 有 6 种同分异构体，C_7H_{16} 有 9 种同分异构体，C_8H_{18} 有 18 种同分异构体。这种由于碳链形式不同而引起的同分异构现象称为碳链异构。

第二节　烷烃的命名

大家了解了甲烷、乙烷等烷烃的结构，它们的名称是如何确定的？

一、　普通命名法（又称习惯命名法）

① 按分子中的碳原子数称"某烷"。对含有 1～10 个碳原子数的烷烃，用天干（甲、乙、丙、丁、戊、己、庚、辛、壬、癸）表示，对碳原子数在 10 个以上的烷烃，用汉字十一、十二、十三等中文数字表示。

② 为区分异构体，将正、异、新写在某烷之前。如前述正丁烷和异丁烷，正戊烷、异戊烷和新戊烷。

烷烃分子去掉一个氢原子所剩下的原子团称烷基，常用（—R）表示。

烷基的命名是将它和相应的烷烃名称中的"烷"改为"基"，如表 2-2 所示。

表 2-2　几种常见的烷基

甲烷 CH_4	甲基—CH_3
乙烷 CH_3CH_3	乙基—CH_2CH_3 或—C_2H_5
丙烷 $CH_3CH_2CH_3$	丙基—$CH_2CH_2CH_3$
	异丙基 $\begin{array}{c}H_3C\\ H_3C\end{array}\!\!>\!CH—$

二、　系统命名法

由于习惯命名法在使用中存在较大的局限性，所以人们更多使用系统命名法。烷烃的系统命名是其他有机物命名的基础。

对于直链烷烃，系统命名法的名称与普通命名法类似，但不加"正"字。例如：

$$CH_3—CH_2—CH_2—CH_3 \qquad CH_3—CH_2—CH_2—CH_2—CH_3$$
丁烷　　　　　　　　　　　　　戊烷

有侧链的烷烃命名原则如下：

① 选择含有碳原子数最多的碳链作为主链，按主链碳原子数称为"某烷"。支链部分的烷基作为取代基。例如：

$$CH_3—\underset{\underset{CH_3}{|}}{CH}—CH_2—CH_3$$

----→ 主链：丁烷

----→ 支链：甲基

② 以靠近取代基的一端为起点，用 1、2、3 等阿拉伯数字给主链碳原子依次编号，确

定取代基的位置（使取代基的位次最小）。例如：

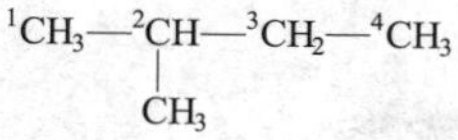

$$^1CH_3—^2CH—^3CH_2—^4CH_3$$
$$|$$
$$CH_3$$

③ 将取代基的名称写在"某烷"之前，把取代基的位次编号写在取代基名称的前面，中间用半字线"-"隔开。例如：

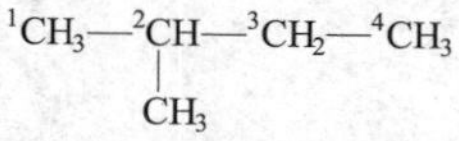

$$^1CH_3—^2CH—^3CH_2—^4CH_3$$
$$|$$
$$CH_3$$

2-甲基丁烷

④ 如果有多个取代基，合并相同的取代基，用"二、三"等中文数字标明相同取代基数目，表示相同取代基位次的几个阿拉伯数字间用","隔开；若几个取代基不同，将简单的写在前面，复杂的写在后面，中间再用半字线"-"隔开。例如：

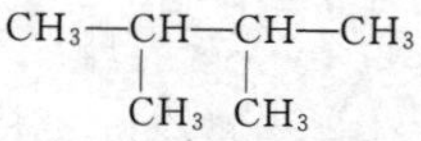

$$CH_3—CH—CH—CH_3 \qquad CH_3—\overset{\displaystyle CH_3}{\underset{\displaystyle CH_3}{\overset{|}{\underset{|}{C}}}}—CH_2—CH_3$$
$$\quad | \quad |$$
$$\quad CH_3 \; CH_3$$

2,3-二甲基丁烷 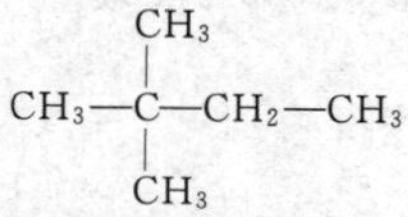 2,2-二甲基丁烷

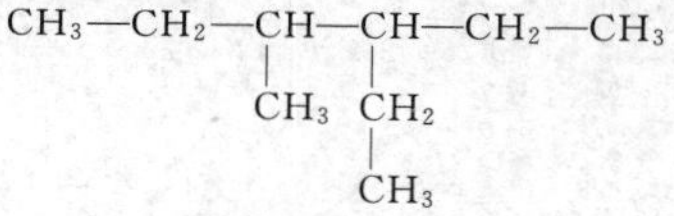

$$CH_3—CH_2—CH—CH—CH_2—CH_3$$

3-甲基-4-乙基己烷

第三节 烷烃的性质

烷烃具有哪些性质？它有哪些特性？

烷烃的化学性质与甲烷相似，一般比较稳定，通常不与强酸、强碱、强氧化剂反应。

取 1 支试管，加入 2mL 液状石蜡，再滴加 $KMnO_4$ 酸性溶液数滴，观察发生的现象。$KMnO_4$ 酸性溶液是否褪色？为什么？

实验结果表明，$KMnO_4$ 酸性溶液不褪色，说明烷烃不与强氧化剂 $KMnO_4$ 酸性溶液反应。

烷烃一般能在空气中燃烧，光照下可以与氯气发生取代反应。

演示实验2-2

用玻璃棒蘸取少量液状石蜡，在燃着的酒精灯上点燃，观察燃烧的现象。注意及时熄灭火焰。石蜡是否燃烧？为什么？

实验表明液状石蜡易燃。

第四节　烷烃的来源及化学性质

了解了烷烃的物理性质，那么它又有哪些化学性质？

一、烷烃的来源

甲烷是最简单的有机物，大量存在于自然界中。天然气、沼气及煤矿坑道气的主要成分都是甲烷。

甲烷的用途

燃料：天然气的主要成分是甲烷，可直接用作气体燃料。

化工原料：甲烷高温分解可得炭黑，用作颜料、油墨、油漆以及橡胶的添加剂等，氯仿和四氯化碳都是重要的溶剂。甲烷在自然界分布很广，是天然气、沼气、坑气及煤气的主要成分之一。它可用作燃料及制造氢、一氧化碳、炭黑、乙炔、氢氰酸及甲醛等物质的原料。

二、重要的烷烃——甲烷

甲烷是无色无臭的气体，比空气轻，难溶于水。

一般情况下，甲烷的化学性质比较稳定，通常不与强酸、强碱或强氧化剂反应。在一定条件下，甲烷也能发生下列反应。

（1）氧化反应　甲烷是一种良好的气体燃料，可在空气中燃烧，发出淡蓝色的火焰，生成二氧化碳和水，同时产生大量的热。化学反应式：

$$CH_4 + 2O_2 \xrightarrow{\text{点燃}} CO_2 + 2H_2O + Q$$

甲烷燃烧后的产物可直接参与大气循环，且与一氧化碳、氢气相比，燃烧值高，所以甲烷是高效、较为洁净的燃料。空气中，甲烷的体积分数介于 $0.05 \sim 0.154$ 之间时，遇火即发生爆炸。所以在使用家用天然气时，应注意用气安全，防止燃气泄漏；煤矿矿井必须采取通风、严禁烟火等措施，以防发生瓦斯爆炸。

（2）取代反应　在光照条件下，甲烷能与氯气发生反应，产生油状液体，这个反应是分步进行的。

$$CH_4 + Cl_2 \longrightarrow CH_3Cl + HCl$$
一氯甲烷

$$CH_3Cl + Cl_2 \longrightarrow CH_2Cl_2 + HCl$$
二氯甲烷

$$CH_2Cl_2 + Cl_2 \longrightarrow CHCl_3 + HCl$$
三氯甲烷（氯仿）

$$CHCl_3 + Cl_2 \longrightarrow CCl_4 + HCl$$
四氯甲烷（四氯化碳）

在上述反应中，甲烷分子里的 4 个氢原子逐步被氯原子取代。这种有机物分子中的某些原子或原子团，被其他原子或原子团取代的反应，称为取代反应。其中，有机物分子中的氢原子被卤素原子取代的反应称为卤代反应。

烃分子中的氢原子被卤素原子取代而生成的化合物称为卤代烃。卤代烃是一种重要的烃衍生物。

甲烷的 4 种氯代物都不溶于水。三氯甲烷和四氯甲烷是重要的有机溶剂，四氯甲烷还是一种高效灭火剂。

 小知识

三氯甲烷的性能与用途

无色透明液体。有特殊气味。味甜。高折光，不燃，质重，易挥发。纯品对光敏感，遇光照会与空气中的氧作用，逐渐分解而生成剧毒的光气（碳酰氯）和氯化氢。可加入 $0.6\% \sim 1\%$ 的乙醇作稳定剂。能与乙醇、苯、乙醚、石油醚、四氯化碳、二硫化碳和油类等混溶于水。低毒，半数致死量（大鼠，经口）1194mg/kg。有麻醉性。有致癌可能性。能进一步氯化为四氯化碳。

*第五节　脂环烃

在自然界中有一类烷烃是以环状结构存在，它们是一类什么物质？

分子中含有由碳原子组成的环状结构的烃，称为闭链烃，简称环烃。环烃包括脂环烃和芳香烃。脂环烃指的是一类性质与脂肪烃相似的环烃，可分为环烷烃、环烯烃和环炔烃

（表 2-3）。

表 2-3　环烷烃、环烯烃和环炔烃

脂环烃	通式	实例
环烷烃	C_nH_{2n}	环丙烷 △
环烯烃	C_nH_{2n-2}	环己烯 ⬡
环炔烃	C_nH_{2n-4}	环辛炔 ⬡

　　脂环烃的性质由其所含的官能团所决定。在化学性质上，环烷烃与烷烃相似，环烯烃与烯烃相似，环炔烃与炔烃相似。

　　脂环烃及其衍生物广泛存在于自然界，尤其是存在于石油和植物中。由植物的根、茎、叶、花、果、皮等提取出来的香精油等，都含有大量的不饱和脂环烃，如松节油就含有环烯烃。

 小知识

一种常见的脂环烃——β-胡萝卜素

　　β-胡萝卜素最早是从胡萝卜中提炼出来的天然色素。它在胡萝卜、芒果、哈密瓜等蔬菜水果中存在，使它们显现出明亮的橘黄色。它在人体中，会被人体在需要的时候转换成维生素 A，是人体维生素 A 的安全来源。

　　β-胡萝卜素是一种脂环烃，结构简式如图 2-5。

　　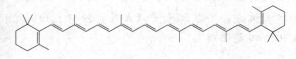

(a) 胡萝卜　　　　　　　　　　　(b) β-胡萝卜素的结构式
图 2-5　胡萝卜及 β-胡萝卜素的结构

拓展提升

汽油的辛烷值

　　汽油在气缸中正常燃烧时火焰传播速度为 10～20m/s,在爆震燃烧时可达 1500～2000m/s。后者会使气缸温度剧升，汽油燃烧不完全，机器强烈震动，从而使输出功率下降，机件受损。 与辛烷有同一分子式的异辛烷，其爆震现象最少，我们便把其辛烷值定为 100。 常以标准异辛烷的辛烷值规定为 100，正庚烷的辛烷值规定为零，这两种标准燃料以不同的体积比混合起来，可得到各种不同的抗震性等级的混合液，在发动机工作相同条件下，与待测燃料进行对比。 抗震性与样品相等的混合液中所含异辛烷百分数，即为该样品的辛烷值。 汽油辛烷值大，抗震性好，质量也好。 把汽油中不同种类碳氢化合物的百分比，与其辛烷值相乘，加起来便是该种汽油的辛烷值。

本章小结

1. 烷烃的结构：烷烃的通式 C_nH_{2n+2}、同系物

2. 烷烃的命名（重点）：习惯命名法、系统命名法

3. 烷烃的性质：稳定，通常不与强酸、强碱、强氧化剂反应。一般能在空气中燃烧，光照下可以与氯气发生取代反应

4. 甲烷的结构与性质（重点、难点）

(1) 物理性质：甲烷是无色无臭的气体，比空气轻，难溶于水

(2) 化学性质：一般情况下，甲烷的化学性质比较稳定，通常不与强酸、强碱或强氧化剂反应

① 氧化反应：在空气中燃烧，发出淡蓝色的火焰

② 取代反应：在光照条件下，甲烷能与氯气发生反应，产生油状液体

5. 脂环烃的结构和性质

 习题

一、选择题

1. 下列物质中，不属于有机物的是 （　　）。

A. CH_4　　　　　　　B. CH_3COOH　　　　　　　C. C_2H_5OH　　　　　　D. CO_2

2. 下列物质中，属于饱和链烃的是 （　　）。

A. C_3H_6　　　　　　　B. C_4H_8　　　　　　　C. C_3H_8　　　　　　D. C_2H_2

3. 下列有机物名称正确的是 （　　）。

A. 2-乙基戊烷　　　B. 2，2-甲基丁烷　　　C. 异丙基乙烷　　　D. 2-甲基丁烷

二、填空题

1. 烷烃通式为_____，最简单的烷烃是_____。

2. 烷烃的化学性质比较稳定，通常不与_____、_____和_____作用。

3. 在烷烃分子中，把与另外 1 个、2 个、3 个或 4 个碳原子相连接的碳原子分别称为_____、_____、_____碳原子。

4. 脂环烃可分为_____、_____和_____。

5. 相同碳原子数的环烷烃和_____烃互为同分异构体，相同碳原子数的环烯烃和_____烃互为同分异构体。

三、根据下列有机物的名称写出结构简式

1. 2,2-二甲基戊烷　　　　2. 2,2,3-三甲基戊烷

实验一　甲烷的制备及主要性质

一、实验目的

1. 掌握甲烷的制备原理。

2. 通过实验验证甲烷的主要化学性质。

二、实验原理

无水醋酸钠和 NaOH 混合共热时发生脱羧反应，即—COOH 被 H 原子取代生成甲烷。

$$CH_3COONa + NaOH \longrightarrow CH_4 \uparrow + Na_2CO_3$$

甲烷难溶于水且密度比空气小，可用排水法收集，也可用瓶口向下的排空气集气法收集。

三、实验仪器与试剂

（1）仪器　试管、酒精灯、水槽、铁架台。

（2）试剂　无水醋酸钠、碱石灰。

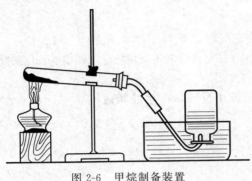

图 2-6　甲烷制备装置

四、实验操作

（1）把无水醋酸钠放在瓷蒸发皿里用酒精灯加热，同时用玻璃棒不断搅拌，除去其中的水分后，研细，装入干燥的试剂瓶中密封待用。

（2）把碱石灰研细，也在蒸发皿中加热除去水分，放入试剂瓶中密封待用。

（3）把无水醋酸钠与碱石灰按 3：2 的质量比混合均匀，迅速放入试管中，装上带导管的胶塞，固定在铁架台上（见图 2-6）。

（4）用酒精灯加热并用排水法收集。

若用排空气集气法收集时，只能根据产气速率和集气瓶容积的大小，凭经验估计是否集满。

五、实验注意事项

（1）醋酸钠的脱羧反应须在无水条件下才能顺利进行，故在临用前无水醋酸钠和碱石灰均应经过煅烧、烘干处理。

（2）可用普通醋酸钠晶体（$CH_3COONa \cdot 3H_2O$）加热脱水制成无水醋酸钠。方法是把醋酸钠晶体放在蒸发皿中加热，并用玻璃棒不断搅拌，不久，醋酸钠先溶解在自己的结晶中（58℃左右）。随着温度的升高，水分逐渐减少，约120℃时可得到白色固体。继续加热，固体会熔化变为深灰色液体，并有气泡产生。当不再产生气泡时，表示无水醋酸钠已经制成，应停止加热。此时将熔融物倒在铁板上冷却，可得无水醋酸钠的固体，趁热在研钵中研细，放在瓶中密封备用。加热时温度不宜过高，若温度太高会使醋酸钠分解。

（3）制取甲烷时，碱石灰中的生石灰并不参加反应，生石灰除起吸湿作用外，还可减少固体 NaOH 在高温时对玻璃的腐蚀作用。

（4）加热时应由试管口向后逐渐移动。如先加热试管底部，产生的甲烷气可能会把前面的细粉末冲散，引起导管口堵塞。

（5）加热温度不可过高，以免发生副反应，而使产生的甲烷中混入丙酮等气体。

（6）在导管口点燃甲烷前，应先检验纯度。

六、思考题

1. 收集甲烷气体时为什么用排水法？

2. 制取甲烷时，碱石灰的主要成分有哪些？

第三章

不饱和烃

学习目标

1. 说出烯烃、二烯烃、炔烃的结构特点。
2. 记住烯烃、二烯烃、炔烃的通式。
3. 复述烯烃、炔烃的构造异构现象及其命名方法。
4. 记住烯烃、炔烃的物理性质，复述烯烃、炔烃的化学性质及其应用。
5. 归纳二烯烃的分类，解释共轭二烯烃的性质及其应用。

知识链接

乙烯的用途

乙烯是合成纤维、合成橡胶、合成塑料的基本化工原料，也用于制造氯乙烯、苯乙烯等多种有机产物。一个国家的乙烯产量可以标志一个国家石油化工的发展水平。

乙烯还可用作水果和蔬菜的催熟剂。果实在自然成熟过程中能产生乙烯，而且越接近果实成熟，乙烯含量也就越大；一旦果实成熟了，乙烯的含量又重新下降。果实本身生成的乙烯具有促进果实成熟的作用，而在农业上，人们人为添加可释放出乙烯的植物生长调节剂以促进果实成熟。很多专家认为合理使用可释放出乙烯的植物生长调节剂是可以的，但若超量使用，导致蔬菜水果催熟剂含量超标，会对人体健康造成危害。

第一节　烯烃

烯烃是一类什么物质？

什么是乙烯？乙烯有什么特性？

一、乙烯

1. 物理性质

乙烯是无色无臭的气体，稍有甜味，比空气略轻，难溶于水，易溶于乙醚、苯、四氯化碳等有机溶剂。

2. 乙烯的结构

乙烯分子式为 C_2H_4，结构式为 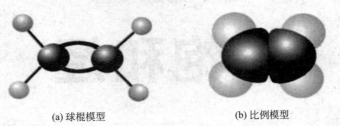 ，结构简式为 $CH_2{=\!=}CH_2$，分子模型见图3-1。

(a) 球棍模型　　　　　　　　(b) 比例模型

图 3-1　乙烯的分子模型

实验证明，乙烯分子中的 2 个碳原子和 4 个氢原子都处于同一个平面上。乙烯分子中的碳碳双键并非两个碳碳单键的简单组合，而是一个共价键较为稳定，另一个共价键容易断裂，因此乙烯的化学性质较为活泼。

3. 化学性质

乙烯主要能发生以下反应。

(1) 加成反应　将乙烯气体通入溴水中，可使溴水褪色。

$$CH_2{=\!=}CH_2 + Br{-}Br \longrightarrow \underset{\underset{\text{1,2-二溴乙烷}}{Br\quad Br}}{CH_2{-}CH_2}$$

像这样，有机化合物中的碳碳双键或其他不饱和键（如碳碳三键、碳氧双键等）断裂，加入其他原子或原子团的反应，称为加成反应。

在金属镍（Ni）、铂（Pt）或钯（Pd）等催化剂的作用下，乙烯可与氢气加成，得到乙烷。这一反应又称催化加氢。

$$CH_2{=\!=}CH_2 + H{-}H \xrightarrow[\triangle]{\text{催化剂}} CH_3{-}CH_3$$

卤化氢分子能与乙烯发生反应，产物为一卤代乙烷。

$$CH_2{=\!=}CH_2 + H{-}Cl \longrightarrow \underset{\underset{\text{氯乙烷}}{Cl}}{CH_3{-}CH_2}$$

乙烯与水不易直接加成，但在适当的催化剂作用下，加热加压，也可以和水发生加成反应生成乙醇。

$$CH_2{=\!=}CH_2 + H{-}OH \xrightarrow[\text{加热加压}]{\text{催化剂}} \underset{\text{乙醇}}{CH_3{-}CH_2{-}OH}$$

这一反应叫做乙烯水化法。用这一方法制取乙醇能节约大量粮食，是工业上生产乙醇最重要的方法。

乙烯的加成反应是乙烯最具有代表性的一类反应。

(2) 聚合反应　在一定条件下，乙烯还能发生自身加成反应，生成大分子化合物聚乙烯。这种由小分子化合物结合成大分子化合物的过程，称为聚合反应。

$$n CH_2{=\!=}CH_2 \xrightarrow[\triangle]{\text{催化剂}} \underset{\text{聚乙烯}}{{\Big[}CH_2{-}CH_2{\Big]}_n}$$

聚乙烯是一种常用的塑料，在日常生活和医药领域都有广泛的用途。如图 3-2 所示。

图 3-2 聚乙烯做成的各种 PE 管

（3）氧化反应　将乙烯通入高锰酸钾酸性溶液中，可使酸性高锰酸钾溶液褪色，说明乙烯容易被强氧化剂氧化。

乙烯也与甲烷一样，能在空气中燃烧，生成二氧化碳和水，并放出大量的热。乙烯中碳含量比甲烷高，在空气中燃烧时，有黑烟，火焰却更明亮。

$$CH_2\!=\!CH_2 + 3O_2 \xrightarrow{\text{点燃}} 2CO_2 + 2H_2O + Q$$

二、 烯烃

1. 烯烃同系物的结构与同系物

分子中含有碳碳双键的不饱和链烃，称为烯烃，其官能团是碳碳双键（ $\diagdown_{C}\!=\!C_{\diagup}$ ）。

以乙烯为基础，可以得到一系列乙烯的同系物，几种烯烃同系物的结构见表 3-1。

表 3-1　几种烯烃的同系物

名称	分子式	结构简式
丙烯	C_3H_6	$CH_2\!=\!CH\!-\!CH_3$
1-丁烯	C_4H_8	$CH_2\!=\!CH\!-\!CH_2\!-\!CH_3$
1-戊烯	C_5H_{10}	$CH_2\!=\!CH\!-\!CH_2\!-\!CH_2\!-\!CH_3$
1-己烯	C_6H_{12}	$CH_2\!=\!CH\!-\!CH_2\!-\!CH_2\!-\!CH_2\!-\!CH_3$

烯烃分子中都含有碳碳双键，比含相同碳原子数的烷烃少 2 个氢原子，因此，烯烃的通式为 C_nH_{2n} （ $n \geqslant 2$ ）。

烯烃的同分异构体比含相同碳原子数的烷烃要多。这是因为烯烃除了碳链异构外，还有官能团异构。例如，丁烯（ C_3H_6 ）有三种同分异构体：

$$CH_2\!=\!CH\!-\!CH_2\!-\!CH_3 \qquad CH_3\!-\!CH\!=\!CH\!-\!CH_3 \qquad \underset{\overset{|}{CH_3}}{CH_2\!=\!C\!-\!CH_3}$$

1-丁烯　　　　　　　　　　2-丁烯　　　　　　　　2-甲基-1-丙烯

2. 烯烃的命名

烯烃的命名是以烷烃的命名为基础的，具体命名原则如下。

（1）选主链　选择分子中含碳双键的最长碳链为主链，称为"某烯"。

（2）编号　从靠近碳碳双键端开始，给主链碳原子编号，标出双键和取代基的位次。双键的位次编号写在"某烯"之前，中间用半字线"-"隔开。

（3）写名称　将取代基的位次、数目和名称写在双键位次的前面。例如：

$$\underset{\overset{|}{CH_3}}{CH_3\!-\!CH\!-\!CH_2\!-\!CH\!=\!CH_2} \qquad \underset{\overset{|}{CH_3}}{CH_3\!-\!CH\!-\!C\!=\!CH_3}$$

4-甲基-1-戊烯　　　　　　　　　　2,3-二甲基-1-丁烯

3. 烯烃的通性

烯烃由于都含有碳碳双键，化学性质与乙烯相似，都较为活泼，能发生加成反应、氧化反应和聚合反应。

取 2 支试管，各加入 2mL 松节油或粗汽油（都含有碳碳双键），再分别滴加 $KMnO_4$ 酸性溶液和溴水数滴，观察发生的现象。

实验表明，松节油或粗汽油能使溴水和 $KMnO_4$ 酸性溶液都褪色。前者为加成反应，后者为氧化反应。利用烯烃易使溴水或 $KMnO_4$ 酸性溶液褪色，可鉴别烯烃与烷烃。

与乙烯相似，丙烯也能发生加成反应。试一试，写出丙烯与氢气、溴水、溴化氢和水等物质的反应方程式。你能发现什么问题吗？

同学们在书写的过程中会发现丙烯与溴化氢和水反应似乎都能得到两种不同的产物。以溴化氢为例，可以写出 1-溴丙烷和 2-溴丙烷两种产物。而事实上，人们发现丙烯与溴化氢反应时，2-溴丙烷是主产物。

$$CH_2{=\!=}CH-CH_3 + HBr \longrightarrow CH_3-\underset{\underset{Br}{|}}{C}H-CH_3$$
$$\text{2-溴丙烷}$$

像丙烯这样双键两端的碳原子连接的原子团并不相同的烯烃称为不对称烯烃，不对称烯烃在与卤化氢和水等不对称试剂加成时，得到的产物一般遵循马氏规则，即氢原子主要加在含氢较多的双键碳原子上。与其类似，丙烯与水加成的反应方程式如下：

$$CH_2{=\!=}CH-CH_3 + H_2O \xrightarrow[\triangle]{\text{催化剂}} CH_3-\underset{\underset{OH}{|}}{C}H-CH_3$$

第二节　炔烃

炔烃是一类什么样的物质？
什么是乙炔？乙炔有什么特性？

一、乙炔

乙炔是重要的基本化工原料，乙炔可以合成塑料、橡胶、纤维等化工产品，广泛应用于工农业生产与生活中。

1. 乙炔的物理性质

乙炔是无色无臭的气体，密度比空气小，微溶于水，易溶于丙酮等有机溶剂。乙炔常由电石制备而来，由此得到的乙炔常因混有硫化氢、磷化氢而带有特殊的臭味。

2. 乙炔的结构

乙炔的分子式为 C_2H_2，结构式为 $H—C≡C—H$，结构简式为 $HC≡CH$，分子模型见图 3-3。

(a) 球棍模型　　　　　　　(b) 比例模型

图 3-3　乙炔的分子模型

乙炔分子的 2 个碳原子和 2 个氢原子处于一条直线上，为直线型分子。乙炔分子中所含的碳碳三键同样不是三个单键的组合，只有一个共价键较牢固，另外两个都比较活泼，容易断裂。因此乙炔的化学性质与乙烯相似，较为活泼。

3. 乙炔的化学性质

（1）加成反应　将乙炔气体通入溴水中，可使溴水褪色。

$$CH≡CH + 2Br_2 \longrightarrow \overset{\overset{Br\ \ \ \ Br}{|\ \ \ \ \ |}}{\underset{\underset{Br\ \ \ \ Br}{|\ \ \ \ \ |}}{CH—CH}}$$

1,1,2,2-四溴乙烷

乙炔可在金属镍（Ni）、铂（Pt）或钯（Pd）等催化剂的作用下，与氢气加成，可先得到乙烯，再得到乙烷。

$$CH≡CH + H_2 \xrightarrow[\triangle]{催化剂} CH_2=CH_2$$

$$CH≡CH + 2H_2 \xrightarrow[\triangle]{催化剂} CH_3—CH_3$$

乙炔能与卤化氢分子分步加成，最后生成 1,1-二卤乙烷。

$$CH≡CH + 2HBr \longrightarrow CH_3—\overset{\overset{Br}{|}}{\underset{\underset{Br}{|}}{CH}}$$

1,1-二溴乙烷

控制乙炔和氯化氢气体的量，可得到氯乙烯：

$$CH≡CH + HCl \longrightarrow CH_2=\overset{\overset{Cl}{|}}{CH}$$

氯乙烯

氯乙烯聚合可得到聚氯乙烯（PVC 树脂）。PVC 树脂可制成 PVC 管材、PVC 人造革（图 3-4）等，用途十分广泛。

乙炔在硫酸和硫酸汞催化剂作用下，可以和水发生加成反应生成乙醛。

$$HC≡CH + H—OH \xrightarrow[HgSO_4]{H_2SO_4} CH_3—CHO$$

乙醛

（2）聚合反应　在不同催化剂和反应条件下，乙炔可聚合成不同的产物。如三个乙炔分子可聚合成苯。

$$3CH≡CH \xrightarrow[\triangle]{催化剂} \bigcirc$$

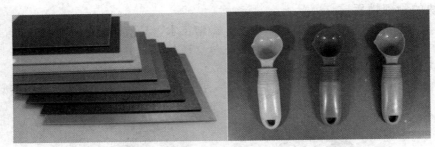

图 3-4　PVC 产品

乙炔还可聚合得到聚乙炔。聚乙炔是一种新型高分子化合物，可制成太阳能电池、电极和半导体材料。

$$n\,CH{\equiv}CH \xrightarrow{\text{齐格勒-纳塔催化剂}} {\left[CH{=}CH\right]}_n$$
聚乙炔

（3）氧化反应　将乙炔通入高锰酸钾酸性溶液中，可使高锰酸钾酸性溶液褪色，说明乙炔容易被强氧化剂氧化。

乙炔也与甲烷一样，能在空气中燃烧，生成二氧化碳和水，并放出大量的热。乙炔中碳含量比乙烯更高，在空气中燃烧时会产生黑烟，火焰更明亮。

$$2CH{\equiv}CH + 5O_2 \xrightarrow{\text{点燃}} 4CO_2 + 2H_2O$$

乙炔俗称风煤和电石气，主要作工业用途，特别是烧焊金属方面。乙炔在室温下是一种无色、极易燃的气体。纯乙炔是无臭的，但工业用乙炔由于含有硫化氢、磷化氢等杂质，而有一股大蒜的气味。

乙炔可用以照明、焊接及切断金属（氧炔焰），氧炔焰的温度可以达到 3200℃ 左右，也是制造乙醛、醋酸、苯、合成橡胶、合成纤维等的基本原料。

二、炔烃

分子中含有碳碳三键的不饱和链烃称为炔烃，其官能团是碳碳三键（—C≡C—）。

以乙炔为基础，可以得到一系列乙炔的同系物，几种炔烃的同系物见表 3-2。

表 3-2　几种炔烃的同系物

名称	分子式	结构简式
丙炔	C_3H_4	CH≡C—CH₃
1-丁炔	C_4H_6	CH≡C—CH₂—CH₃
1-戊炔	C_5H_8	CH≡C—CH₂—CH₂—CH₃
1-己炔	C_6H_{10}	CH≡C—CH₂—CH₂—CH₂—CH₃

炔烃分子中都含有碳碳三键，比含相同碳原子数的烷烃少 4 个氢原子，因此，炔烃的通式为 C_nH_{2n-2}（$n\geqslant 2$）。

炔烃的命名与烯烃十分相似，命名时只需将"烯"字换成"炔"字，并注明三键的位置。

　课堂活动

试一试　用系统命名法给下列物质命名。

$$\begin{array}{c} CH_3 \\ | \\ CH_3-C-C\!\equiv\!C-CH_3 \\ | \\ CH_3 \end{array} \qquad\qquad CH_3-CH-CH-CH_2-C\!\equiv\!C-CH_3 \\ \begin{array}{cc}|&|\\CH_3&CH_3\end{array}$$

因碳碳三键较为活泼，炔烃的性质与烯烃相似，都易发生加成、聚合与氧化反应。

*第三节　二烯烃

二烯烃是一类什么物质？

1，3-丁二烯有什么特性？

分子中含有两个碳碳双键的开链不饱和烃叫二烯烃。由于它比烯烃多一个碳碳双键，故通式为：C_nH_{2n-2}。

一、　二烯烃的分类和命名

1. 二烯烃的分类

二烯烃的性质和分子中两个双键的相对位置有密切的关系。根据两个双键的相对位置，可以把二烯烃分为三类。

（1）累积二烯烃　两个双键连接在同一个碳原子上的二烯烃。例如：

$$CH_2\!=\!C\!=\!CH_2 \qquad 丙二烯$$

（2）共轭二烯烃　两个双键被一个单键隔开的二烯烃。例如：

$$CH_2\!=\!CH\!-\!CH\!=\!CH_2 \qquad 1,3-丁二烯$$

（3）孤立二烯烃　两个双键被两个或两个以上单键隔开的二烯烃。例如：

$$CH_3\!-\!CH\!=\!CH\!-\!CH_2\!-\!CH\!=\!CH_2 \qquad 1,4-己二烯$$

三种二烯烃中，孤立二烯烃的性质和烯烃相似，累积二烯烃的数量少，且实际应用也不多。共轭二烯烃在理论和实际应用上都很重要，本章主要讲述共轭二烯烃。

2. 二烯烃的命名

二烯烃的系统命名法与烯烃相似。不同之处是分子中含有两个双键，故称二烯烃。其命名要点如下。

① 选主链作为母体选取含有两个双键的最长碳链作为主链（母体），母体名叫"某二烯"。

② 给主链碳原子编号。由距双键最近的一端依次编号，并用阿拉伯数字分别标明两个双键和取代基的位次。

③ 写出二烯烃的名称，将取代基的位次、相同取代基的数目、取代基的名称、两个双键的位次依次写在母体名称某二烯之前。例如：

$$CH_2\!=\!CH\!-\!CH\!=\!CH_2 \qquad 1，3-丁二烯$$

$$CH_2=C-CH=CH_2 \qquad \text{2-甲基-1,3-丁二烯}$$
$$\overset{|}{CH_3}$$

二烯烃和烯烃一样具有碳链异构、位置异构（两个双键的相对位置不同）。

二、 重要的共轭二烯烃

1. 1, 3-丁二烯

（1）1,3-丁二烯的结构特征　1,3-丁二烯分子中含有两个碳碳双键，这两个双键被一个单键隔开，这种构造的双键称为共轭双键，实验数据表明，共轭双键与一般双键不同，其键长趋于平均化，共轭双键虽然具有一般双键的性质，但又与一般双键不同，具有特殊的化学性质。为了形象地描述1,3-丁二烯的分子结构，可用比例模型来表示，如图3-5所示。

（2）1,3-丁二烯的物理性质　1,3-丁二烯是无色微带有香味的气体，沸点−4.4℃，密度0.6211g/cm³，微溶于水，易溶于有机溶剂中。

（3）1,3-丁二烯的化学性质

① 1,2-加成反应和1,4-加成反应。1,3-丁二烯可与氢气、卤素或卤化氢等试剂加成。当与一分子溴加成时，两个溴原子既能加到C-1和C-2两个碳原子上，生成1,2-加

图3-5　1,3-丁二烯的比例模型

成产物（这种加成叫1,2-加成反应），也可以加到两头的C-1和C-4两个碳原子上，而在C-2和C-3两个碳原子之间形成一个新的双键，生成1,4-加成产物（这种加成反应叫1,4-加成反应）。这就是共轭二烯烃所具有的特殊反应性质。

1,3-丁二烯的1,2-加成和1,4-加成是同时发生的，控制反应条件，可调节两种产物的比例。例如在低温下或非极性溶剂中有利于1,2-加成产物的生成，升高温度或在极性溶剂中则有利于1,4-加成产物的生成。

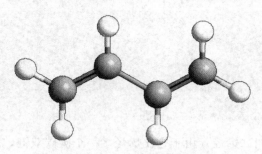

② 聚合反应。共轭二烯烃容易发生聚合反应生成高分子化合物，工业上利用这一反应来合成橡胶。例如：

$$nCH_2=CH-CH=CH_2 \xrightarrow{\text{齐格勒-纳塔催化剂}} \begin{bmatrix} \overset{H_2C}{\underset{H}{}} C=C \overset{CH_2}{\underset{H}{}} \end{bmatrix}_n$$

顺丁橡胶

顺丁橡胶由于结构排列有规律，具有耐磨、耐低温、抗老化、弹性好等优良性能，因此在世界合成橡胶中产量占第二位，仅次于丁苯橡胶。

（4）1,3-丁二烯的来源、制法和用途　1,3-丁二烯主要从石油裂化气的 C_4 馏分中分离得到；在石油裂解生产乙烯和丙烯时，副产物 C_4 馏分中含有大量的 1,3-丁二烯。采用合适的溶剂（如 2-甲基甲酰胺），可从这种 C_4 馏分中将 1,3-丁二烯提取出来。此法的优点是原料来源丰富、价格低廉、生产成本低、经济效益高。1,3-丁二烯也可以从 C_4 馏分中的丁烯、丁烷脱氢制得，还可由丁烯通过氧化脱氢制得。

$$\left.\begin{array}{l} CH_3-CH_2-CH=CH_2 \\ CH_3-CH=CH-CH_3 \end{array}\right\} \xrightarrow[600\sim650℃]{Fe_2O_3} CH_2=CH-CH=CH_2 +2H_2$$

$$CH_3-CH_2-CH_2-CH_3 \xrightarrow[600℃,\ 0.02\sim0.03MPa]{Al_2O_3\text{-}Cr_2O_3} CH_2=CH-CH=CH_2 +2H_2$$

1,3-丁二烯是无色气体，沸点 $-4.4℃$，不溶于水，可溶于汽油、苯等有机溶剂。是合成橡胶和合成树脂的重要单体，如合成丁苯橡胶、顺丁橡胶等以 1,3-丁二烯为主要原料。此外，1,3-丁二烯也是重要的有机原料如制备己二腈和癸二酸；还可用来制造火箭燃料、塑料、涂料等。

2. 2-甲基-1,3-丁二烯的来源、制法和用途

2-甲基-1,3-丁二烯又叫异戊二烯，工业上可从石油裂解的 C_5 馏分中提取异戊二烯。这也是广泛采用的很经济的方法。

工业上也可由异戊烷或异戊烯催化脱氢生成异戊二烯。但此法有设备成本较高、原料转化率较低等缺点。

$$CH_3-CH-CH_2-CH_3 \xrightarrow[\triangle]{催化剂} CH_2=C-CH=CH_2$$
$$\quad\ \ |\qquad\qquad\qquad\qquad\qquad\quad |$$
$$\quad\ CH_3\qquad\qquad\qquad\qquad\qquad CH_3$$

$$CH_3-CH-CH=CH_2 \xrightarrow[\triangle]{催化剂} CH_2=C-CH=CH_2$$
$$\quad\ \ |\qquad\qquad\qquad\qquad\qquad\qquad |$$
$$\quad\ CH_3\qquad\qquad\qquad\qquad\qquad\ CH_3$$

异戊二烯为无色稍有刺激性的液体，沸点 $34.08℃$，密度 $0.6806g/cm^3$。难溶于水，易溶于有机溶剂。主要用作合成天然橡胶的单体，也用于制备医药、农药、香料和胶黏剂等。

近年来，利用齐格勒-纳塔催化剂，从异戊二烯单体合成顺 1,4-聚异戊二烯，它的性能与天然橡胶相似，因此，也称合成天然橡胶。

$$nCH_2=CH-CH=CH_2 \xrightarrow{齐格勒\text{-}纳塔催化剂} \left[\begin{array}{c} H_2C \qquad\qquad CH_2 \\ \diagdown\ \ /\ \ \diagdown\ \ / \\ C=C \\ /\qquad\qquad\diagdown \\ H_3C\qquad\qquad\quad H \end{array}\right]_n$$
$$\qquad\quad |$$
$$\qquad CH_3$$

合成天然橡胶

小知识

科学家齐格勒、纳塔简介

齐格勒（1898—1973）是德国化学家。1920 年在本国的马尔堡大学获得有机化学博士学位，从 1943 年开始任德国普朗克研究院院长，1949 年任德国化学学会第一任主席。他对自由基化学反应、金属有机化学等都有研究。1953 年，齐格勒在研究乙基铝与乙烯的反应时发现只生成乙烯的二聚体，后经仔细分析，发现是金属反应器中存在的微量镍所致，说明除了乙基铝外，过渡金属的存在会影响乙烯的聚合反应。

自从齐格勒催化剂 $TiCl_3/Al(C_2H_5)_3$ 问世后不久，意大利科学家纳塔（1903—1979）

试图将此催化剂用在丙烯聚合反应中，但得到的是无定形与结晶形聚丙烯混合物。后来纳塔经过改进，用 $TiCl_3/Al(C_2H_5)_3$ 制得了结晶形聚丙烯。1955 年纳塔发表了丙烯聚合和 α-烯烃或双烯烃制取新型高聚物的研究论文。由于齐格勒和纳塔发明了乙烯、丙烯聚合的新催化剂，奠定了定向聚合的理论基础，改进了高压聚合工艺，使聚乙烯、聚丙烯等工业得到巨大的发展，为此他们二人于 1963 年共同获得诺贝尔化学奖。

本章小结

1. 乙烯的结构与性质（重点）

（1）物理性质：无色无臭的气体，稍有甜味，比空气略轻，难溶于水，易溶于乙醚、苯、四氯化碳等有机溶剂。

（2）化学性质

① 加成反应：与卤素、氢气、卤化氢加成

② 聚合反应：聚合成聚乙烯

③ 氧化反应：使酸性高锰酸钾及溴水褪色、在空气中燃烧

（3）结构

2. 烯烃的结构、命名及通性：烯烃的通式 C_nH_{2n}、同系物、同分异构现象

3. 乙炔的结构与性质（重点和难点）

（1）物理性质

（2）化学性质

① 加成反应：与卤素、氢气、卤化氢加成

② 聚合反应：聚合成聚乙炔、苯等

③ 氧化反应：使酸性高锰酸钾及溴水褪色、在空气中燃烧

（3）结构：H—C≡C—H

4. 炔烃的结构、命名

5. 二烯烃分类和命名

 习题

一、选择题

1. 能鉴别丙烯与丙烷的试剂是（　　）。

A. 溴水　　　　　　B. 氢氧化钠溶液　　　　　C. 盐酸　　　　　D. 浓硫酸

2. 下列反应不属于加成反应的是（　　）。

A. 乙烯与水在催化剂作用下反应　　　B. 乙烯与氧气混合后点燃

C. 乙烯与氢气在催化剂作用下反应　　D. 乙烯与溴化氢的反应

3. 下列有机物命名正确的是（　　）。

A. 2-甲基-3-丁烯　　B. 1-甲基-2-丁烯　　　　C. 2-戊烯　　　　D. 3-戊烯

4. 下列有机物中，一定不属于不饱和链烃的是（　　）。

A. C_2H_6　　　　　　B. C_2H_4　　　　　　　C. C_2H_2　　　　D. C_3H_4

5. 乙炔与水在催化剂作用下反应属于（　　　）。

A. 加成反应　　　　B. 取代反应　　　　　　　C. 聚合反应　　　　D. 氧化反应

6. 下列各组有机物中，互为同系物的一组是（　　　）。

A. C_2H_2 和 C_6H_6　　B. C_2H_2 和 C_4H_6　　　　C. C_2H_2 和 C_3H_6　　D. C_2H_2 和 C_2H_6

二、填空题

1. 烯烃因含有_____，化学性质比较活泼，能发生_____、_____、_____反应。其典型反应为_____反应。

2. 1-丁烯与溴水加成，产物的结构简式为_____，名称为_____；1-丁烯与溴化氢加成，产物的结构简式为_____，名称为_____。

3. 炔烃因含有_____，化学性质比较活泼，能发生_____反应，其典型反应为_____反应。

4. 某炔烃与氢气发生加成反应后得到 $CH_3-CH-CH_2-CH_3$，推断该炔烃的结构简式为
$\qquad \underset{CH_3}{|}$
_____，名称为_____。

三、用系统命名法给以下物质命名

1.
$$CH_3-\underset{\underset{CH_3}{|}}{\overset{\overset{CH_3}{|}}{C}}-CH-CH-CH_3$$

2.
$$CH_3-\underset{\underset{CH_2}{\|}}{C}-CH-CH_3 \quad \overset{CH_3}{|} \quad \overset{CH_3}{|}$$

四、根据以下名称写出相应的结构简式

1. 3，4-二甲基戊炔　　　2. 5-甲基-4-乙基-2-己炔

实验二　乙烯、乙炔的制备及主要性质

一、实验目的

1. 掌握乙烯、乙炔的制备原理，能够独立完成它们的实验室制法。

2. 通过实验验证乙烯、乙炔的主要化学性质，能用典型的方法完成烯烃、炔烃的鉴定。

二、实验原理

1. 乙烯的制备

$$CH_3CH_2OH \xrightarrow{\text{浓 } H_2SO_4} CH_2{=}CH_2\uparrow + H_2O$$

副反应：$C_2H_5OH + 6H_2SO_4（浓）\longrightarrow 2CO_2\uparrow + 6SO_2\uparrow + 9H_2O$

$C_2H_5OH + 2H_2SO_4（浓）\longrightarrow 2C + 2SO_2\uparrow + 5H_2O$

2. 乙炔的制备

$$CaC_2 + 2H_2O \longrightarrow HC{\equiv}CH\uparrow + Ca(OH)_2$$

副反应：$CaS + 2H_2O \longrightarrow H_2S\uparrow + Ca(OH)_2$

$Ca_3P_2 + 6H_2O \longrightarrow 2PH_3\uparrow + 3Ca(OH)_2$

$Ca_3As_2 + 6H_2O \longrightarrow 2AsH_3\uparrow + 3Ca(OH)_2$

三、实验仪器与试剂

1. 仪器

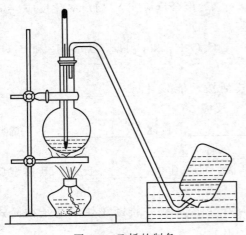

图 3-6 乙烯的制备

试管（$\phi15mm \times 150mm$）、大试管（$\phi25mm \times 200mm$）、蒸馏烧瓶（250mL）、温度计（250℃）、量筒（10mL）、抽滤瓶（250mL）、酒精灯。

2. 试剂

稀高锰酸钾溶液（约 0.01%）、2% 溴水、2% $AgNO_3$ 溶液、2% 氨水、10% H_2SO_4、10% NaOH 溶液、10% $CuSO_4$ 溶液、浓硫酸、无水乙醇、饱和食盐水、电石、黄砂。

四、实验步骤

1. 乙烯的制备和性质

（1）乙烯的制备　在干燥的 250mL 蒸馏烧瓶中，加入无水乙醇在振摇下慢慢加浓硫酸（体积比 1:3），并加入约 2g 干净的黄砂。蒸馏烧瓶口配上带有温度计的塞子，温度计水银球部分应浸入反应液中，但不能接触烧瓶底部。采用排水取气法收集气体，装置如图 3-6 所示。点燃酒精灯过热，使混合物温度迅速上升到 150℃ 以上，调节火焰，保持温度在 170℃ 左右。用生成的乙烯做下面的实验。

（2）乙烯的性质

①加成反应。在试管中加入 2mL2% 的溴水，通入乙烯，观察现象。

②氧化反应。在试管中加入 2mL 稀高锰酸钾溶液，通入乙烯，观察现象。

③燃烧反应。在导管出口处点火，观察现象。

2. 乙炔的制备和性质

（1）乙炔的制备　用镊子往圆底烧瓶的底部加入几块电石，圆底烧瓶瓶口安装分液漏斗，分液漏斗内装有食盐水（与水的反应是相当剧烈的，可用分液漏斗控制加水量以调节出气速度。最好用饱和食盐水。）烧瓶口的支管放入到水槽中，实验装置如图 3-7 所示，采用排水取气法收集气体。

（2）乙炔的性质

① 加成反应。在试管中加入 2mL 2% 溴水，通入乙炔，观察现象。

② 氧化反应。在试管中加入 2mL 酸性高锰酸钾溶液，通入乙炔观察现象。

③ 金属炔化物的生成。在试管中加入 1mL 2%$AgNO_3$ 溶液，然后边振摇边加入 2% 氨水，直到初生成的沉淀恰好溶解，即配好硝酸银氨溶液。通入乙炔，观察现象。用玻璃棒挑出少许（小米粒大小）炔金属沉淀，放在石棉网上用小火加热，观察爆炸情况。

④ 燃烧反应：在导气管口点燃乙炔，观察

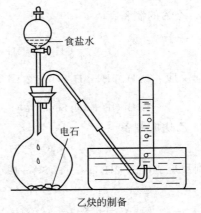

食盐水

电石

乙炔的制备

图 3-7　乙炔的制备

火焰现象，并和甲烷、乙烯的燃烧相比较。

五、注意事项

① 使用浓硫酸时要注意安全。此外，溴水具有较强的腐蚀性，使用时也要注意。

② 做乙烯、乙炔性质试验时，由于乙烯、乙炔气体发生较快，应先把气体发生装置中空气完全排尽后，才能进行燃烧实验。

③ 炔金属在干态时，受热会发生猛烈爆炸。因此切勿将沉淀物倒入废液缸或遗弃实验室里，应将其倒入指定容器中，由实验室统一处理。或往试管中加浓硝酸或浓盐酸破坏沉淀物后再倒入废液缸中。

六、思考题

① 收集乙烯、乙炔气体时应注意哪些问题？

② 实验结束时，废弃物的处理应注意的主要问题是什么？

第四章

脂肪族卤代烃

从本章开始，我们学习烃的衍生物。烃的衍生物是指烃中的氢原子被其他原子或原子团取代而得到的有机化合物，由官能团和烃基两部分组成。

烃分子里的氢原子被卤素原子取代后所生成的化合物，称之为卤代烃。卤代烃的官能团是卤素原子。

卤代烃在自然界存在很少，绝大多数卤代烃是人工合成的，在日常生活中有着广泛的用途，如用作制冷剂、灭火剂、有机溶剂、麻醉剂、农药等，是一类重要的有机化合物。1948 年，瑞士化学家保罗·米勒因发明剧毒高效的有机氯杀虫剂 DDT［1,1-二（对氯苯基）-2,2,2-三氯乙烷］获得诺贝尔医学奖。DDT 的发明标志着化学有机合成农药时代的到来。

知识链接

氟里昂与环境保护

1995 年诺贝尔化学奖授予了致力于研究臭氧层被破坏的三位环境化学家。Freon（氟里昂）是造成臭氧损耗的主要原因之一。

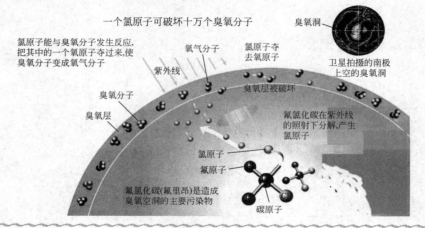

一个氯原子可破坏十万个臭氧分子

氯原子能与臭氧分子发生反应，把其中的一个氧原子夺过来，使臭氧分子变成氧气分子

氧气分子　氯原子夺去氧原子

紫外线

臭氧分子

臭氧层被破坏

臭氧层

氟氯化碳在紫外线的照射下分解，产生氯原子

氯原子

氟原子

氟氯化碳(氟里昂)是造成臭氧空洞的主要污染物

碳原子

臭氧洞

卫星拍摄的南极上空的臭氧洞

氟里昂是氟氯代烃的总称，可简写为 CFC，常见的有氟里昂-11（CCl_3F），氟里昂-12（CCl_2F_2）。氟里昂被大量用于冷冻剂和烟雾分散剂，据估计每年逸散到大气中的 CFC 达 70 万吨，已积存在大气中的 CFC 是一个很难解决的问题。CFC 受紫外线照射，发生分解，产生氯原子，氯原子可引发损耗臭氧的反应，起催化剂的作用，数量虽少，危害却大。

第一节　脂肪族卤代烃的分类、同分异构和命名

卤代烃的种类很多，根据不同的分类方法人们可以将它们分成不同的种类。你可以试试吗？

一、脂肪族卤代烃的分类

1. 按卤素原子的种类分类

根据卤代烃分子中所含卤素原子的不同，可分为氟代烃、氯代烃、溴代烃、碘代烃。

水立方（见图 4-1）是 2008 年奥运会水上运动的主要场馆之一，也是现在北京的著名旅游景点，它表面的含氟聚合材料白天能透光节能，晚上可以变换不同颜色，绚丽多姿，这种材料就属于氟代烃。

图 4-1　水立方

2. 按卤素原子的数目分类

根据卤素原子的数目不同可分为一卤代烃和多卤代烃。

一卤代烃　　CH_3Cl　　　　CH_3CH_2Br

多卤代烃　　CH_2Cl_2　　CH_2BrCH_2Br　　CCl_4

3. 按卤素原子直接相连的碳原子分类

根据卤素原子直接相连的碳原子不同可以分为伯卤代烃（1°）、仲卤代烃（2°）、叔卤代

烃（3°）。

如果带有卤素的碳原子仅仅与其他一个碳相连，这个碳原子就是伯碳原子，该卤代烃就是伯卤代烃；如果带有卤素的碳原子本身就连有其他两个碳原子，这个碳原子就是仲碳原子，该卤代烃就是仲卤代烃；如果带有卤素的碳原子连有其他三个碳原子，那么这个碳原子就是叔碳原子，该卤代烃就是叔卤代烃。

$RCH_2\text{-}X$	$R_2CH\text{-}X$	$R_3C\text{-}X$
伯卤代烃	仲卤代烃	叔卤代烃
一级卤代烃	二级卤代烃	三级卤代烃

4. 按卤代烃是否饱和分类
根据卤代烃是否饱和可以分为饱和卤代烃和不饱和卤代烃。

二、 脂肪族卤代烃的构造异构现象

以卤代烷烃为例，学习脂肪族卤代烃的构造异构现象。卤代烷烃的构造异构体数目比相应的烷烃多，除了碳架异构体外，还有因为卤原子的位置不同而引起的位置异构。例如，一氯丙烷有两个异构体，一氯丁烷则有四个异构体。

一氯丙烷	$CH_3CH_2CH_2Cl$	$CH_3CHClCH_3$
一氯丁烷	$CH_3CH_2CH_2CH_2Cl$	$CH_3CH_2CHClCH_3$
	$(CH_3)_2CHCH_2Cl$	$(CH_3)_3CCl$

卤代烷烃的异构体的写法，与前面两章所学的异构体写法类似，只是要先确定碳架异构体，在确定碳架后变换卤原子的位置，这样就可以写出卤代烃的同分异构体。

三、 脂肪族卤代烃的命名

1. 普通命名法
结构简单的卤代烃可以采用普通命名法。普通命名法是按与卤素相连的烃基名称来命名的，称为"某基卤"。例如：

$CH_3CH_2CH_2CH_2Br$	正丁基溴
$(CH_3)_2CHCl$	异丙基氯
$CH_2\!=\!CHCH_2Cl$	烯丙基氯

也可以在母体烃名称前面加上"卤"，称为"卤某烃"，例如：

$CH_2\!=\!CHCl$	氯乙烯
$CH_3CH_2CH_2Br$	溴丙烷

一些卤代烃的俗名或译名如下：

CHX_3	CHI_3	$CHBr_3$	$CHCl_3$	CF_2Cl_2
卤仿	碘仿	溴仿	氯仿	氟里昂

2. 系统命名法

对于较复杂的卤代烃，由于叫不出与卤原子相连的烃基名称，必须采用系统命名法。系统命名法以相应烃为母体，把卤原子作为取代基，命名的基本原则、方法与烃相似，选主链，编号，在烃名称前标上卤原子的位置、数目和名称。分子中有两个或以上不同卤素原子时，习惯上多以氟、氯、溴、碘的顺序命名。

（1）饱和卤代烃命名　先选取含卤原子的最长碳链为主链，按主链所含碳的数目命名为某烷。把卤原子及其他支链作为取代基，从最靠近取代基的一端开始给主链编号，按先支链后卤原子的顺序分别写出各取代基的位置与名称。例如：

（2）不饱和卤代烃命名　先选取含卤原子的最长的双键（或三键）碳链为主链，按主链所含碳的数目命名为某烯（或某炔），从最靠近双键（或三键）的一端开始给主链编号，标出双键（或三键）位置，标出支链和卤原子的位置和名称。例如：

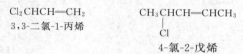

第二节　卤代烷的物理性质

三氯甲烷是一种麻醉剂；　四氯化碳是工业上常用的溶剂、萃取剂和灭火剂，它们都是卤代烷。你知道卤代烷具有怎样的物理性质吗？

一、物态

常温下，少数卤代烷，如氯甲烷、氯乙烷、溴甲烷等为气体，大多数卤代烷为液体，15个碳以上的高级卤代烷为固体。

二、溶解性

卤代烷均不溶于水，易溶于有机溶剂；某些卤代烷本身是很好的有机溶剂，比如氯仿、四氯化碳就是优良的有机溶剂，工业上经常用作溶剂和提取有机物。

三、沸点

卤代烷与烷烃相似，具有较低的沸点，但卤代烷的沸点比同碳原子数的烷烃高（由于C—X键有极性）；卤代烷的同分异构体中，直链卤代烷沸点较高，支链越多沸点越低；卤

原子相同时，卤代烷的沸点随碳原子数目的增加而升高；烃基相同时，卤代烃的沸点：RI
＞RBr＞RCl。

四、密度

一氟代烷、一氯代烷的密度小于1，其他卤代烷的密度大于1，且密度一般随碳原子数的增加而减小。在反应时要注意搅拌，以防止密度大于1的卤代烷沉底。

五、颜色

纯的一卤代烷均无色，但碘代烷会因长期放置导致分解产生游离碘而带有颜色（红棕色），加入少许水银振荡就可以除去颜色。

六、毒性

一卤代烷蒸气有毒，应尽量避免吸入。常见卤代烃的物理常数见表 4-1。

表 4-1　常见卤代烃的物理常数

化合物	相对分子质量	沸点/℃	熔点/℃	相对密度(20℃)
CH_3Cl	50.50	−24	−97	0.920
CH_3Br	94.95	4	−93	1.732
CH_3I	141.94	42	−66	2.279
CH_2Cl_2	84.93	40	−96	1.326
$CHCl_3$	119.39	62	−64	1.489
$CHBr_3$	252.77	149	8	2.889
CH_2Br_2	173.85	96	−52	2.495
C_2H_5Cl	64.52	12	−139	0.898
C_2H_5Br	108.97	38	−119	1.461
C_2H_5I	155.97	72	−108	1.935
$CH_2{=}CHCl$	62.50	−14	−154	0.911
$CH_3CH_2CH_2Cl$	78.54	47	−123	0.890
$CH_3CH_2CH_2Br$	123.0	71	−110	1.360
$CH_2{=}CHCH_2Cl$	76.53	45	−135	0.933
$(CH_3)_3CBr$	137.03	73	−16	1.221
⬡—Cl	112.56	132	−45	1.107
⬡—Br	157.02	155	−31	1.499
⬡—CH_2Cl	126.59	179	−43	1.099
⬡—CH_2Br	171.04	198	−4	1.438

第三节 卤代烷的化学性质及应用

烷烃中的氢原子被卤素原子取代后，它们的化学性质发生变化吗？为什么？

结构决定性质，卤代烃与烃在结构上的最大不同是分子中存在着 C—X 键，由于 X 原子的电负性强，使得 C—X 键的极性大，C—X 键容易断裂。C—X 键断裂的容易程度依次为：C—I＞C—Br＞C—Cl，因此卤代烃进行化学反应的活性顺序为 RI＞RBr＞RCl。

卤代烃化学性质比较活泼，反应一般发生在 C—X 键上，主要发生的反应有取代反应、消除反应以及与镁的反应等。

一、 取代反应

在一定条件下，卤代烷的 C—X 中的 X 原子可被其他基团（如—OH、—OR、—CN、—NH$_2$）取代，生成醇、醚、腈、胺等有机化合物。

1. 水解反应

取一支试管，加入 3mL 的溴乙烷和 3mL 的 0.5 mol/L NaOH 溶液，观察现象，出现分层，上层和下层分别是什么？振荡混合，然后按右图连接好装置。加热，直至大试管中的液体不再分层为止。

溴乙烷与 NaOH 水溶液发生的是取代反应，羟基（—OH）取代溴原子生成乙醇和溴化钠，反应如下。

温度计

$$CH_3CH_2{-}Br + H{-}OH \xrightarrow{NaOH} CH_3CH_2{-}OH + HBr$$

$$HBr + NaOH \longrightarrow NaBr + H_2O$$

卤代烷与含强碱的水溶液共热，卤原子被羟基取代生成醇的反应称为水解反应。该反应实际上应用价值不大，因为卤代烷一般都是由相应的醇来制备的，只有某些复杂分子的醇的制备会先引入卤原子，然后再水解的方法来合成，这是因为在某些复杂分子中导入一个羟基比引入一个卤原子困难，因而水解反应是制备结构复杂的醇的好方法。

2. 醇解反应

卤代烷（一般是伯卤代烷）与醇钠在相应的醇溶液中反应，卤原子被烷氧基（RO—）取代生成醚。

$$R—X + Na—OR' \longrightarrow R—O—R' + NaX$$
醚

这个反应也称威廉森（Williamson）制醚法，是制备混合醚最常用的方法。例如：

$$CH_3CH_2—Br + Na—O—C(CH_3)_3 \longrightarrow CH_3CH_2—O—C(CH_3)_3 + NaBr$$
叔丁醇钠   乙基叔丁基醚

3. 氰解反应

卤代烷与氰化钾（或氰化钠）的乙醇溶液共热，卤原子被氰基（—CN）取代生成腈。

$$R—X + Na—CN \xrightarrow{\text{乙醇}} R—CN + NaX$$
腈

这是制备腈的方法之一，也常用来增长碳链。

4. 氨解反应

卤代烷与氨反应，卤原子被氨基（—NH$_2$）取代生成胺。

$$R—X + H—NH_2 \longrightarrow R—NH_2 + HX$$

这是制备胺常用的方法之一。

5. 与硝酸银反应

取 3 支干燥洁净的试管，分别编号 1#、2#、3#，依次加入 1mL 1-氯丁烷、1mL 2-氯丁烷、1mL 2-甲基-2-氯丙烷，然后各加入 3mL 的 50g/L 的硝酸银乙醇溶液，充分振荡试管，观察现象。可以发现 3# 试管里立刻有白色沉淀生成，放置几分钟后 2# 试管出现白色沉淀，然后把 1# 放入水浴中加热至微沸，观察现象，发现 1# 试管也出现沉淀。

由以上实验可知，卤代烷与硝酸银的乙醇溶液反应，生成卤化银沉淀，反应的活性为：叔卤代烷＞仲卤代烷＞伯卤代烷。

$$R—X + Ag—ONO_2 \xrightarrow{\text{乙醇}} R—ONO_2 + AgX\downarrow$$

本反应可以用于鉴别卤代烷。当分别加入硝酸银乙醇溶液时，叔卤代烷在常温下能迅速产生卤化银沉淀，仲卤代烷需放置一阵产生沉淀，伯卤代烷在加热下才能产生卤化银沉淀。

卤代烷的取代反应也是烷基化反应，卤代烷是优良的烷基化试剂。

如何检验卤代烷中的卤原子？

二、消除反应

卤代烷与浓的强碱醇溶液共热，会脱去一分子的卤化氢生成烯烃，这是生成碳碳双键，制备烯烃的常用方法。

取一支大试管，加入 3mL 溴乙烷和 3mL 氢氧化钠乙醇溶液，观察有无分层。然后按下图连接好的装置加热，将产生的气体，通过导管导入酸性的高锰酸钾溶液，观察实验现象。

想一想， 为什么要在气体通入高锰酸钾酸性溶液前加一个盛有水的试管？它起什么作用？

实验现象为：高锰酸钾溶液的颜色逐渐褪去，最后成无色，表明溴乙烷与氢氧化钠的乙醇溶液反应，脱去一分子溴化氢而形成乙烯。

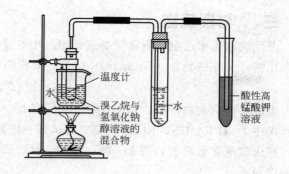

$$\underset{\begin{matrix} | & | \\ H & Br \end{matrix}}{CH_2—CH_2} \xrightarrow[NaOH]{乙醇} CH_2=CH_2 + HBr$$

乙醇在上述反应中起到了什么作用？ 为什么不用 NaOH 水溶液而用醇溶液？

在一定条件下，这种从有机化合物分子中脱去一个小分子（如 HX、H_2O），形成烯烃或炔烃的反应，称为消除反应。一般来说，消除反应发生在相邻的两个碳原子上。

俄国化学家查依采夫（Saytzeff）在总结了大量实验事实的基础上提出：消除反应的主要产物是双键碳原子上连有较多烃基的烯烃，也就是说，卤原子主要是与其相邻的、含氢较少的碳原子上的氢共同脱去 HX，这个经验规律称为查依采夫规律。卤代烃的消除反应一般要遵循查依采夫规律。

卤代烷发生消除反应的活泼性顺序为：叔卤代烃＞仲卤代烃＞伯卤代烃。

是否每种卤代烃都能发生消去反应？ 请说出理由。 试比较溴乙烷的取代反应和消去反应，体会反应条件对化学反应的影响。

经过分析可知（见表4-2），溴乙烷在 NaOH 的水溶液、醇溶液中共热会发生不同类型的反应，得到不同的产物，可见有机化学反应的条件非常重要。

表4-2 溴乙烷的取代反应与消除反应

项目	取代反应	消除反应
反应物	溴乙烷、NaOH	溴乙烷、NaOH
反应条件	水　加热	乙醇　加热
生成物	乙醇、溴化钠	乙烯、溴化钠、水
结论	溴乙烷和 NaOH 在不同溶剂中发生不同类型的反应，生成不同的产物	

卤代烷的水解反应和消除反应是同时存在、互相竞争的，哪一种占优势与反应物的结构和反应条件有关。一般分支越多越利于消除反应，有机溶剂利于消除反应；分支少和水为溶剂有利于取代反应。表4-3 给出了消除反应与取代反应的比较。

表4-3 消除反应与取代反应的比较

项目	消除反应	取代反应
反应条件	NaOH 醇溶液、加热	NaOH 水溶液、加热
实质	失去 HX 分子，形成不饱和键	—X 被—OH 取代
键的变化	C—X 与 C—H 断裂形成 C＝C(或 C≡C)与 H—X	C—X 断裂形成 C—OH 键
卤代烃	与连有卤原子的碳相邻的碳原子上必须有 H	大部分卤代烃都能水解

三、 与镁反应

卤代烷在无水乙醚（也称干醚或纯醚）中与金属镁作用，生成有机金属镁化合物——烷基卤化镁，又称格利雅（Grignard）试剂，简称格氏试剂，一般用 RMgX 表示。

$$RX + Mg \xrightarrow{\text{无水乙醇}} RMgX$$

生成格氏试剂的产率，伯卤代烃＞仲卤代烃＞叔卤代烃，不同的卤代烃生成格氏试剂的活性次序为：RI＞RBr＞RCl。制备格氏试剂一般使用溴代烷。

格氏试剂非常活泼，遇水、醇、羧酸、氨、胺等具有"活泼"氢的化合物都分解生成相应的烷烃。

$$RMgX \begin{cases} H—OH & RH + Mg(OH)X \\ H—OR' & RH + Mg(OR')X \\ H—NH_2 & RH + Mg(NH_2)X \\ H—X & RH + MgX_2 \\ H—C\equiv CR' & RH + R'C\equiv CMgX \end{cases}$$

上述反应是定量进行的，可用于有机分析中测定化合物所含活泼氢的数量（叫做活泼氢测定法），一般常用甲基碘化镁来反应，测量生成的甲烷的体积，就可以推算出活泼氢个数。

格氏试剂的性质非常活泼，制备过程应避免含有活泼氢的化合物的引入，格氏试剂还应现用现制备，避免和空气中的水、二氧化碳发生反应，除保持试剂的干燥外，还应隔绝空气，最好在氮气保护下进行。

四、 在有机合成上的应用

在有机合成上，由于卤代烷的化学性质比较活泼，能发生许多反应，例如取代反应、消去反应、与镁反应等，从而转化成其他类型的化合物。因此，引入卤原子常常是改变分子性能的第一步反应，在有机合成中起着重要的桥梁作用。如：

① 在分子中引入羟基。例如由溴乙烷制乙二醇。先用溴乙烷发生消除反应得到乙烯，再由乙烯与氯气发生加成反应制1,2-二氯乙烷，再用1,2-二氯乙烷在氢氧化钠溶液中发生水解反应制得乙二醇。

② 在特定碳原子上引入卤原子。例如，由1-溴丁烷制1,2-二溴丁烷。先由1-溴丁烷发生消去反应得1-丁烯，再由1-丁烯与溴加成得1,2-二溴丁烷。

③ 改变某些官能团的位置。例如，由1-丁烯制2-丁烯，先由1-丁烯与氯化氢加成得2-氯丁烷，再由2-氯丁烷发生消去反应得2-丁烯。由1-丙醇制2-丙醇，先由1-丙醇发生消去反应制丙烯，再由丙烯与氯化氢加成制2-氯丙烷，最后由2-氯丙烷水解得2-丙醇。

格利雅（Grignard）简介

格利雅（1871—1935），著名的法国化学家格利雅少年时游手好闲，不学无术，因受到女伯爵波多丽的冷落和讽刺而醒悟，发奋读书，勇于探索。格利雅最著名的科学贡献是他发现了一种增长碳链的有机合成方法。这种方法被后人称为"格利雅反应"，反应中用到的烃基卤化镁则被后人称为"格氏试剂"。格利雅因此于1912年获得了诺贝尔化学奖。他的光辉业绩和浪子回头急起

直追的精神，值得我们大家学习。

第四节　重要的卤代烃

"不粘锅" 的问世给人们的生活带来了很大的方便，那你知道 "不粘锅" 起着不粘作用的涂层是什么吗？

一、四氟乙烯

四氟乙烯（$CF_2 = CF_2$）在工业上是用氯仿和氟化氢制得的，为无色无臭有毒气体，不溶于水，易溶于有机溶剂。四氟乙烯主要用于生产聚四氟乙烯，四氟乙烯在过硫酸铵引发下可发生聚合反应，生成聚四氟乙烯（见图4-2）。

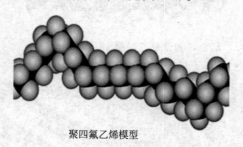

聚四氟乙烯模型

聚四氟乙烯结构式

图4-2　聚四氟乙烯

聚四氟乙烯俗称特氟龙，具有优良的耐寒、耐热、耐化学腐蚀性能，化学稳定性超过一切塑料，与浓硫酸、浓碱、氟及 "王水" 等都不作用，而且机械强度高，因而有 "塑料王" 的美誉。

聚四氟乙烯的摩擦系数极低，"不粘锅" 就是利用聚四氟乙烯优异的热性能、化学性能、易清洁性能和无毒性能制成的。普通塑料制品容易发生老化现象，过几年就会产生裂纹，甚至破碎，可 "塑料王" 做成的制品在室外放置，任凭日晒雨淋，二三十年都毫无损伤，因而被广泛使用在生活和化工中。

二、三氯甲烷

三氯甲烷（$CHCl_3$）（比例模型见图4-3），俗称氯仿，是一种无色味甜的有毒液体，密度比水大，不溶于水，易溶于有机溶剂，本身就是一种优良的不燃性溶剂，具有麻醉性，由于其毒性现在已经很少使用。三氯甲烷在光作用下会生成剧毒的光气（$COCl_2$），因此，三氯甲烷要密封保存在棕色瓶中。

氯仿广泛用于有机合成及有机溶剂。

图4-3　三氯甲烷比例模型

三、 四氯化碳

四氯化碳（CCl_4），（比例模型见图4-4）又称四氯甲烷，是一种无色有毒液体，密度比水大，不溶于水，易溶于有机溶剂，本身是优良的不燃性溶剂和萃取剂。四氯化碳蒸气比空气重，不能燃烧，不导电，因而可以用于灭火，是常用的灭火剂。

图4-4 四氯化碳比例模型

四、 氯乙烯

氯乙烯（$CH_2=CHCl$）是一种无色有毒气体，难溶于水，易溶于乙醇、乙醚、丙酮等有机溶剂中，化学性质不活泼，加成时遵循马氏规则，工业上生产氯乙烯有乙炔法和乙烯法。

氯乙烯在少量过氧化物引发下，能聚合生成白色粉状的聚氯乙烯固体（简称PVC），氯乙烯和聚氯乙烯的模型见图4-5。聚氯乙烯性质稳定，耐酸、耐碱、耐化学腐蚀，不溶于一般溶剂，常用来制造塑料制品、管材、板材、薄膜等，在工农业及日常生活中有着广泛的应用（见图4-6）。

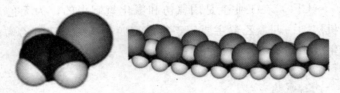

图4-5 氯乙烯和聚氯乙烯模型

(a) PVC雨衣　　　　(b) PVC绝缘电缆　　　　(c) PVC管材

图4-6 聚氯乙烯（PVC）的应用

拓展提升

足球场上的"化学大夫"——氯乙烷

在观看足球比赛时大家有没有看到场上运动员因被撞而受伤倒地？ 队医上去查看，如果轻伤的话，可以看到队医向运动员受伤处喷射药物，然后运动员马上就可以奔跑。 这种

"神奇"的药物就是氯乙烷。

这是因为氯乙烷液体喷射到伤痛的部位，氯乙烷碰到温暖的皮肤，立刻沸腾起来。 因为沸腾得很快，液体一下就变成气体，同时把皮肤上的热也"带"走了，于是负伤的皮肤像被冰冻了一样，暂时失去感觉，痛感也消失了。 这种局部冰冻，也使皮下毛细血管收缩起来，停止出血，负伤部位也不会出现淤血和水肿。 这种使身体的一个地方失去感觉，又不影响其他部位感觉的麻醉方法，叫做局部麻醉。 足球场上的"化学大夫"就是靠局部麻醉的方法，使球员的伤痛一下子消失的。

这种药只能对付一般的肌肉挫伤或扭伤，用作应急处理，不能起治疗作用。 如果在比赛中造成骨折，或者其他内脏受伤，它就无能为力了。

本章小结

1. 卤代烃的含义，卤代烃的官能团为卤素原子
2. 卤代烃的分类、命名、同分异构
3. 卤代烷的化学反应（重点、难点）
（1）取代反应

卤代烷的 C—X 中的 X 原子被其他基团（如—OH、—OR、—CN、—NH$_2$）取代，生成醇、醚、腈、胺等有机化合物

（2）消除反应

卤代烃分子中脱去一个小分子 HX，形成烯烃或炔烃的反应，消除反应遵循查依采夫规则，即生成双键碳原子上连有较多烃基的烯烃。消除的活性为：叔卤代烷＞仲卤代烷＞伯卤代烷

（3）与镁反应

卤代烷在无水乙醚中与金属镁作用，生成格氏试剂，用 RMgX 表示。格氏试剂非常活泼，与水、醇、羧酸、氨、胺等反应生成相应的烷烃

 习题

一、选择题

1. 下列物质中能发生消除反应的是（   ）。

A. 丙烷　　　　　B. 丙烯　　　　　C. 环丙烷　　　　　D. 1-氯丙烷

2. 反应 $CH_3CH_2CH_2Cl + NaOH$（水溶液）$\longrightarrow CH_3CH_2CH_2OH + NaCl$ 属于（   ）。

A. 取代反应　　　B. 氧化反应　　　C. 加成反应　　　D. 消除反应

3. 卤代烃发生消除反应所需要的条件是（   ）。

A. $AgNO_3$ 醇溶液　B. $AgNO_3$ 水溶液　C. NaOH 醇溶液　D. NaOH 水溶液

4. 反应 $CH_3CH_2CH_2Cl \xrightarrow{\text{NaOH（醇溶液）}} CH_3CH{=}CH_2 + HCl$ 属于（   ）。

A. 取代反应　　　B. 氧化反应　　　C. 加成反应　　　D. 消除反应

5. 下列卤代烃中，最容易发生脱卤的是（   ）。

A. $CH_3CH_2CH_2CH_2Br$ B. $CH_3CH_2CHBrCH_3$

C. $(CH_3)_2CHCH_2Br$ D. $(CH_3)_3CBr$

6. 下列有机物属于多元卤代烃的是（　　）。

A. 氯苯   B. 氯仿   C. 2-氯丁烷   D. 氯乙烷

7. 卤代烃与氨反应的产物是（　　）。

A. 醇   B. 腈   C. 醚   D. 胺

8. 烃基相同时，RX 与 $NaOH/H_2O$ 反应速率最快的是（　　）。

A. RF   B. RCl   C. RBr   D. RI

9. 在制备格氏试剂时，可以用来作为保护气体的是（　　）。

A. CO_2 B. O_2 C. HCl   D. N_2

10. 常用于格氏试剂的通式是（　　）。

A. R_2Mg B. MgX_2 C. RMgX   D. RX

11. 以一氯丙烷为主要原料，制取 1,2-丙二醇时，需要经过的各反应分别为（　　）。

A. 加成—消去—取代   B. 消去—加成—取代

C. 取代—加成—消去   D. 取代—消去—加成

12. 下列物质中，密度比水的密度小的是（　　）。

A. 氯乙烷   B. 溴乙烷   C. 溴苯   D. 甲苯

二、填空题

1. 卤代烃都_____溶于水，_____溶于有机溶剂。卤代烃的相对分子质量比相应烃的相对分子质量_____，其密度一般随着烃基中碳原子数的增加而_____，其沸点_____而升高。所以，CH_3Cl 的密度比 $CH_3CH_2CH_2Cl$ _____，而沸点 CH_3Cl 比 $CH_3CH_2CH_2Cl$ 要_____。

2. C_4H_9Cl 的同分异构体有_____种，它们的名称分别为_____，其中，_____与 NaOH 的醇溶液共热的产物是 $CH_3CH_2CH = CH_2$，水解产物是 $(CH_3)_3C—OH$ 的为_____。

3. 在溴化钠溶液中加入硝酸银溶液，会产生_____，而在溴乙烷中加入硝酸银后，不会产生上述现象，说明在溴乙烷中没有_____。如果要检验溴乙烷中的溴原子，有以下操作：①在试管中加入少量溴乙烷；②冷却；③加热煮沸；④加入硝酸银溶液；⑤加入稀硝酸酸化；⑥加入氢氧化钠溶液。其正确操作顺序是_____（填编号）。

其中用硝酸酸化的原因是_____，如果不酸化将会_____。

三、用系统命名法命名下列化合物

1. $CHBr_3$

2. $ClCH_2CH_2Cl$

3. $BrCH = CHCH_2CH_2CH(CH_3)_2$

4. $(CH_3)_3C—Cl_2CH_2CH_3$

5. $CH_2 = C(C_2H_5)CH_2CH_2CH_2Br$

6.
$$CH_3CHCH_2C—CHCH_3$$
（上方 Cl，下方 Cl、Cl、CH_3）

四、根据下列名称写出相应的结构式。

1. 3-甲基-2-溴己烷

2. 异丁基氯

3. 2-甲基-3,3-二氯戊烷

4. 4-溴-1-丁烯

五、写出下列反应的主要产物。

1. 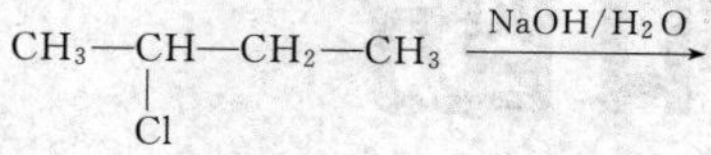
$$CH_3-\underset{\underset{Cl}{|}}{CH}-CH_2-CH_3 \xrightarrow{NaOH/H_2O}$$

2.
$$CH_3-\underset{\underset{Cl}{|}}{CH}-CH_2-CH_3 \xrightarrow{KOH/醇}$$

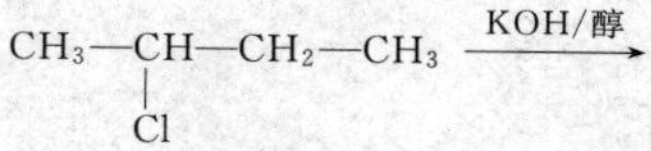

3.
$$CH_3CH_2\underset{\underset{CH_3}{|}}{CH}-\underset{\underset{Br}{|}}{CH}CH_2CH_3 \xrightarrow{KOH/乙醇,\ \triangle}$$

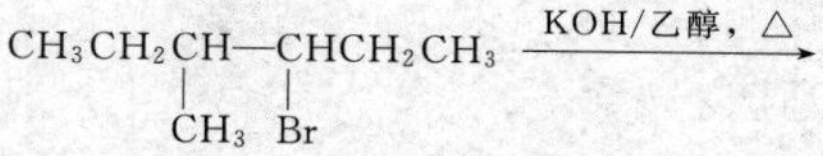

4. $CH_3CH_2CH_2Br + NaOCH_2CH_3$

六、异丁基溴能否与下列试剂反应？如能进行，请写出反应式。

1. KOH/H_2O

2. $C_2H_5ONa/乙醇$

3. $AgNO_3/乙醇$

4. $NaCN/乙醇$

5. $NaOH/乙醇$

第五章

醇、醚和酚

学习目标

1. 复述醇、醚和酚的结构特点和分类。
2. 记住醇、酚和简单醚的构造异构及其命名方法。
3. 复述醇、酚及简单醚的物理性质及其变化规律。
4. 概述醇、酚及简单醚的化学性质及其应用。
5. 归纳乙醚与环氧乙烷的制法、性质与用途。

知识链接

醇、酚和醚在工业分析中的应用

　　工业用水分析中铅含量的测定时，需要用到百里酚蓝指示剂；挥发酚的测定需要用到苯酚标准溶液；另外在医院里的消毒酒精就是体积分数 75% 的乙醇水溶液；被称作"医院味"的特殊气味是医院常用的消毒剂甲酚皂溶液（俗称来苏儿）散发出来的；做小动作实验时，使小动物昏迷的麻醉剂是乙醚，乙醚也曾是给病人做手术时使用的全身麻醉药。

第一节　醇

你能说出几种日常生活中常见的醇吗？它们有什么用途？

一、乙醇

　　乙醇是最常见的醇。从结构上看，乙醇可以看作是水分子中的一个氢原子被乙基（CH_3CH_2-）所取代而得到的化合物。其结构简式为 CH_3-CH_2-OH，也可以简写为 C_2H_5OH。分子中的 $-OH$，称作羟基，是乙醇的官能团。水和乙醇的分子结构如图 5-1 和

图 5-2 所示。

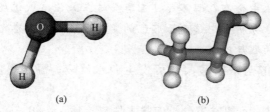

(a)　　　　　　　　(b)

图 5-1　水（a）和乙醇（b）的球棍模型

(a)　　　　　　　　(b)

图 5-2　水（a）和乙醇（b）的比例模型

1. 乙醇的物理性质

乙醇俗称酒精。常温常压下，乙醇为无色透明的液体，有特殊香味，沸点 78.5℃，易挥发，能与水混溶，是优良的有机溶剂。

2. 乙醇的化学性质

羟基是乙醇的官能团，羟基比较活泼，乙醇的化学反应主要发生在羟基及与羟基相连的碳原子上。

（1）与活泼金属反应　乙醇结构与水相似，可与活泼金属（如 Na、K 等）反应，羟基上的氢原子被活泼金属置换，生成乙醇钠，并产生氢气和一定的热量。

演示实验5-1

取一支干燥大试管加入 2mL 无水乙醇，再加入一块绿豆大小的新切金属钠，用拇指堵住试管口，观察反应现象。反应结束后，放开拇指，迅速用火柴点燃生成的气体。

乙醇与金属钠反应比水与金属钠反应缓和，这说明乙醇的酸性比水弱。在实验室里常用无水乙醇来处理残余的金属钠，以防金属钠与水剧烈反应产生火花引起火灾。

$$2H—OH+2Na \longrightarrow 2NaOH+H_2 \uparrow$$

$$2Na+2CH_3—CH_2—OH \longrightarrow 2CH_3—CH_2—ONa+H_2 \uparrow$$

乙醇　　　　　　　　　　　乙醇钠

反应生成的乙醇钠是无色溶液，碱性比氢氧化钠还强，极易水解成乙醇和氢氧化钠，其溶液能使酚酞变红。

小知识

酒精监测仪：日常饮用的各类酒，都含有不同浓度的乙醇。乙醇有麻醉作用，可使中枢神经麻痹、运动反射迟钝，饮用一定量的酒，可能会出现步履不稳乃至行走困难，甚至陷于意识不清的状态。所以饮酒往往成为发生意外事故的原因。

司机酒后驾车容易肇事，因此交通法规禁止酒后驾车。酒精检测仪是交警判断司机是否为酒后驾车的工具。交警让司机呼出气体接触酒精监测仪中经硫酸酸化的三氧化铬（CrO₃）的硅胶，如果呼出的气体中含有乙醇蒸气，乙醇会被三氧化铬氧化成乙醛，同时，三氧化铬被还原为绿色的硫酸铬。分析仪中铬离子颜色的变化通过电子传感元件转换成电信号，显示被测者饮酒与否及饮酒的程度。

（2）脱水反应　　乙醇与浓硫酸共热可发生脱水反应。温度不同，乙醇有不同的脱水方式。

控制温度在 170℃时，乙醇发生分子内脱水生成乙烯。

控制温度在 140℃时，乙醇发生分子间脱水生成乙醚。

$$CH_3CH_2\underline{OH} + \underline{H}OCH_2CH_3 \xrightarrow[140℃]{浓 H_2SO_4} CH_3CH_2-O-CH_2CH_3 + H_2O$$
乙醚

（3）氧化反应　　在有机化学中，我们将加氧或去氢的反应都称为氧化反应。

演示实验5-2

　　取一支试管，加入 5 滴 5g/L 的 $K_2Cr_2O_7$ 溶液，再加入 1mL 稀硫酸酸化，振摇后，再加入 10 滴乙醇，摇匀后，观察溶液颜色变化。

可以看到，试管中溶液的颜色变化明显，由橙色变成蓝绿色，说明乙醇已被重铬酸钾氧化，而橙色的重铬酸钾被还原成绿色的硫酸铬 $Cr_2(SO_4)_3$。乙醇可被强氧化剂重铬酸钾或高锰酸钾酸性溶液氧化成乙醛。

$$CH_3CH_2OH \xrightarrow{[O]} CH_3CHO + H_2O$$
乙醇

3. 乙醇的用途

乙醇在医药中应用广泛，不同浓度的乙醇溶液有不同的作用。

95％的乙醇溶液称为药用或医用酒精，常用作溶剂配制碘酊、药酒及提取溶剂等，在家庭中可用于相机镜头和电子产品的清洁；70％～75％的乙醇溶液称为医用酒精，用于皮肤和医疗器械的消毒；40％～50％的乙醇溶液可预防褥疮，取少许于手中，按摩患者受压部位，能促进局部血液循环，防止褥疮形成；25％～50％的乙醇溶液用于高热病人擦浴，达到物理降温的目的。

乙醇燃烧放出大量的热，所以乙醇也是很有前景的绿色燃料。

课堂活动

请查阅资料后讨论，为什么 70％～75％ 的乙醇溶液消毒作用最强？

二、醇

1. 醇的结构和分类

水分子中的一个氢原子被脂肪烃基或脂环烃基取代后的生成物称为醇。醇的官能团羟基（—OH）常称作醇羟基。醇的通式为 R—OH。

醇常用的分类方法有三种。

① 根据羟基所连的烃基结构不同分为脂肪醇、脂环醇和芳香醇，脂肪醇又可分为饱和醇与不饱和醇。如甲醇为脂肪醇中的饱和醇，烯丙醇为脂肪醇中的不饱和醇，环戊醇为脂环醇，苯甲醇为芳香醇。其结构式如下：

CH₃—OH 甲醇   CH₂=CH—CH₂—OH 烯丙醇   环戊醇 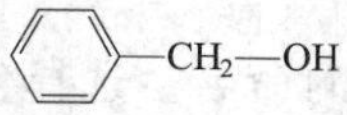   苯甲醇

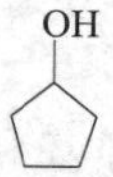

② 根据醇分子中羟基数目的不同，可分为一元醇、二元醇及多元醇。如乙醇为一元醇，乙二醇为二元醇，丙三醇为多元醇。其结构式如下：

CH₃—CH₂—OH 乙醇   乙二醇 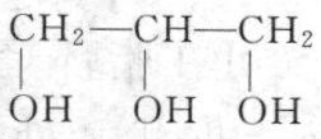   丙三醇

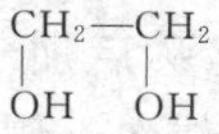

③ 根据羟基所连碳原子类型的不同，将醇分为伯醇、仲醇和叔醇。羟基连在伯碳原子上的醇称为伯醇，羟基连在仲碳原子上的醇称为仲醇，羟基连在叔碳原子上的醇称为叔醇。其结构式如下：

R—CH₂—OH 伯醇   R—CH—OH 仲醇   R—C—OH 叔醇

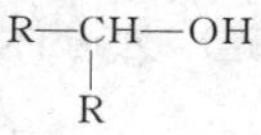

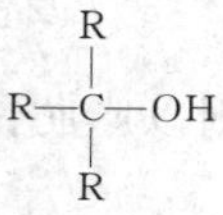

课堂活动

（1） 下列醇是伯醇、仲醇还是叔醇？如果按烃基分类应属于哪种醇？

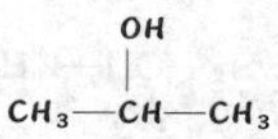

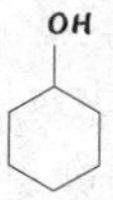

（2） 在很多时候，人们描述一种醇时，会用上它的两种分类方法。试一试，模仿烷烃与烯烃，写出饱和一元醇的通式。

2. 醇的命名

醇的命名可分为普通命名法和系统命名法。

（1）普通命名法 普通命名法适用于结构较简单的醇，是根据羟基所连烃基的名称来命名的。例如：

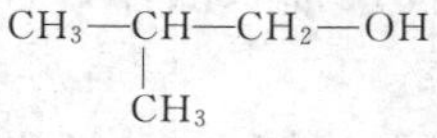

CH₃—CH—CH₂—OH
      |
      CH₃
异丁醇

（2）系统命名法 对于结构复杂的醇，采用系统命名法命名。

① 饱和醇的命名。选主链：选择分子中连有羟基的最长碳链为主链，按主链所含碳原子数目称为"某醇"。

编号：从靠近连有羟基的碳原子一端开始给主链碳原子依次编号。

命名：将羟基的位次用阿拉伯数字写在"某醇"的前面，并用短线隔开；如有取代基，则将取代基的位次、数目及名称写在醇的名称前面。例如：

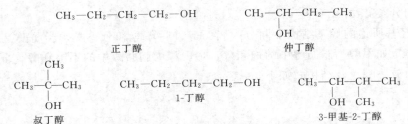

正丁醇　　　　　　　　　　仲丁醇

叔丁醇　　　　　　1-丁醇　　　　　　　　3-甲基-2-丁醇

② 不饱和醇的命名。选择包含羟基和不饱和键（双键和三键）碳原子在内的最长碳链为主链，按主链所含碳原子数目称为"某烯（或炔）醇"。例如：

3-丁炔-1-醇

3-丁烯-2-醇

③ 脂环醇的命名。可在脂环烃基的名称后加"醇"来命名，从羟基所连的环碳原子开始编号，并尽可能使环上取代基处在较小位次。例如：

环己醇　　　　　　　　3-甲基环戊醇

④ 芳香醇的命名。则以脂肪链（侧链）为母体，以芳香环为取代基来命名。例如：

苯甲醇　　　　　　　2-苯基-1-丙醇

⑤多元醇的命名。在一元醇的系统命名法的基础上，标出多元醇中羟基的位次，并根据羟基数目，称作"某几醇"。

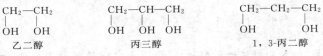

乙二醇　　　　　　丙三醇　　　　　　1,3-丙二醇

课堂活动

命名乙二醇和丙三醇时，需要标出羟基的位次吗？

3. 醇的性质

（1）醇的物理性质　室温下，含 3 个或少于 3 个碳原子的一元醇是有酒味的挥发性无色液体，含 4～11 个碳原子的醇是有臭味的油状液体，含 12 个碳原子以上的醇为无臭无味的蜡状固体，密度小于水。

此外，由于醇和醇分子的羟基之间、醇和水分子之间都可以形成氢键，因此，醇的物理性质有两个重要特征：

① 低级醇的沸点比相对分子质量相近的烷烃高得多。

② 低级醇及多元醇能与水任意混溶，随相对分子质量的增大，溶解度明显下降。

（2）醇的化学性质

① 醇的主要化学性质　与乙醇相似，其他醇均能与活泼金属（如 Na、K 等）反应，生成醇盐和氢气；醇与浓硫酸共热，在不同温度下，发生分子内脱水或分子间脱水；醇也可发

生氧化反应，伯醇和仲醇的氧化产物不同，叔醇不含 α-H，所以一般条件下不被氧化。与官能团羟基相连接的第一个碳原子可以用希腊字母 α 表示，与 α-C 相连接的氢原子称为 α-H。

② 多元醇的特性　多元醇分子中羟基较多，醇分子之间及醇分子与水分子之间形成氢键的机会增多，所以低级多元醇的沸点比相同碳原子数的一元醇高得多。羟基的增多还会增加醇的甜味。在相邻的两个碳原子上均连有羟基的多元醇能与新制的氢氧化铜反应生成深蓝色的化合物，即发生甘油铜反应。

取一支试管，加入 0.2 mol/L 的苯酚溶液 1mL，再加入 0.06 mol/L 三氯化铁溶液 1 滴，振荡后，观察现象。

取两支试管，分别加入 1mL 2mol/L NaOH 溶液和 10 滴 0.05mol/L 的 $CuSO_4$ 溶液，摇匀，观察到有蓝色沉淀生成后，分别加入 10 滴乙醇、丙三醇，摇匀后，观察溶液颜色变化。

实验表明，加入乙醇的试管没有变化，加入丙三醇的试管中，蓝色沉淀溶解，生成深蓝色溶液。反应方程式如下：

$$
\begin{array}{l}
CH_2\text{—}OH \\
| \\
CH\text{—}OH \\
| \\
CH_2\text{—}OH
\end{array}
+ Cu(OH)_2 \longrightarrow
\begin{array}{l}
CH_2\text{—}O \\
\qquad\quad\diagdown \\
CH\text{—}O\diagup Cu \\
| \\
CH_2\text{—}OH
\end{array}
+ 2H_2O
$$

利用该反应可鉴别甘油及其他在相邻的两个碳原子上连有羟基的多元醇。

三、 常见的醇

1. 甲醇（CH_3OH）

最初是由木材干馏得到的，俗称木精或木醇。甲醇的外观和乙醇类似，为无色透明液体，有酒味，易挥发，能与水混溶。甲醇毒性很大，误服 10mL 可致人失明，误服 30mL 可致死。甲醇有很广泛的用途，是优良的有机溶剂；也是重要的有机化工原料和医药产品的原料；甲醇和汽油混合成的"甲醇汽油"可用作汽车、飞机的燃料。

$$
\begin{array}{ccc}
CH_2 & \text{—} & CH & \text{—} & CH_2 \\
| & & | & & | \\
OH & & OH & & OH
\end{array}
$$

2. 丙三醇

俗称甘油，为无色黏稠状液体，有甜味，能与水或乙醇混溶。可用作护肤保湿的化妆品原料；在药剂领域可作溶剂，如酚甘油、碘甘油等，还可制成润滑剂，如 50% 的甘油溶液灌肠，帮助治疗便秘。

甘油

甘油（丙三醇）是国际公认的高性能保湿剂，其安全性得到全球普遍认同，广泛运用于药品、食品、化妆品生产等行业。结合醇的物理性质讨论：甘油为什么能够起到保湿作用？能用纯的甘油作保湿剂吗？

甘油是重要的有机化工原料，在国民经济的许多部门被广泛应用。它是优良的吸湿剂、抗冻剂、润滑剂、溶剂及助溶剂，是生产聚酯、炸药、医药等的重要原料。在食品工业中，可用作保水剂（用于面包、蛋糕类）、载体溶剂（用于香料、色素、非水溶性防腐剂）、稠化剂（用于饮料、配制酒等）、增塑剂（用于糖果、甜点、肉类制品等）；用作分析试剂、气相色谱固定液、测硼络合剂、溶剂、润滑剂，用于化妆品的配制以及制药工业，用作聚乙烯醇和淀粉胶黏剂的增韧剂。硝酸甘油是治疗冠状动脉痉挛的一种血管扩张药。

3. 苯甲醇

苯甲醇是最简单的芳香醇，又名苄醇，无色液体有芳香气味，能溶于水，易溶于甲醇、乙醇等有机溶剂。苯甲醇有微弱的麻醉作用和防腐功能，临床使用 2％的苯甲醇注射用水做溶媒稀释青霉素，以减轻注射时的痛感；10％的苯甲醇软膏或洗剂可用作局部止痒。

4. 甘露醇

$$CH_2\text{—}CH\text{—}CH\text{—}CH\text{—}CH\text{—}CH_2$$
$$OH \quad OH \quad OH \quad OH \quad OH \quad OH$$

又名己六醇。为白色结晶性粉末，味甜，易溶于水。甘露醇广泛分布在植物中。临床用 20％的甘露醇水溶液作为组织脱水剂及渗透性利尿剂，减轻组织水肿，降低眼内压、颅内压。

第二节　醚

醚是一类什么物质？

什么是乙醚？ 乙醚有什么特性？

一、 乙醚

1. 乙醚的结构

乙醚可以看做是氧原子同时连接两个乙基形成的化合物（见图 5-3），其结构简式为 $CH_3CH_2\text{—}O\text{—}CH_2CH_3$，也可简写为 $C_2H_5\text{—}O\text{—}C_2H_5$。

2. 乙醚的性质

乙醚为无色透明液体，沸点 34.5℃，有特殊刺激气味，极易挥发、易燃易爆，使用时应注意远离火源，并保证室内空气流通。乙醚保存时应使用棕色瓶密封、避光，置于阴冷处。

乙醚微溶于水，易溶于乙醇等有机溶剂，其本身也是优良的有机溶剂，常用作提取天然药物中脂溶性成分的溶剂。乙醚早期在医学上用作吸入性全身麻醉药，存在较大的副作用，现已被更好的麻醉药所替代，但乙醚仍然在部

图 5-3　乙醚的结构

分医学实验中使用。

乙醚在空气的作用下能氧化成过氧乙醚，过氧乙醚受热或受到震动容易发生爆炸。为确保安全，在使用乙醚前，必须检验是否含有过氧乙醚。

乙醚的用途和危害

乙醚主要用作油类、染料、生物碱、脂肪、天然树脂、合成树脂、硝化纤维、烃类化合物、亚麻油、石油树脂、松香脂、香料、非硫化橡胶等的优良溶剂。医药工业用作药物生产的萃取剂和医疗上的麻醉剂。毛纺、棉纺工业用作油污洁净剂。火药工业用于制造无烟火药。

该品的主要作用为全身麻醉。急性大量接触，早期出现兴奋，继而嗜睡、呕吐、面色苍白、脉缓、体温下降和呼吸不规则，而有生命危险。急性接触后的暂时后作用有头疼、易激动或抑郁、流涎、呕吐、食欲下降和多汗等。液体或高浓度蒸气对眼有刺激性。慢性影响：长期低浓度吸入，有头痛、头晕、疲倦、嗜睡、蛋白尿、红细胞增多症。长期皮肤接触，可发生皮肤干燥、皲裂。

二、醚

1. 醚的结构

醚可以看做是氧原子同时连接两个烃基形成的化合物。醚的通式表示为（Ar）R—O—R（Ar），官能团称为醚键。

查阅资料，判断石油醚是否属于醚类。

2. 醚的分类

醚可根据与氧原子相连的烃基结构，分为单醚和混醚。两个烃基相同的醚称为单醚；两个烃基不同的醚称为混醚（表 5-1）。还可以根据烃基种类不同，将醚分为脂肪醚和芳香醚，两个烃基都是脂肪烃基的醚称为脂肪醚；其中一个或两个都是芳香烃基的醚则属于芳香醚。

表 5-1　醚的分类

项目	单醚	混醚
脂肪醚	$CH_3CH_2OCH_2CH_3$	CH_3CH_2—O—CH_3
芳香醚	⟨苯环⟩—O—⟨苯环⟩	⟨苯环⟩—O—CH_3

3. 醚的命名

（1）单醚的命名　单醚命名时，根据烃基的名称，称作"二某醚"；若烃基是烷基，往往把"二"字省去，直接称为"某醚"。

CH_3CH_2—O—CH_2CH_3　　CH_3—O—CH_3

二乙醚（简称乙醚）　　　二甲醚（简称甲醚）　　　　二苯醚

（2）混醚的命名　脂肪族混醚，把较小烃基名称写在较大烃基名称之前；芳香族混醚，把芳香烃基的名称写在脂肪烃基名称之前。按烃基名称称作"某某醚"。

$$CH_3—O—CH_2CH_2 \qquad \text{苯甲醚}$$

甲乙醚 · 苯甲醚

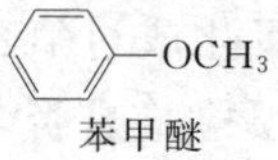

请给下列化合物命名。

$$CH_3—O—CH_2CH_2CH_3 \qquad$$ $$—O—C_2H_5$$

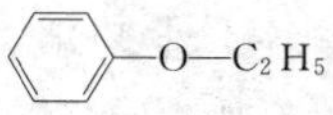

在使用乙醚时，如有较好的通风条件，一般不致引起中毒。若有大量乙醚蒸发逸出时，应注意防毒、防火和防爆。

医用优点：

① 镇痛作用强，又可促使骨骼肌松弛；

② 3～4 倍于常用量时，对循环功能的抑制才达到危险的地步，故较安全；

③ 直接的麻醉死亡率低。

第三节　酚

酚是一类什么物质？

什么是苯酚？ 苯酚有什么特性？

　　酚是生活和医药中常见的有机化合物。酚和醇结构相似，都是以羟基为官能团的化合物，但是它们的性质却有很大差别，酚和醇的根本区别是酚羟基与苯环碳原子直接相连，而醇羟基不能与苯环直接相连。

苯酚与苯酚系数

　　苯酚俗称石炭酸，能使蛋白质凝固，有杀菌作用，在医药上用作外用消毒和防腐剂。

　　英国外科医生 J. 李斯特于 1867 年发现用苯酚作消毒剂可大量减少手术后患败血症的概率，使病人死亡率明显降低。此后 100 多年来，苯酚作为强力消毒剂一直在医院中使用。临床上用 2%～5% 的苯酚水溶液处理污物，消毒用具和外科器械，还用于环境的消毒。1% 的苯酚甘油溶液用于中耳炎的外用消毒。

　　除此以外，苯酚还是检验各种新型消毒剂消毒能力的标准。所谓苯酚系数，即指在一定时间内，被试药物能杀死全部供试菌的最高稀释度与达到同效的苯酚最高稀释度之比。

一、苯酚

1. 苯酚的结构

苯酚是最简单的酚。从结构上看，苯酚是苯环上的一个氢原子被羟基取代后的化合物。

其结构简式为 —OH，也可以简写为 C_6H_5OH。苯酚的分子结构模型见图 5-4。

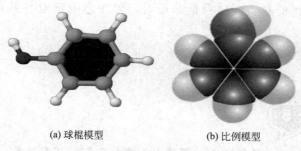

(a) 球棍模型　　　　　　　　(b) 比例模型

图 5-4　苯酚的分子结构模型

2. 苯酚的性质

苯酚最早是煤焦油中发现的，故俗称石炭酸，为无色针状晶体，有特殊气味，常温下微溶于水，当温度升高至 65℃ 以上时，苯酚可与水以任意比例混溶。苯酚能溶于乙醇、乙醚等有机溶剂。由于苯酚和乙醇都含有羟基，它们的性质有相似之处，但苯酚中的酚羟基与苯环碳原子直接相连，因此又具有一定的特性。

（1）弱酸性

演示实验5-4

取一支试管加入少量苯酚固体和适量蒸馏水，充分振荡后得到苯酚浑浊液，再往试管中滴加 NaOH 溶液。

我们观察到，在苯酚浑浊液中滴加 NaOH 溶液后，浑浊液逐渐变澄清。这是因为苯酚与 NaOH 反应生成了易溶于水的苯酚钠。这表明苯酚具有一定的酸性，可以和碱发生中和反应，生成盐和水。

苯酚的酸性比碳酸还弱，若往澄清的苯酚钠溶液中加入强酸（如盐酸）或通入二氧化碳气体，苯酚会游离出来，溶液变浑浊。利用苯酚的这一性质，可对苯酚进行分离提纯。

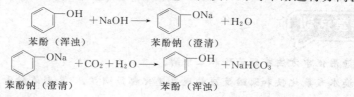

（2）氧化反应

课堂活动

观察苯酚固体的外观，你看见的苯酚是什么颜色？

纯净的苯酚为无色晶体，我们观察到，在实验室放置一段时间的苯酚外观呈粉红色。这是因为苯酚容易发生氧化反应，生成有颜色物质。

苯酚被酸性重铬酸钾氧化成黄色的苯醌，这说明苯酚具有还原性。

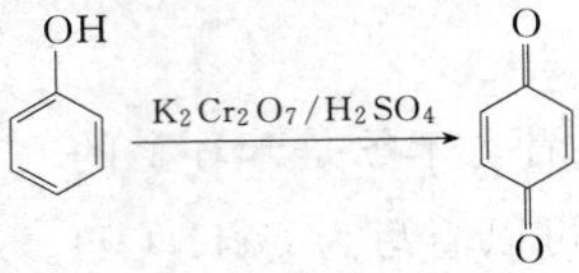

对苯醌

根据这一特性，我们在实验室存储苯酚时，要注意隔绝空气并用棕色瓶避光以防止氧化。

（3）与溴水的反应

演示实验5-5

取一支试管，加入 1mL 苯酚溶液，逐滴加入饱和溴水，观察现象。

实验表明，苯酚溶液中加入溴水，立刻反应，生成 2,4,6-三溴苯酚白色沉淀。

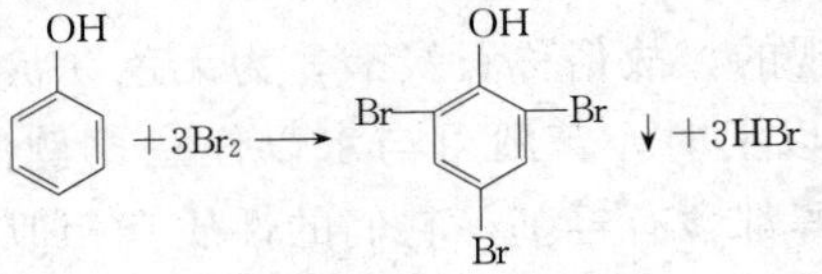

2,4,6-三溴苯酚

此反应十分灵敏，并且现象明显，因此常用于苯酚的鉴别。

（4）与氯化铁的反应

演示实验5-6

取一支试管，加入 0.2 mol/L 的苯酚溶液 1mL，再加入 0.06 mol/L 氯化铁溶液 1 滴，振荡后，观察现象。

实验现象表明，苯酚遇氯化铁后溶液变紫色。该反应是苯酚的特征反应，并且简便、快捷、安全，是鉴别苯酚最常使用的方法。

苯酚的检验：苯酚遇氯化铁后溶液变紫色；苯酚遇溴水生成白色沉淀。

课堂活动

（1）请用化学方法鉴别苯酚和苯甲醇。

（2）溴水或氯化铁和苯酚反应的现象变化都很明显，鉴别苯酚和苯甲醇两种物质时，应优先选择哪种试剂？为什么？

二、酚

1. 酚的结构

芳香烃分子中芳环上的氢原子被羟基取代后生成的化合物叫酚，通式为 Ar—OH。酚类的官能团是酚羟基。

2. 酚的分类和命名

（1）酚的分类　酚通常根据酚羟基的数目不同，分为一元酚、二元酚和多元酚。根据芳基不同分为苯酚和萘酚等。

（2）酚的同分异构和命名

① 一元酚是分子中只含有一个酚羟基的酚。

含一个取代基的一元酚有三种同分异构体，取代基与酚羟基的位置分别为邻位、间位和对位。如甲酚有三个同分异构体，分别是邻甲苯酚、间甲苯酚和对甲苯酚。

一元酚命名时以芳环的名称后加"酚"为母体，从酚羟基所连的碳原子开始给芳环编号，加上取代基的位次、个数和名称，按系统命名法的基本原则命名；也可用邻、间、对来表示取代基和酚羟基相对位置。例如：

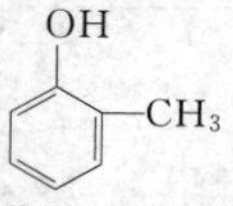

2-甲苯酚（邻甲苯酚） 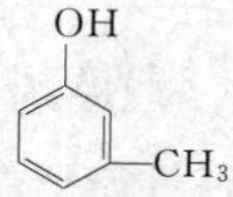　　　3-甲苯酚（间甲苯酚） 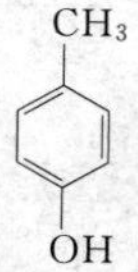　　　4-甲苯酚（对甲苯酚）

② 二元酚是分子中只含两个酚羟基的酚。因两个酚羟基的相对位置不同，有邻位、间位和对位三种同分异构体。

二元酚命名时以苯二酚为母体，两个酚羟基的相对位置用阿拉伯数字或邻、间、对来表示。例如：

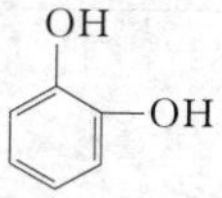

1,2-苯二酚（邻苯二酚） 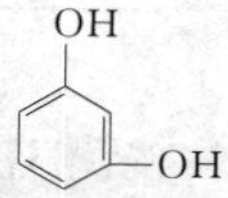　　　1,3-苯二酚（间苯二酚） 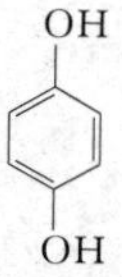　　　1,4-苯二酚（对苯二酚）

命名下列化合物：

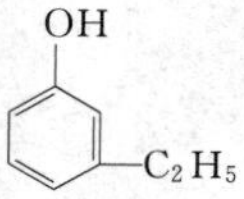

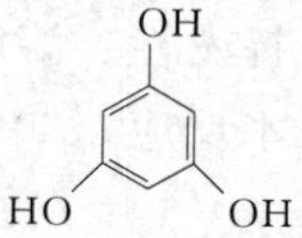

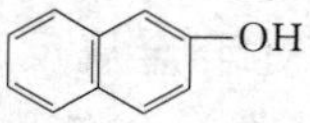

3. 酚的物理性质

多数酚是无色晶体，有特殊气味。酚能与水形成氢键，因此在水中有一定的溶解度，并随温度升高溶解度增大。一元酚微溶于水，多元酚易溶于水。酚也能溶于乙醇、乙醚等有机溶剂。

4. 酚的化学性质

酚的化学性质与苯酚相似，具有弱酸性，能发生氧化反应、取代反应及与氯化铁的显色反应。

由于酚易在空气中氧化，所以往往带有颜色，酚类药物易氧化，贮存时注意隔离空气并避光保存。

大多数酚都能和氯化铁溶液发生显色反应，不同的酚可呈现不同的颜色，例如，间苯二酚和1,3,5-苯三酚与氯化铁溶液显紫色，邻苯二酚和对苯二酚与氯化铁溶液显绿色等，这个反应常用于酚类的鉴别。

三、　重要的酚

甲酚来源于煤焦油，又名煤酚。甲酚有三种同分异构体，不易分离，常使用它们的混合物。

| 邻甲苯酚 | 间甲苯酚 | 对甲苯酚 |

甲酚难溶于水，易溶于肥皂溶液，所以常配成 50% 的甲酚肥皂溶液，称煤酚皂溶液，俗称来苏儿，其杀菌能力比苯酚强，毒性比苯酚小，是医院常用的消毒剂，用作手、器械、环境消毒及处理排泄物。使用前要稀释为 2%～5% 的溶液。甲酚对皮肤有一定刺激作用和腐蚀作用，正逐渐被其他消毒剂取代。

拓展提升

麻醉药

麻醉药经呼吸道吸入体内，产生可逆性麻醉作用称为吸入麻醉，吸入麻醉使用的麻醉药物称为吸入麻醉药。早在 19 世纪西方国家就已经使用笑气（N_2O）和麻醉乙醚作吸入麻醉剂为病人实施麻醉了。

目前临床上使用较多的吸入麻醉药是七氟烷和地氟烷。七氟烷副作用小，适用于小儿、牙科和门诊手术时的麻醉；地氟烷化学性质稳定，在体内几乎不代谢，是目前副作用较小的吸入麻醉药。

本章小结

1. 乙醇的结构与性质

（1）物理性质：颜色、气味、状态、挥发性、溶解性等

（2）化学性质：①与金属反应；②脱水反应；③氧化反应

2. 醇的结构与分类、命名及通性

3. 苯酚的结构与性质（重点）

（1）物理性质

（2）化学性质：①加成反应；②聚合反应；③氧化反应

4. 酚的结构与分类、命名及通性

5. 乙醚的结构及性质

6. 醚的结构、分类及命名

习题

一、选择题

1. 醇的官能团是（　　）。

A. 烃基　　　　　　B. 醛基　　　　　　C. 羟基　　　　　　D. 羧基

2. 下列化合物中，不属于醇的化合物是（　　）。

A $H_3C-CH-CH-CH_3$ / CH_3 with OH   B 环己基 OH/CH_3   C. OH/CH_3   D. CH_2-OH 苯环

3. 下列物质中，不能与金属钠反应的是（　　　）。
   A. 水　　　　　　　B. 乙醇　　　　　　C. 甘油　　　　　　D. 液态石蜡

4. 不法商贩用工业乙醇制造假酒对人造成伤害甚至死亡，其中的有毒成分主要是（　　　）。
   A. 甲醇　　　　　　B. 乙醇　　　　　　C. 苯　　　　　　　D. 苯甲醇

5. 临床上用作消毒剂的消毒酒精是（　　　）。
   A. 40％的甲醇溶液　B. 75％的乙醇溶液　C. 95％的乙醇溶液　D. 20％的甘露醇

6. 下列化合物中，能使 $FeCl_3$ 显色的是（　　　）。
   A. 乙醇　　　　　　B. 甘油　　　　　　C. 苯酚　　　　　　D. 苄醇

7. 下列化合物中，不能与金属钠反应的是（　　　）。
   A. 苯酚　　　　　　B. 甘油　　　　　　C. 苯　　　　　　　D. 异丁醇

二、填空题

1. 酚的官能团结构式为_____，叫_____基。酚的结构通式通常表示为_____。酚与醇不同的是酚的官能团直接连接在_____碳原子上。
2. 苯酚在空气中容易被_____，所以常带有不同程度的_____色。
3. 来苏儿是_____溶液，它常用作_____剂。
4. 醚的官能团叫_____。醚的结构通式通常表示为_____。
5. 乙醚的结构简式为_____。乙醚易_____、易_____、易_____，使用时要注意_____。
6. 甲醚的结构简式为_____，它与_____是同分异构体。

三、用系统命名法命名下列有机物或根据名称写出结构简式

1. $CH_3-C(CH_3)-CH_2-CH(CH_3)-CH_3$ / OH　　2. 苯环$-CH_2-CH_2-OH$

3. 甘油　　　4. 甲醇

5. 2-甲基-2-丙醇

四、根据下列有机物的名称写出结构简式

1. 苯酚　　　　2. 对苯二酚　　　　3. 间甲苯酚

五、用化学方法鉴别下列各组物质

1. 丙三醇和乙醇

2. 2-丙醇和 2-甲基-2-丙醇

实验三　乙醇的主要性质

一、实验目的

1. 认识乙醇的物理性质和化学性质。
2. 掌握乙醇的主要化学性质。

二、实验原理

乙醇分子是由乙基（C_2H_5—）和羟基（—OH）组成的，羟基比较活泼，它决定着乙醇的主要性质，可跟氢卤酸反应，跟浓硫酸发生脱水反应。乙醇的羟基里的氢原子也会被活泼金属所取代。

三、实验仪器及试剂

（1）仪器　滴管、试管、试管夹、酒精灯、圆底烧瓶、玻璃导管、单孔橡胶塞、铁架台（带铁夹、直角夹、铁圈）、石棉网、烧杯、移液管、玻璃棒。

（2）试剂　无水酒精、普通酒精、钠、铁丝、浓硫酸、溴化钾、冰、无水硫酸铜。

四、实验步骤

（1）普通酒精里的水分　在两个干燥的试管里各加入少量无水硫酸铜粉末，再用滴管分别滴入无水酒精和普通酒精，前一个试管里的无水硫酸铜仍是白色，后一个试管里则呈蓝色。普通酒精里含水约4%（体积）。

（2）乙醇在水里的溶解性　在一个试管里盛无水酒精2mL，用滴管一滴一滴地加入水2mL，边加边振荡试管，可以观察到乙醇和水可以任何比例混溶。

（3）乙醇和钠的反应　把2mL无水酒精注入一分液漏斗中，圆底烧瓶中投入一小块金属钠，实验装置如图5-5所示，用排气法收集所放出的气体，在试管口点燃，可以听到爆鸣声，证明放出的是氢气。

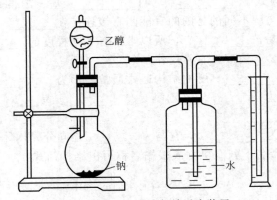

图5-5　实验室乙醇与钠反应装置

五、实验注意事项

（1）本实验如果多加几粒金属钠，开始时反应较快，乙醇与钠反应放出氢气，溶液逐渐变稠，但当钠的表面被乙醇钠包住后，反应又逐渐变慢。这时稍稍加热可使反应加快。然后静置或用冷水冷却，乙醇钠就从溶液中析出。若试管上用带尖嘴玻璃导管的塞子塞住，用小试管收集气体，可检验证明该气体是氢气。

用玻璃棒蘸取1～2滴反应后的溶液在玻璃片上蒸发，则玻璃片上有乙醇钠晶体析出。向乙醇钠溶液中加1～2mL水，因乙醇钠遇水分解生成乙醇和氢氧化钠，用pH试纸能检验溶液呈碱性。

（2）实验后要即时处理反应后的物质。最好是再加入乙醇使金属钠完全反应。若钠有剩余，在放水冲洗时小心会出现爆炸。

六、思考题

1. 乙醇与钠反应应注意的主要问题有哪些？
2. 实验结束后废弃物处理时应注意什么问题？

第六章

芳香烃

学习目标

1. 说出苯的结构特点，单环芳烃的构造异构。
2. 记住单环芳烃的命名方法。
3. 复述单环芳烃的物理性质。
4. 概述单环芳烃的化学反应及其应用。
5. 归纳萘及其在生产实际中的应用。
6. 复述典型芳香烃的性质。

知识链接

芳香烃的用途

　　芳香烃简称芳烃，一般情况下，指分子中含有苯环结构的碳氢化合物。因其最初的物质是从天然香树脂、香精油中提取，且具有芳香气味而得名。芳香烃现在从煤和石油中提取，在日常生产、生活中有广泛的应用。

　　芳烃是有机化工重要基础原料，其中单环芳烃更为突出。苯、二甲苯是制造多种合成树脂、合成橡胶、合成纤维的原料。高级烷基苯是制造表面活性剂的重要原料。多环芳烃中联苯用作化工过程的热载体。稠环芳烃中萘是制造染料和增塑剂的重要原料。多种含氧、含氯、含氮、含硫的芳烃衍生物用于生产多种精细化工产品。某些芳烃或其混合物如苯、二甲苯、甲苯等可作溶剂，对提高汽油质量有重要意义。

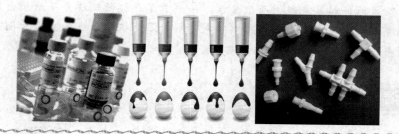

　　一般情况下，把苯及其衍生物称为芳香族化合物。其中分子中只含一个苯环的芳烃叫做单环芳烃。本章介绍的芳香烃主要以单环芳烃为主。苯是最简单、最基本的芳烃。

第一节　苯的结构

6个碳原子、6个氢原子，怎样排列组合才能同时满足6个碳原子的四价？（链状、环式、立体……？）

苯是单环芳烃中最简单最重要的化合物，也是所有芳香烃的母体，分子式为 C_6H_6。结构式

一般写为 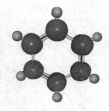。苯分子中的6个碳原子和6

(a) 结构简式　　(b) 球棍结构模型

图 6-1　苯分子结构表示形式

个氢原子都处于同一个平面上，为正六边形的平面分子（见图6-1）。

 **课堂活动**

阅读以下关于苯的分子结构发现的趣闻，和同学们分享你的看法，对刚才的课前提问作出回答。

 **小知识**

凯库勒式

19世纪中叶，化学家们面临着一个难题：苯的分子中含有6个C和6个H，按常理，6个碳原子该和12或14个H结合，怎么会是和6个H结合呢？德国化学家凯库勒也在探索这一难题。1864年的一个晚上，凯库勒在炉火前思考问题，不知不觉就睡着了。在半梦半醒之间，凯库勒发现碳原子和氢原子在眼前飞舞，变幻着各种花样。忽然，成串的原子变成了六只猴子，六只小猴子手手相接，尾尾互勾，变成了一个环……电光火石间，凯库勒突然醒了。他迫不及待地抓起笔在纸上面了起来，一个首尾相接的环状分子结构出现了。经过进一步论证，凯库勒终于提出了苯的环状结构式，解决了有机化学发展史上长期悬而未决的一个难题。人们亲切地把 ⬡ 称为凯库勒式。

 **演示实验6-1**

取一支试管，加入2mL苯，逐滴滴入 $KMnO_4$ 酸性溶液，振荡，观察现象。

从实验中可以看到，$KMnO_4$ 酸性溶液颜色并未褪去。

烯烃遇到 $KMnO_4$ 酸性溶液不是会褪色吗？

实验结果表明苯的分子结构中没有不饱和键。现代物理方法（如X射线法，光谱法等）

(a) 凯库勒设想的苯分子结构的凯库勒式　　　　　　(b) 凯库勒梦中的猴子构型

图 6-2　著名科学家凯库勒及其设想的苯分子结构

证明了苯分子是一个平面正六边形构型，键角都是 $120℃$，碳碳键的键长都是 $0.1397nm$。它们不同于一般的单键，也不同于一般的双键，而是一种介于单键和双键之间的特殊的键。为了说明苯分子这一结构的特点，人们常用　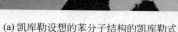　来表示苯的结构简式。由于历史的原因，凯库勒式沿用至今。

第二节　单环芳烃的同分异构和命名

你能写出 C_8H_{10} 的所有结构式吗？ 怎样命名呢？

一、 单环芳烃的同分异构

苯是最简单的单环芳烃，没有同分异构现象。单环芳烃指分子中仅含一个苯环的芳烃，包括苯、苯的同系物和苯基取代的不饱和烃。例如：

苯　　　　甲苯　　　　乙苯　　　　苯乙烯

苯的同系物指苯环上的 H 被烷基取代的产物，即苯的烷基衍生物。当取代的侧链含有两个或两个以上碳原子时，则出现同分异构现象（见表 6-1）。单环芳烃的同分异构由侧链的结构、未知不同而引起。

表 6-1　单环芳烃同分异构的现象

同分异构的起因		实例
苯环上侧链结构	取代基不同	
	侧链的构造不同	

同分异构的起因	实例
侧链在环上的相对位置不同	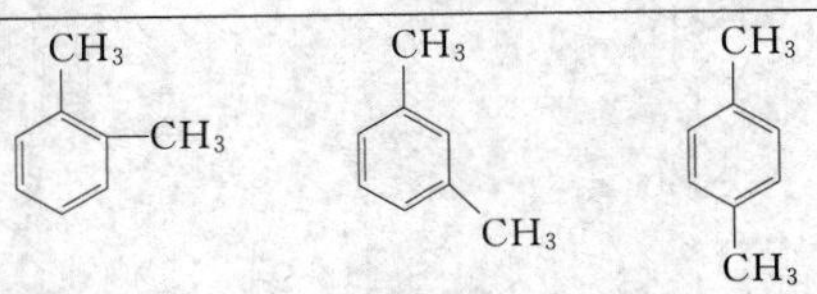 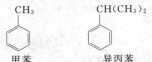

学生以小组为单位，待教师讲述完毕后，经充分讨论，完成表6-2。

表6-2　单环芳烃的命名规则练习

项目	母体选择	取代基命名规律	命名实例分析（参考课后习题）
烷基一元取代			
烷基二元取代			
烷基三元取代			
构造复杂的烷基			

二、　单环芳烃的命名方法

1. 一烃基苯只有一种，没有异构体

① 简单的一元烷基取代苯是以苯作为母体，烷基作为取代基来命名。例如：

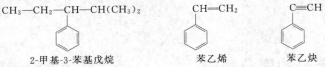

甲苯　　　　　异丙苯

② 对于构造复杂的烷基苯，或苯环上连有不饱和烃基时，则可把侧链作母体，将苯环当作取代基来命名。例如：

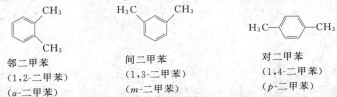

2-甲基-3-苯基戊烷　　　　苯乙烯　　　苯乙炔

2. 二元烷基取代苯的命名

① 二元相同烷基取代苯命名时是以邻、间、对作为字头来表明两个取代基的相对位次，或者用邻、间、对的第一个字母 o-、m-、p- 来表示，还可用阿拉伯数字表明取代基的位次。例如：

邻二甲苯　　　　　间二甲苯　　　　　　　对二甲苯
(1,2-二甲苯)　　　(1,3-二甲苯)　　　　　(1,4-二甲苯)
(o-二甲苯)　　　　(m-二甲苯)　　　　　　(p-二甲苯)

② 二元不同烷基取代苯的命名是以苯作为母体，选择在次序规则中原子或基团的优先顺序排列时，编号较小的烷基所在碳原子位号为1号。然后按"最低系列"原则编号，并按"较优基团后列出"来命名。例如：

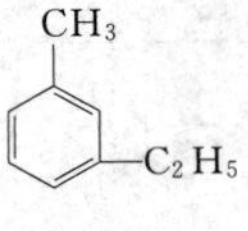

1-甲基-3-乙苯　　　1-甲基-4-异丙苯
(间甲乙苯)　　　　(对甲异丙苯)

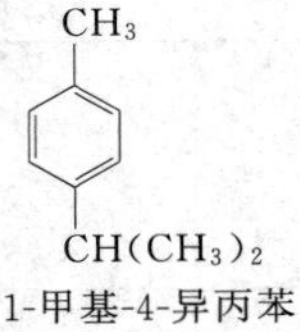

③ 对于三元相同烷基取代苯，则还可用连、偏、均字头来表示。例如：

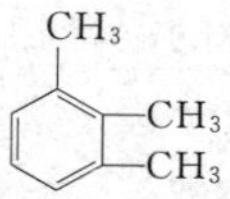

1,2,3-三甲苯
（联三甲苯）

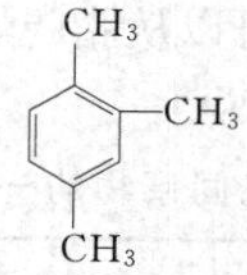

1,2,4-三甲苯
（偏三甲苯）

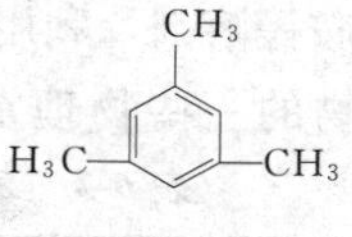

1,3,5-三甲苯
（均三甲苯）

芳基的命名：芳烃分子去掉一个氢原子后，剩下的基团称为芳基，可用 Ar— 表示。苯分子去掉一个氢原子后剩下的基团—C_6H_5 叫做苯基，也可以用—Ph 表示。甲苯分子中芳环去掉一个氢原子后得到的基团称甲苯基 $CH_3C_6H_4$—，甲苯的甲基上去掉一个氢原子后所得的基团 $C_6H_5CH_2$—称为苯甲基，又称苄基。例如：

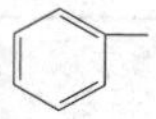

苯基

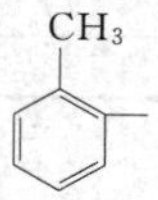

邻甲苯基

（2-甲苯基）

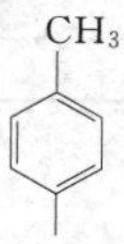

对甲苯基

（4-甲苯基）

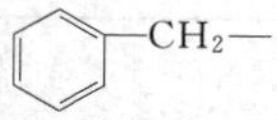

苯甲基

（苄基）

第三节　单环芳烃的物理性质

涂料喷涂现场会闻到什么味道？

手上不慎沾染了涂料用什么溶剂才能洗掉？

一、 物态

苯及其同系物多数是无色液体，蒸气有毒，其中苯的毒性较大，使用时应注意。

二、 沸点

苯及其同系物的沸点随相对分子质量的增加而升高。

三、 熔点

熔点与相对分子质量和分子形状有关。分子对称性高，熔点也高。苯的熔点就大大高于甲苯。对于二取代苯，对位异构体的对称性较高，其熔点也比其他两个异构体高。一般来说，熔点越高，异构体的溶解度也就越小，易结晶，利用这一性质，通过重结晶可以从二甲苯的邻、间、对位三种异构体中分离出对位异构体。

四、 相对密度

相对密度小于1，一般在 0.86～0.90 之间。

五、 溶解性

不溶于水，可溶于乙醚、四氯化碳、乙醇、石油醚等溶剂。与脂肪烃不同，芳烃易溶于环丁砜、N,N-二甲基甲酰胺等溶剂，利用此性质可以从脂肪烃和芳烃的混合物中萃取芳烃。

苯及其常见同系物的一些物理常数见表6-3。

表6-3　苯及其常见同系物的一些物理常数

名称	熔点/℃	沸点/℃	相对密度
苯	5.5	80.0	0.879
甲苯	−95.0	110.6	0.867
邻二甲苯	−25.2	144.4	0.880
间二甲苯	−47.9	139.1	0.864
对二甲苯	13.3	138.4	0.861
乙苯	−95.0	136.2	0.867
正丙苯	−99.5	159.2	0.862
异丙苯	−96.0	152.4	0.862

 小知识

据统计，我国每年由室内空气污染引起的超额死亡数可达11.1万人，超额门诊数22万人次，超额急诊数430万人次。仅2006年，我国因室内芳香烃含量超标危害健康所导致的经济损失就高达107亿美元。苯、甲苯和二甲苯存在于油漆、胶以及各种内墙涂料中。在散发着苯气味的密封房间里，人可能在短时间内就会出现头晕、胸闷、恶心、呕吐等症状，若不及时脱离现场，便会导致死亡。另外苯也可致癌，引发血液病等，已经被世界卫生组织确定为致癌物质。GB/T 18883—2002《室内空气质量标准》规定室内空气中苯的标准是每立方米小于0.11mg。

*第四节　单环芳烃的化学性质及应用

甲苯能使溴水褪色吗？
原因是什么？

物质的性质取决于物质的结构，苯具有环状的共轭π键，它有特殊的稳定性，没有典型的 C══C 双键的性质，不易加成和氧化。同时，苯环上的π电子云暴露在苯环平面

的上方和下方，容易发生 C—H 键的 H 原子被取代的反应，取代产物仍保持原有的环状共轭 π 键。

苯环的特殊稳定性，取代反应远比加成、氧化易于进行，这是芳香族化合物特有的性质，叫做芳香性。苯是最简单的单环芳烃。苯分子中 π 键电子云结构模型见图 6-3。

图 6-3　苯分子中 π 键电子云结构模型

学生以小组为单位，待教师讲授化学性质之后，经充分讨论，完成表 6-4。

表 6-4　苯的取代反应

反应类型	反应物质	催化剂	反应条件	以苯为例书写反应方程式
卤代反应				
硝化反应				
磺化反应				

一、 取代反应

苯环上的氢原子可以被多种基团取代，其中以卤代、硝化、磺化和傅氏反应较为重要。

1. 卤代反应

苯与氯、溴在铁或三卤化铁等催化剂存在下，苯环上的氢原子被氯、溴取代，生成氯苯和溴苯。反应式为：

$$\bigcirc + Br_2 \xrightarrow[55\sim60℃]{Fe \text{ 或 } FeBr_3} \bigcirc\!\!-Br + HBr$$

卤代仅限于氯代和溴代，卤素的反应活性为：$Cl_2 > Br_2$。

烷基苯的卤代：反应条件不同，产物也不同。以下反应历程不同，光照卤代为自由基历程，而前者为离子型取代反应。反应体系如下：

氯化苄
(苯氯甲烷)　　苯二氯甲烷　　苯三氯甲烷

2. 硝化反应

苯与浓硝酸和浓硫酸的混合物共热，苯环上的氢原子被硝基（—NO_2）取代生成硝基苯。反应式为：

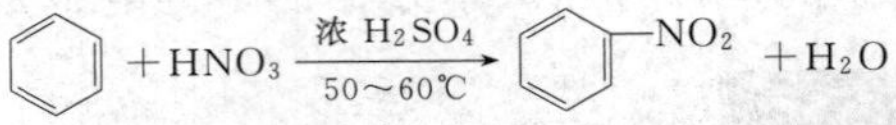

$$\text{苯} + HNO_3 \xrightarrow[50\sim60℃]{\text{浓 } H_2SO_4} \text{硝基苯}(NO_2) + H_2O$$

硝基苯为浅黄色油状液体，有苦杏仁味，其蒸气有毒。在硝化反应中，浓硫酸不仅是脱水剂。烷基苯比苯易硝化，反应式为：

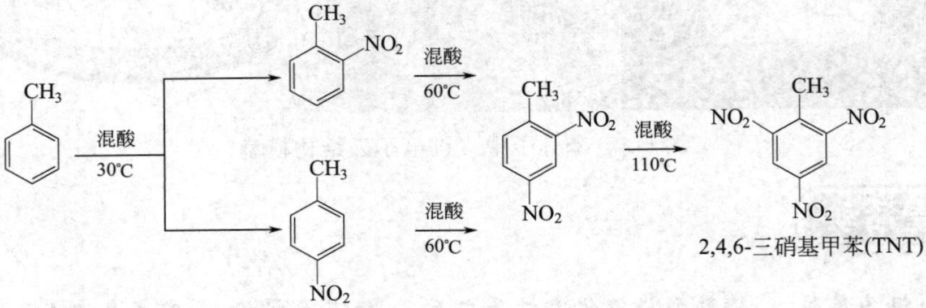

2,4,6-三硝基甲苯(TNT)

3. 磺化反应

苯与 98％ 的浓硫酸共热，或与发烟硫酸在室温下作用，苯环上的氢原子被磺酸基（—SO_3H）取代生成苯磺酸。反应式为：

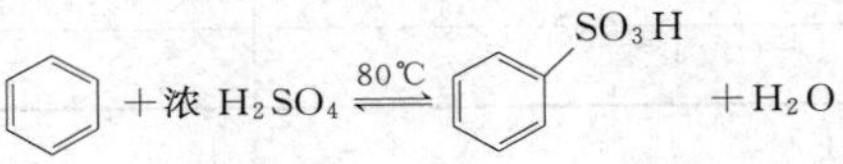

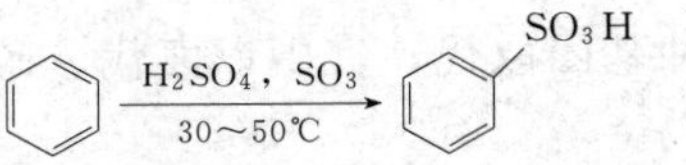

$$\text{苯} + \text{浓 } H_2SO_4 \underset{}{\overset{80℃}{\rightleftharpoons}} \text{苯磺酸}(SO_3H) + H_2O$$

$$\text{苯} \xrightarrow[30\sim50℃]{H_2SO_4,\ SO_3} \text{苯磺酸}(SO_3H)$$

反应可逆，生成的水使 H_2SO_4 变稀，磺化速度变慢，水解速度加快，故常用发烟硫酸进行磺化，以减少可逆反应的发生。

烷基苯比苯易磺化，反应式为：

邻甲基苯磺酸 + 对甲基苯磺酸

磺化反应是可逆反应，苯磺酸通过热的水蒸气，可以水解脱去磺酸基。

苯磺酸是一种强酸，易溶于水难溶于有机溶剂。有机化合物分子中引入磺酸基后可增加其水溶性，此性质在合成染料、药物或洗涤剂时经常应用。

二、 氧化反应

1. 侧链氧化

烷基苯比苯容易氧化，氧化主要发生在侧链上。用强氧化剂如高锰酸钾、重铬酸钾等氧化时，烷基被氧化成羧基，只要烷基的 α-碳原子上有氢，不论烷基碳链长短，最后的氧化产物一般都是苯甲酸。反应式为：

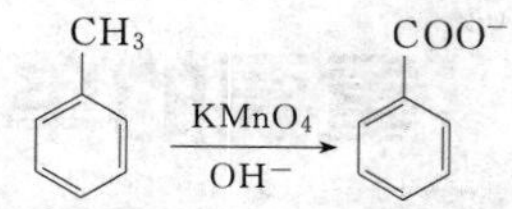

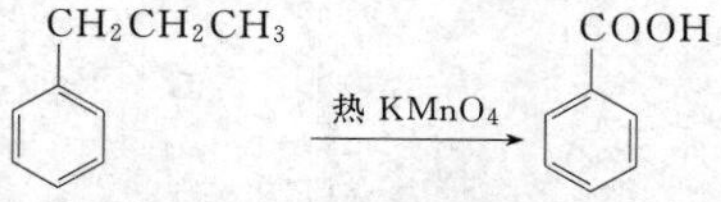

若烷基苯无 α-H，如叔丁苯，则一般不能被氧化。

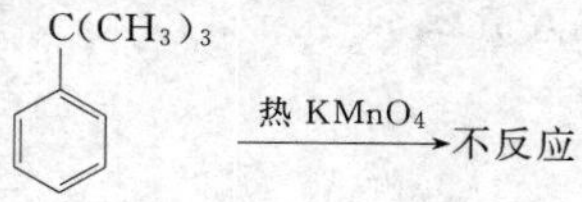

2. 苯环氧化

苯环很稳定，不易被氧化，只是在催化剂存在下，高温时苯才会氧化开环，生成顺丁烯二酸酐，反应式为：

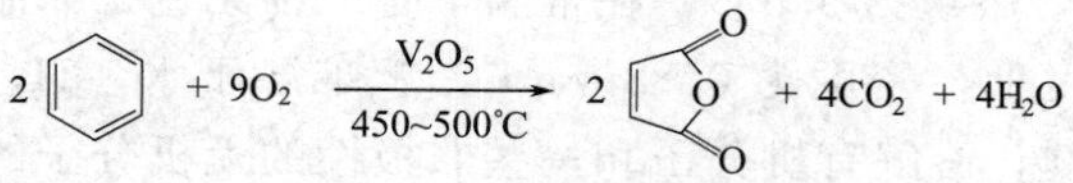

顺丁烯二酸酐

演示实验6-2

取 2 支试管，分别加入 2mL 甲苯。在第一支试管中滴入 $KMnO_4$ 酸性溶液，在第二支试管中滴入饱和溴水，振荡并观察现象。实验结果表明，甲苯不能使溴水褪色，但能使 $KMnO_4$ 酸性溶液褪色。请同学们讨论这个实验现象如何解释？

三、 加成反应

苯环在一定条件下可发生加成反应。

1. 催化加氢

反应式为：

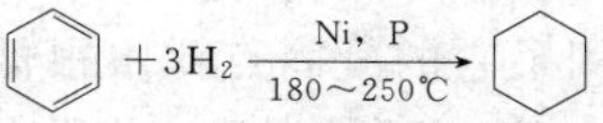

2. 光照加氯

反应式为：

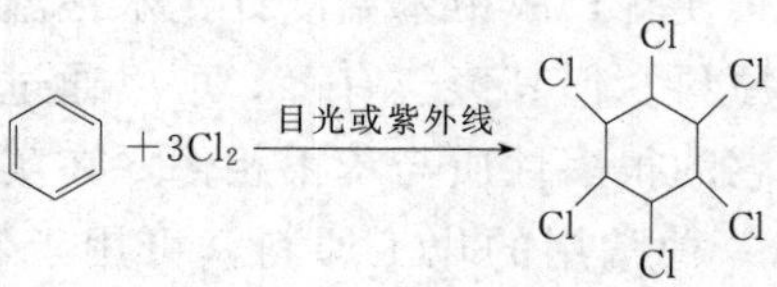

小知识

六氯环己烷，又称 666，分子式 $C_6H_6Cl_6$，可以看作是苯的六个氯原子加成产物。对昆虫有触杀、熏杀作用。1946 年开始大规模生产和应用。但由于害虫抗药性不断增强，残留污染严重，甚至在南极企鹅体内也发现了六氯环己烷，现在世界范围内已经停产、停用。

第五节　重要的单环芳烃

温度计中的指示介质除了酒精、水银，大家知道还有什么物质吗？

一、苯

苯的沸点为 80.1℃，熔点为 5.5℃，在常温下是一种无色、味甜、有芳香气味的透明液体，易挥发。苯比水密度低，密度为 0.88g/mL。苯难溶于水，1L 水中最多溶解 1.7g 苯。苯是一种良好的有机溶剂，溶解有机分子和一些非极性的无机分子的能力很强。苯对中枢神经系统产生麻痹作用，引起急性中毒。重者会出现头痛、恶心、呕吐、神志模糊、知觉丧失、昏迷、抽搐等，严重者会因为中枢神经系统麻痹而死亡。少量苯也能使人产生睡意、头昏、心率加快、头痛、颤抖、意识混乱、神志不清等现象。摄入含苯过多的食物会导致呕吐、胃痛、头昏、失眠、抽搐、心率加快等症状，甚至死亡。吸入 20000μL/L 的苯蒸气5～10min 会有致命危险。

苯在工业上最重要的用途是做化工原料。苯可以合成一系列苯的衍生物：苯与乙烯生成乙苯，乙苯可以用来生产制塑料的苯乙烯；苯与丙烯生成异丙苯，异丙苯可以经异丙苯法来生产丙酮与制树脂和黏合剂的苯酚；合成顺丁烯二酸酐；用于合成制作苯胺的硝基苯；合成多用于农药的各种氯苯；合成用于生产洗涤剂和添加剂的各种烷基苯；合成氢醌、蒽醌等化工产品。

二、甲苯

常温下呈液体状，无色、易燃。沸点为 111.0℃，凝固点 － 95.0℃，密度为 0.866g/cm³。甲苯温度计正是利用了它的凝固点比水很低，可以在高寒地区使用；而它的沸点又比水的沸点高，可以测 110.8℃ 以下的温度。因此从测温范围来看，它优于水银温度计和酒精温度计。另外甲苯比较便宜，故甲苯温度计比水银温度计也便宜。甲苯与苯的性质很相似，是工业上应用很广的原料。但其蒸气有毒，可以通过呼吸道对人体造成危害。甲苯是芳香族碳氢化合物的一员，它的很多性质与苯很相像，在实际应用中常常替代有相当毒性的苯作为有机溶剂使用，还是一种常用的化工原料，可用于制造炸药、农药、苯甲酸、染料、合成树脂及涤纶等。同时它也是汽油的一个组成成分。

甲苯在催化剂（主要是钼、铬、铂等）、反应温度 350～530℃、压力为 1～1.5MPa 下，能发生歧化反应生成苯和二甲苯。反应式为：

$$\underset{\text{CH}_3}{\bigbenzene} \xrightarrow[\substack{350\sim530℃ \\ 1\sim1.5\text{MPa}}]{\text{Pt}} \bigbenzene + \underset{\text{CH}_3}{\overset{\text{CH}_3}{\bigbenzene}}$$

通过这个反应不仅可以得到高质量的苯，同时得到二甲苯。

三、 二甲苯

二甲苯为无色透明液体，是苯环上两个氢被甲基取代的产物，存在邻、间、对三种异构体，它们都存在于煤焦油中，大量的是从石油产品歧化而得，其中除邻二甲苯可以用其沸点的差异（o-二甲苯144.4℃，m-二甲苯139.1℃，p-二甲苯138.38℃）分馏分离外，其余二者的沸点很接近，极难分开。

工业品为三种异构体的混合物，常常作溶剂。三种异构体各有其工业用途，邻二甲苯是合成邻苯二甲酸的原料；间二甲苯用于染料等工业；对二甲苯是合成涤纶的原料。分离三种异构体是工业上的一个重要课题。在工业上，二甲苯即指上述异构体的混合物。广泛用于涂料、树脂、染料、油墨等行业做溶剂；用于医药、炸药、农药等行业做合成单体或溶剂；也可作为高辛烷值汽油组分，是有机化工的重要原料。还可以用于去除车身的沥青。二甲苯具特臭、易燃，与乙醇、氯仿或乙醚能任意混合，在水中不溶。沸点为137～140℃。二甲苯毒性中等，也有一定致癌性。二甲苯的污染主要来自于合成纤维、塑料、燃料、橡胶，各种涂料的添加剂以及各种胶黏剂、防水材料中，还可来自燃料和烟叶的燃烧气。

四、 苯乙烯

无色、有特殊香气的油状液体。分子结构见图6-4。熔点－30.6℃，沸点145.2℃，相对密度0.9060（20/4℃），折射率1.5469，不溶于水（＜1%），能与乙醇、乙醚等有机溶剂混溶。苯乙烯在室温下即能缓慢聚合，要加阻聚剂［对苯二酚或叔丁基邻苯二酚（0.0002%～0.002%）作稳定剂，以延缓其聚合］才能贮存。苯乙烯自聚生成聚苯乙烯树脂，它还能与其他的不饱和化合物共聚，生成合成橡胶和树脂等多种产物。例如，丁苯橡胶是丁二烯和苯乙烯的共聚物；ABS树脂是丙烯腈（A）、丁二烯（B）和苯乙烯（S）的共聚物；离子交换树脂的原料是苯乙烯和少量1，4-二（乙烯基）苯的共聚物。苯乙烯还可以发生烯烃所特有的加成反应。在工业

图6-4　苯乙烯的分子结构

上，苯乙烯可由乙苯催化去氢制得。实验室可以用加热肉桂酸的办法得到。

五、 异丙苯

异丙苯是一种无色有特殊芳香气味的液体。沸点152℃，熔点－96.0℃，相对密度0.8575，折射率1.4914，可用于有机合成，或者作为溶剂。但由于燃点较低，比较容易爆炸。不溶于水，溶于乙醇、乙醚、四氯化碳和苯等有机溶剂。能溶解氯化橡胶和天然橡胶、丁基橡胶、氯丁橡胶、丁腈橡胶、环氧树脂、聚乙二醇、聚苯乙烯、DDT、油脂、碘、石蜡油、石蜡、乙基纤维素等，不溶解醋酸纤维素、硝化纤维素、醋酸丁酸纤维素、三醋酸纤维素、聚乙烯、聚乙酸乙烯酯、聚氯乙烯、聚偏二氯乙烯和硫等。常用来作苯酚、丙酮的原料。其他用作过氧化物、氧化促进剂的原料，硝基喷漆稀释剂，或与航空汽油混合使用。异丙苯在液相于100～120℃通入空气，催化氧化而生成异丙苯过氧化氢。后者与稀硫酸作用分解成苯酚和丙酮。反应式为：

$$\text{C}_6\text{H}_5\text{CHCH}_3\text{（CH}_3\text{）} + \text{O}_2 \xrightarrow[\text{0.4MPa}]{\text{100~120℃}} \text{C}_6\text{H}_5\text{C（CH}_3\text{）}_2\text{OOH} \xrightarrow[\text{80~90℃}]{\text{H}_2\text{O, H}^+} \text{C}_6\text{H}_5\text{OH} + \text{CH}_3\text{CCH}_3$$

萘的分子结构与性能

萘，一种有机化合物，分子式 $C_{10}H_8$，相对分子质量 128.17，白色易挥发晶体，有温和芳香气味，粗萘有煤焦油臭味。从炼焦的副产品煤焦油中大量生产，而用于合成染料、树脂等。熔点 80.0℃，沸点 217.9℃，相对密度 1.16，闪点 78.9℃。

萘应储存于阴凉、通风的库房。远离火种、热源。库温不宜超过 35℃。包装密封。应与氧化剂分开存放，切忌混储。配备相应品种和数量的消防器材。储区应备有合适的材料收容泄漏物。

萘是工业上最重要的稠环烃，主要用于生产苯酐、各种萘酚、萘胺等，是生产合成树脂、增塑剂、染料、表面活性剂、合成纤维、涂料、农药、医药、香料、橡胶助剂和杀虫剂的原料。

本章小结

1. 苯的分子结构及单环芳烃的构造异构现象。

2. 单环芳烃的命名方法

3. 单环芳烃的物理性质

4. 单环芳烃的化学性质（重点、难点）

（1）氧化反应

（2）取代反应（硝化、磺化、卤化）

（3）加成反应

5. 单环芳烃及其衍生物的主要性质用途

 习题

一、选择题

1. 下列关于苯的性质的叙述中，不正确的是（　　）。

A. 苯是无色带有特殊气味的液体

B. 常温下苯是一种不溶于水且密度小于水的液体

C. 苯在一定条件下能与溴发生取代反应

D. 苯不具有典型的双键所应具有的加成反应，故不可能发生加成反应

2. 下列说法正确的是（　　）。

A. 芳香烃的分子通式是 C_nH_{2n-6}（$n \geqslant 6$）

B. 苯的同系物是分子中仅含有一个苯环的所有烃类物质

C. 苯和甲苯都不能使酸性高锰酸钾褪色

D. 苯和甲苯都能和卤素单质、硝酸等发生取代反应

3. 下列由于发生反应，既能使溴水褪色，又能使酸性高锰酸钾褪色的是（　　）。

A. 乙烷　　　　　B. 乙烯　　　　　C. 苯　　　　　D. 甲苯

4. 下列各组物质中，不能发生取代反应的是（　　　　）。

A. 苯与液溴　　　B. 苯与浓硫酸　　C. 苯与浓硝酸　　D. 苯与氢气

5. 下列物质不属于稠环芳香烃的是（　　　　）。

A. 萘　　　　　　B. 蒽　　　　　　C. 菲　　　　　D. 环戊烷多氢菲

6. 下列烃中，能使高锰酸钾酸性溶液褪色而溴水不褪色的是（　　　　）。

A. C_6H_{14}　　　　B. C_6H_{12}　　　　C. C_6H_6　　　　D. C_7H_8

二、填空题

1. 烷烃的通式为 ＿＿＿＿＿＿，烯烃的通式为 ＿＿＿＿＿＿，炔烃的通式为 ＿＿＿＿＿＿，苯及其同系物的通式为 ＿＿＿＿＿＿。

2. 最简单的烷烃是 ＿＿＿＿＿＿，最简单的烯烃是 ＿＿＿＿＿＿，最简单的炔烃是 ＿＿＿＿＿＿，最简单的芳香烃是＿＿＿＿＿＿。

3. 苯是一种 ＿＿＿＿＿＿ 色、＿＿＿＿＿＿ 味、＿＿＿＿＿＿ 溶 于 水 的 液体。可通过 ＿＿＿＿＿＿和＿＿＿＿＿＿两种方式为人体吸收。

三、写出 C_9H_{12} 的单环芳烃所有异构体的结构简式并命名之。

四、写出下列化合物的结构式。

1. 间二硝基苯　　　2. 对溴硝基苯　　　3. 1,3,5-三乙苯　　　4. 对羟基苯甲酸

5. 2,4,6-三硝基甲苯　　　6. 3,5-二硝基苯磺酸

五、命名下列化合物。

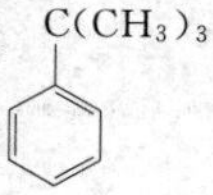

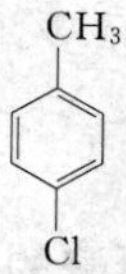

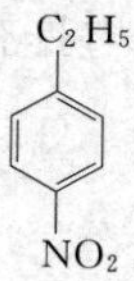

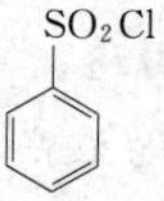

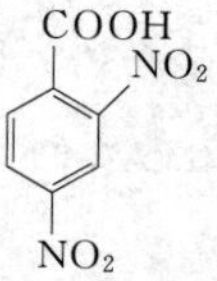

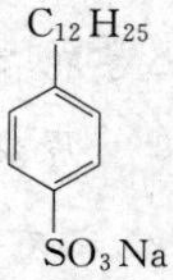

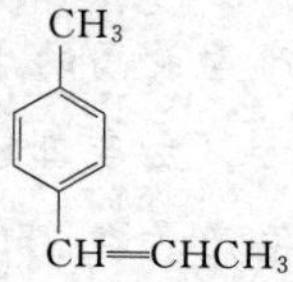

六、用化学方法区别各组化合物。

1.

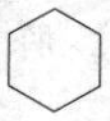

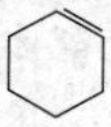

2.

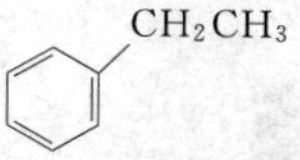

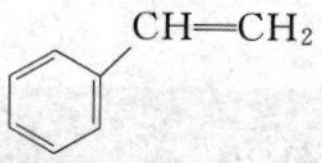

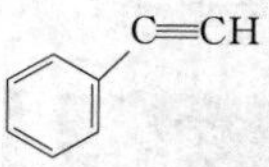

七、完成下列方程式

1.  ◯ +Br₂ ⟶

2. ◯ +HNO₃ ⟶

3.  ◯ +浓 H_2SO_4 $\xrightleftharpoons{80℃}$

第七章

醛和酮

 学习目标

1. 说出醛、酮结构特点及分类。
2. 会对醛、酮进行命名。
3. 会写醛、酮的同分异构体。
4. 记住醛、酮的物理性质及其变化规律。
5. 记住醛、酮的化学反应及其应用。
6. 会用化学方法鉴别醛、酮。

醛和酮在官能团的转化和有机合成中占有核心地位，是有机合成的"中转站"。有些醛、酮是重要的工业原料及有机合成原料，有些醛、酮是重要的药物和香料，从生产、理论、化学性能及各种用途上，醛和酮均具有非常重要地位。

知识链接

甲醛的用途

甲醛是世界上产量最高的十大化学物之一，有300多种用途。

甲醛是用途广泛、生产工艺简单、原料供应充足的大众化工产品，是甲醇下游产品中的主干，世界年产量在2500万吨左右。

甲醛除可直接用作消毒、杀菌、防腐剂外，主要用于有机合成、合成材料、涂料、橡胶、农药等行业，其衍生产品主要有多聚甲醛、聚甲醛、酚醛树脂、脲醛树脂、氨基树脂、乌洛托品及多元醇类等。

酚醛塑料　　　　　　　　　　　人造象牙

胶合板　　　　　　　　聚甲醛塑料

第一节　醛、酮的分类、同分异构和命名

 你知道的醛、酮有哪些？分小组进行讨论，记录下讨论结果，尝试提出一种分类方法。

　　醛和酮是含有羰基（＼C＝O）的两类重要化合物，又称为羰基化合物。羰基碳原子上至少连有一个氢原子的化合物叫做醛，可用通式 RCHO 表示，官能团—CHO 也称为醛基。羰基与两个烃基相连的化合物叫做酮，酮中的羰基也称为酮基。

$$\underset{\text{醛}}{\underbrace{\overset{R}{\underset{H}{>}}C=O}} \quad (RCHO) \qquad \underset{\text{酮}}{\underbrace{\overset{R}{\underset{R'}{>}}C=O}} \quad (\overset{O}{\overset{\|}{R-C-R'}})$$

一、醛、酮的分类

1. 按烃基的种类分类

根据醛、酮分子中所含烃基的不同，可分为脂肪族醛、酮和芳香族醛、酮。

脂肪族醛、酮

$$CH_3CH_2CH_2CHO \qquad CH_3-\overset{O}{\overset{\|}{C}}-CH_2CH_3$$

芳香族醛、酮

2. 按羰基的数目分类

根据羰基的数目不同可分为一元醛、酮和二元醛、酮等。

一元醛、酮

$$CH_3CHO \qquad CH_3-\overset{O}{\overset{\|}{C}}-CH_2CH_3$$

二元醛、酮

$$\begin{matrix} CH_2-CHO \\ | \\ CH_2-CHO \end{matrix} \qquad CH_3-\overset{O}{\overset{\|}{C}}-CH_2-\overset{O}{\overset{\|}{C}}-CH_3$$

3. 按烃基是否饱和分类

根据烃基是否饱和可以分为饱和醛、酮和不饱和醛、酮。醛、酮的分类见图 7-1。

饱和醛　　　　　　CH_3CHO

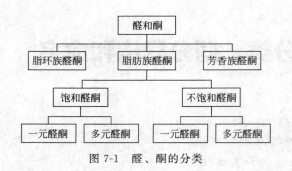

图 7-1 醛、酮的分类

不饱和醛 $CH_3CH\!=\!CHCH_2CHO$

醛、酮的分类见图 7-1。

二、 醛、酮的构造异构现象

醛、酮的构造异构现象并不相同。由于醛基总是位于碳链的末端，所以醛的同分异构现象只有碳链异构；而酮基位于碳链的中间，除碳链异构外，还有酮基的位置异构。例如，分子式为 $C_5H_{10}O$ 的醛的同分异构体如下。

$$CH_3CH_2CH_2CH_2CHO \qquad (CH_3)_2CHCH_2CHO$$
$$CH_3CH_2(CH_3)CHCHO \qquad (CH_3)_3C\!-\!CHO$$

分子式为 $C_5H_{10}O$ 的酮的同分异构体如下。

$$CH_3CH_2CH_2COCH_3 \qquad CH_3CH_2COCH_2CH_3 \qquad (CH_3)_2CHCOCH_3$$

分子式为 $C_5H_{10}O$ 的酮的同分异构体有三个，前面两个互为酮基的位置异构，第三个和前面两个互为碳链异构。从上面两个例子可以看出，具有相同分子式的饱和一元醛与酮互为不同官能团的同分异构体。

三、 醛、 酮的命名

1. 普通命名法

结构简单的醛、酮可以采用普通命名法命名。醛的普通命名法与醇类似，只需要将名称中的“醇”字改成“醛”字就可以。例如：

$$CH_3CH_2CH_2CH_2OH \qquad (CH_3)_2CHCH_2OH \qquad \text{—}CH_2OH$$

正丁醇　　　　　　　　异丁醇　　　　　　　　苯甲醇

$$CH_3CH_2CH_2CHO \qquad (CH_3)_2CHCHO \qquad \text{—}CHO$$

正丁醛　　　　　　　　异丁醛　　　　　　　　苯甲醛

酮的普通命名法是根据酮基所连的两个烃基来命名的，简单的烃基在前，复杂的烃基在后，末尾再加上“甲酮”两字，一般略去烃基的“基”字和甲酮的“甲”字。例如：

$$\overset{O}{\underset{\|}{CH_3\!-\!C\!-\!CH_3}} \qquad\qquad \overset{O}{\underset{\|}{CH_3\!-\!C\!-\!CH_2CH_3}}$$

二甲基（甲）酮（简称：二甲酮）　　　　甲基乙基（甲）酮（简称：甲乙酮）

2. 系统命名法

结构复杂的醛、酮通常采用系统命名法命名。选择含有羰基的最长碳链为主链，从距羰基最近的一端开始编号，根据主链的碳原子数称为“某醛”或“某酮”。因为醛基处在分子的一端，命名醛时可不用标明醛基的位次，但酮基的位次必须标明。主链上分支的位次和名称放在主链名称前。命名不饱和醛、酮时，需标出不饱和键的位置。

$$CH_3CH_2CHCH_2CHO \qquad\qquad CH_3CHCH_2CCH_2CH_3$$
$$\underset{CH_3}{|} \qquad\qquad\qquad \underset{CH_3}{|}\ \underset{O}{\|}$$

2-甲基戊醛　　　　　　　　　　5-甲基-3-己酮

$$\underset{\text{乙二醛}}{H-\overset{\displaystyle O}{\overset{\|}{C}}-\overset{\displaystyle O}{\overset{\|}{C}}-H} \qquad \underset{\text{2,4-戊二酮}}{CH_3-\overset{\displaystyle O}{\overset{\|}{C}}-CH_2-\overset{\displaystyle O}{\overset{\|}{C}}-CH_3}$$

$$\underset{\text{4,5-二甲基-2-己酮}}{CH_3-\overset{\displaystyle CH_3}{\underset{\displaystyle CH_3}{CH}}CHCH_2-\overset{\displaystyle O}{\overset{\|}{C}}CH_3} \qquad \underset{\text{2,4,5-三甲基己醛}}{CH_3-\overset{\displaystyle CH_3}{CH}CHCH_2-\overset{\displaystyle CH_3}{CH}CHCHO}$$

对于芳香醛酮及脂环族醛酮的命名，一般把芳烃基或脂环基作为取代基，命名原则同上。若羰基在脂环酮的环内，则称为"环某酮"，如：

$$\underset{\substack{\text{1-苯基-2-丙酮}}}{\bigcirc\!\!-CH_2\overset{\displaystyle O}{\overset{\|}{C}}CH_3} \qquad \underset{\substack{\text{1-苯基-1-丙酮}}}{\bigcirc\!\!-\overset{\displaystyle O}{\overset{\|}{C}}CH_2CH_3} \qquad \underset{\substack{\text{苯乙酮}}}{\bigcirc\!\!-\overset{\displaystyle O}{\overset{\|}{C}}CH_3}$$

$$\underset{\substack{\text{苯甲醛}\\(\text{苦杏仁油})}}{\bigcirc\!\!-CHO} \qquad \underset{\substack{\text{邻羟基苯甲醛}\\(\text{水杨醛})}}{\bigcirc\!\!\overset{\displaystyle CHO}{\underset{\displaystyle OH}{}}} \qquad \underset{\substack{\text{3-苯基丙烯醛}\\(\text{肉桂醛})}}{\bigcirc\!\!-CH=CHCHO}$$

第二节　醛、酮的物理性质

有些醛、酮带有芳香味或水果香味，比如，肉桂醛、茉莉酮、紫罗兰酮等，因而常用于化妆品行业。一些天然香料如樟脑、麝香等，都存在醛、酮，你知道醛、酮具有怎样的物理性质吗？

一、物态

常温下，甲醛是气体，$C_2 \sim C_{12}$ 的脂肪醛、酮为液体，C_{13} 以上的高级醛、酮为固体。

二、溶解性

醛、酮的溶解性与醇类似，小分子的醛、酮能与水分子形成氢键，因而四个碳原子以下的低级醛、酮易溶于水，如甲醛、乙醛、丙醛和丙酮可与水互溶，其他醛、酮在水中的溶解度随相对分子质量的增加而减小。高级醛、酮微溶或不溶于水。醛、酮易溶于乙醇、乙醚等有机溶剂，丙酮本身就是优良的有机溶剂。

三、沸点

醛、酮是极性化合物，但醛、酮分子间不能形成氢键，所以醛、酮的沸点较相对分子质量相近的烷烃和醚高，但比相对分子质量相近的醇低（见表7-1）。

表7-1　醛、酮与其他化合物沸点的比较

化合物	正丁烷	甲乙醚	丙醛	丙酮	正丙醇
相对分子质量	58	60	58	58	60
沸点/℃	−0.5	10.8	48.8	56.2	97.4

与相对分子质量相近的醇、醚、烃相比，沸点的高低为：醇＞醛、酮＞醚＞烃。

四、 密度

脂肪族醛、酮的相对密度小于 1，而芳香族醛、酮的相对密度大于 1。

五、 气味

低级醛常带有刺鼻的气味，中级醛（$C_8 \sim C_{13}$）则有花果香，所以中级醛常用于香料工业。低级酮有清爽味，中级酮也有香味，如麝香酮（$C_{16}H_{30}O$）（见图 7-2）是由雄麝鹿臭腺中分离出来的一种活性物质，可用于医药及配制高档香精。

图 7-2　麝香酮

*第三节　醛、酮的化学性质及应用

与其他有机化合物相比， 醛、 酮的化学性质较活泼， 这与它们的官能团的结构密切相关。 请根据醛、 酮的结构特点， 利用所掌握的有机化合物结构与性质间的关系， 推断它们可能具有的化学性质。

醛、酮的官能团中都含有羰基，发生反应的部位如下。

$$R-\underset{\underset{H}{|}}{\overset{}{C}}H_2-\overset{O}{\overset{\|}{C}}+H(R')$$

①羰基的加成及还原反应；②α-氢原子的反应（卤仿反应及羟醛缩合）；③醛的氧化反应（醛的特性）。

由于醛、酮在结构上的共同点，使得醛、酮在化学性质上有许多相似之处，但它们结构上存在的差异，使得它们化学性质上也有一定的差异，总的说来，醛比酮活泼，有些醛能进行的反应，酮却不能进行。

一、 羰基的加成反应

在一定条件下，醛、酮分子中的碳氧双键可以与 HCN、$NaHSO_3$、ROH、RMgX 等试剂发生加成反应，除格氏试剂外，羰基的加成反应可以用以下通式表示。

$$C\!\!=\!\!O + H\!\!-\!\!Nu \rightleftharpoons C\overset{OH}{\underset{Nu}{<}}$$

Nu: —CN　—SO₃Na　—OR　—NHOH　—NHNH₂　—NHNH—⟨C₆H₅⟩

醛、酮发生羰基加成的难易顺序为：

$$\underset{H}{\overset{H}{>}}C\!\!=\!\!O > \underset{H}{\overset{CH_3}{>}}C\!\!=\!\!O > \underset{H}{\overset{C_6H_5}{>}}C\!\!=\!\!O > \underset{CH_3}{\overset{CH_3}{>}}C\!\!=\!\!O > \underset{R}{\overset{CH_3}{>}}C\!\!=\!\!O > \underset{R}{\overset{R}{>}}C\!\!=\!\!O$$

1. 与氢氰酸加成

在少量碱的催化下，醛、酮可与氢氰酸加成，生成 α-羟基腈。

α-羟基腈(氰醇)

产物 α-羟基腈比原来的醛或酮增加了一个碳原子，这是有机合成中增长碳链的一种方法。许多 α-羟基腈是有机合成的重要中间体。α-羟基腈在酸性水溶液中水解，即可得到羟基酸。例如：

$$CH_3-\overset{O}{\overset{\|}{C}}-H + HCN \longrightarrow CH_3\overset{OH}{\underset{|}{C}HCN} \xrightarrow{H_2O,\ H^+} CH_3\overset{OH}{\underset{|}{C}HCOOH} + NH_3$$

α-羟基丙腈   α-羟基丙酸（乳酸）

由于氢氰酸剧毒，且挥发性大，实际操作中，注意保持反应在偏碱性条件下进行，反应的设备必须密封，且在通风橱内进行。

课堂活动

氢氰酸剧毒，在实际操作中你能想出其他办法来避免它的毒性吗？

2. 与亚硫酸氢钠加成

演示实验7-1

取三支干燥的试管，分别编号 1#、2#、3#，每只试管里加入 5mL 新配制的饱和亚硫酸氢钠溶液，然后分别在 1#、2#、3# 试管中加入 2mL 的丙酮、苯甲醛、苯乙酮，充分振荡，在冰水浴中放置 10~15min，观察实验现象。

想一想，为什么要用把试管置于冰水浴中？

实验结果发现，1# 试管最先析出白色结晶，其次 2# 试管析出白色结晶，3# 试管没有任何结晶析出。这是因为醛、脂肪族甲基酮与饱和（约 40%）亚硫酸氢钠发生加成反应，生成的 α-羟基磺酸钠易溶于水，但不溶于饱和亚硫酸氢钠溶液，故而析出白色 α-羟基磺酸钠晶体。

$$\underset{(CH_3)H}{\overset{R}{\diagdown}}C=O + H+SO_3Na \overset{OH^-}{\rightleftharpoons} \underset{(CH_3)H}{\overset{R}{\diagdown}}\overset{OH}{\underset{SO_3Na}{C}}$$

α-羟基磺酸钠

这个反应可用来鉴别醛、脂肪族甲基酮。生成的 α-羟基磺酸钠遇稀酸或稀碱都可以分解为原来的醛或酮，利用这个反应可以分离和提纯醛和脂肪族甲基酮。

$$R-\overset{OH}{\underset{H(CH_3)}{C}}-SO_3Na \begin{cases} \xrightarrow{稀HCl} R-\overset{O}{\overset{\|}{C}}-H(CH_3) + NaCl + SO_2\uparrow + H_2O \\ \xrightarrow{稀Na_2CO_3} R-\overset{O}{\overset{\|}{C}}-H(CH_3) + Na_2SO_3 + NaHCO_3 \end{cases}$$

米、面、腐竹、食糖等食物用"吊白块"进行增白美容过后成为"毒食品"，"吊白块"就是用甲醛与亚硫酸氢钠加成而得，请你试着写出该方程式。

3. 与醇加成

在干燥氯化氢气体或其他无水强酸催化下，醛能与无水醇发生加成反应，生成半缩醛，半缩醛不稳定，可以与醇进一步发生脱水反应，生成稳定的缩醛。

$$\underset{H}{\overset{R}{C}}=O + H\overset{}{-}OR' \rightleftharpoons \underset{H}{\overset{R}{C}}\overset{OH}{\underset{OR'}{}} \xrightarrow[\text{干HCl}]{R'OH} \underset{H}{\overset{R}{C}}\overset{OR'}{\underset{OR'}{}}$$
（半缩醛）　　（缩醛）

缩醛与醚相似，对碱稳定，但在酸性溶液中会分解成原来的醛。例如，乙醛缩二甲醇在酸性溶液中分解成乙醛和甲醇。

$$CH_3CH\overset{OCH_3}{\underset{OCH_3}{}} \xrightarrow[H^+]{H_2O} CH_3CHO + 2CH_3OH$$
乙醛缩二甲醇

利用这个性质，在有机合成中，常将醛转化为缩醛来进行"保护"，使得活泼的醛基在反应中不被破坏，反应完成后，再用稀酸水解成原来的醛。

4. 与格氏试剂加成

醛、酮与格氏试剂加成是制备结构复杂的醇的重要方法。

$$\underset{\delta^-}{\overset{\delta^+}{C}}=O + R\overset{}{-}MgX \xrightarrow{\text{干醚}} \underset{R}{\overset{}{C}}\overset{OMgX}{} \xrightarrow{H_3O^+} \underset{R}{\overset{}{C}}\overset{OH}{}$$

不同羰基化合物与格氏试剂加成，可分别得到伯醇、仲醇、叔醇。

（1）格氏试剂与甲醛作用，得到伯醇。例如：

$$HC-H + \bigcirc\!\!-MgCl \longrightarrow \underset{H}{\overset{}{C}}\!\!-\!\!\bigcirc \xrightarrow{H_3O^+} \bigcirc\!\!-CH_2OH$$
苯甲醇（90%）
（伯醇）

生成的伯醇比原来的格氏试剂增加了一个碳原子。

（2）格氏试剂与其他醛作用，得到仲醇。例如：

$$CH_3C-H + CH_3\overset{MgBr}{\overset{|}{C}}HCH_3 \xrightarrow{\text{干醚}} CH_3\overset{OMgBr}{\overset{|}{C}}HCH(CH_3)_2 \xrightarrow{H_3O^+} CH_3\overset{OH}{\overset{|}{C}}HCH(CH_3)_2$$
3-甲基-2-丁醇（53%～54%）
（仲醇）

生成的仲醇比原来的格氏试剂增加了 n 个碳原子（$n=$ 醛所含的碳原子数目）。

（3）格氏试剂与酮作用，得到叔醇。

$$\bigcirc\!\!-\overset{O}{\overset{\|}{C}}\!\!-\!\!\bigcirc + \bigcirc\!\!-MgBr \xrightarrow{\text{干醚}} \xrightarrow{NH_4Cl,H_2O}$$
三苯甲醇（55%）
（叔醇）

生成的叔醇比原来的格氏试剂增加了了 n 个碳原子（$n=$ 酮所含的碳原子数目）。

醛酮与格氏试剂加成，在产物中引入了烷基，增长了碳链，所以格氏试剂又称为烷基化试剂。

5. 与氨衍生物的加成缩合

氨分子（NH_3）中氢原子被其他原子或基团取代后得到的化合物叫做氨的衍生物，醛、酮可以和氨的衍生物如羟氨（NH_2—OH）、肼（NH_2—NH_2）、苯肼（ NH_2NH—⬡ ）、2,4-二硝基苯肼（ NH_2NH—⬡—NO_2 ，NO_2 ）发生加成反应，产物再在碳氮原子间脱去一分子水（称为缩合反应），得到肟、腙、苯腙及 2,4-二硝基苯腙这类含有碳氮双键（C=N）的化合物。这一反应可用下列通式表示：

$$>C\!=\!O + H\!-\!N\!-\!Y \underset{}{\overset{加成}{\rightleftarrows}} \left[-\overset{OH}{\underset{|}{C}}\!-\!\overset{H}{\underset{|}{N}}\!-\!Y\right] \xrightarrow{-H_2O} >C\!=\!N\!-\!Y$$

不稳定

—Y：   —OH   —NH_2 —NH—⬡   —NH—⬡—NO_2（NO_2）

对应产物： 肟   腙   苯腙   2,4-二硝基苯腙

也可以直接写成：

$$>C\!=\!O + H_2N\!-\!Y \rightleftharpoons >C\!=\!N\!-\!Y + H_2O$$

醛、酮与氨的衍生物的加成缩合产物晶体，具有固定熔点，只要测定反应产物的熔点，就能确定参加反应的醛、酮，产物用稀酸煮沸水解，又可以得到原来的醛、酮，因此，利用上述反应可以对醛、酮进行鉴别、分离、提纯。上述氨的衍生物又称为羰基试剂。

醛、酮与 2,4-二硝基苯肼作用生成的 2,4-二硝基苯腙是黄色晶体，反应明显，便于观察，因此，2,4-二硝基苯腙常常被用来鉴别醛和酮，是最常用的鉴定试剂。

二、α-氢原子的反应

醛、酮分子中与官能团羰基直接相连的碳原子上的氢原子，称为 α-氢原子，α-氢原子受羰基的影响，比较活泼，可以发生卤仿反应和羟醛缩合。

1. 卤代与卤仿反应

醛、酮分子中的 α-氢原子，在酸性条件下，被卤素取代，发生卤代反应，生成 α-卤代醛、酮，例如：

$$CH_3\!-\!\overset{O}{\overset{\|}{C}}\!-\!CH_3 + Br_2 \xrightarrow[65℃]{CH_3COOH} CH_3\!-\!\overset{O}{\overset{\|}{C}}\!-\!CH_2Br + HBr$$

α-溴丙酮

演示实验7-2

取四支试管，分别加入 3mL 甲醛、乙醛、丙酮、乙醇，然后各加入 7mL I_2-KI 溶液，

再逐滴滴加 5% NaOH 溶液，边滴加边振荡，直至碘的红色刚好消失，反应液呈现微黄色。观察有无沉淀析出，并嗅其气味。若无沉淀析出，可放入 60℃ 水浴中加热几分钟，取出冷却后，观察实验现象。

在碱性条件下，卤代反应速率很快，具有" $CH_3-\overset{\overset{O}{\|}}{C}-$ "构造的醛（乙醛）、酮（甲基酮）一般生成三卤代物" $CX_3-\overset{\overset{O}{\|}}{C}-$ "，而这种三卤代物在碱性溶液中不稳定，立即分解成三卤甲烷（卤仿）和羧酸盐。例如：

$$(H)R-\overset{\overset{O}{\|}}{C}-CH_3 + 3NaOX \xrightarrow[(X_2+NaOH)]{} (H)R-\overset{\overset{O}{\|}}{C}-CX_3 + NaOH$$

$$\xrightarrow{NaOH} (H)RCOONa + CHX_3$$

上式也可直接写成：

$$CH_3-\overset{\overset{O}{\|}}{C}-H(R) + 3NaOX \longrightarrow H(R)COONa + CHX_3 + 2NaOH$$

因为这个反应有卤仿生成，所以称为卤仿反应。如用次碘酸钠（或 I_2+NaOH）作试剂，产物为碘仿，称为碘仿反应。

$$CH_3CH_2OH \xrightarrow{NaOI} CH_3CHO \xrightarrow{NaOI} HCOONa + \underset{\text{碘仿（黄色）}}{CHI_3 \downarrow}$$

碘仿为不溶于水的黄色晶体，有特殊气味，容易观察和识别，因此可利用碘仿反应来鉴别乙醛、甲基酮以及含有" $CH_3-\overset{\overset{O}{\|}}{C}-$ "构造的醇。

碘仿反应是否只能用来鉴别含三个 α-氢原子的醛（酮）？

2. 羟醛缩合反应

含有 α-氢原子的醛在稀碱溶液中相互作用，一分子醛的 α-氢原子加到另一分子醛的羰基氧原子上，剩余部分加到羰基碳原子上，生成 β-羟基醛，这个反应称为羟醛缩合反应。β-羟基醛在加热下易脱水生成 α,β-不饱和醛。例如：

$$CH_3-\overset{\overset{O}{\|}}{C}-H + CH_2CHO \xrightarrow[5℃]{10\%NaOH} \underset{\beta\text{-羟基丁醛}}{CH_3\overset{\overset{OH}{|}}{C}H-\overset{\overset{H}{|}}{C}HCHO} \xrightarrow[\triangle]{-H_2O} \underset{\text{2-丁烯醛(巴豆醛)}}{CH_3CH=CHCHO}$$

α,β-不饱和醛进一步催化加氢，则得到饱和醇。

$$CH_3CH=CHCHO \xrightarrow[Ni]{H_2} CH_3CH_2CH_2CH_2OH$$

这是工业上用乙醛制备正丁醇的方法。羟醛缩合反应很重要，既可增长碳链（碳原子数翻倍），又可产生支链，常用于制备 β-羟基醛（酮）、α,β-不饱和醛（酮）及相应的卤代烃和醇。

如果醛（酮）中只有一个 α-氢原子，还会发生羟醛缩合反应吗？

三、 氧化反应

醛不同于酮，醛有一个氢原子直接连在羰基上，因而醛具有还原性，很容易被氧化，生成羧酸，而酮不容易被氧化。比如，弱氧化剂托伦试剂和斐林试剂就能氧化醛，却不能氧化酮，实验室常用这个反应来鉴别醛和酮。

常见的氧化剂有哪些？ 这些氧化剂的氧化性如何？

1. 与托伦试剂反应

托伦试剂即银氨溶液，是一种弱氧化剂，是将氨水加入硝酸银溶液中至沉淀正好溶解所制得的溶液。

取一支洁净的试管，加入 2mL 2% 的 $AgNO_3$ 溶液，加入 1 滴 5% NaOH 溶液，然后一边振荡试管，一边逐滴加入 2% 稀氨水，直至析出的沉淀恰好溶解为止，即得到托伦试剂。然后再加入 5 滴乙醛，振荡，把试管放在热水浴（60～70℃）里静置几分钟后，可以观察到试管内壁上附着一层光亮如镜的金属银（见右图）。

银镜反应后的试管内银镜如何除去？

托伦试剂与醛，在碱性条件下共热，会发生氧化还原反应，醛被氧化成羧酸盐，而银离子被还原成金属银。

$$RCHO + 2[Ag(NH_3)_2]OH \xrightarrow{\triangle} RCOONH_4 + 2Ag\downarrow + 3NH_3\uparrow + H_2O$$

如果反应器壁非常洁净，会在容器壁上形成光亮的银镜，因此这一反应又称为银镜反应。可用于鉴别醛、酮。日常生活中用的镜子与热水瓶胆就是用银镜反应制成的。

托伦试剂是弱氧化剂，不能氧化碳碳双键、碳碳三键、羟基、氨基等容易被氧化的基团，只能氧化醛基，选择性较好。因此，工业上用它来氧化巴豆醛制取巴豆酸。

$$CH_3CH=CHCHO \xrightarrow{[Ag(NH_3)_2]OH} CH_3CH=CHCOOH$$

乙醛能让酸性的高锰酸钾溶液褪色吗？ 为什么？

2. 与斐林试剂反应

斐林试剂即 Cu^{2+} 配离子溶液，是一种弱氧化剂，是由硫酸铜与酒石酸钾钠的碱溶液等体积混合制得的溶液。

在碱性条件下共热，斐林试剂能与脂肪醛发生氧化还原反应，醛被氧化成羧酸盐，而

Cu^{2+} 被还原成砖红色的 Cu_2O 沉淀。

$$RCHO + 2Cu(OH)_2 + NaOH \xrightarrow{\triangle} RCOONa + Cu_2O\downarrow + 3H_2O$$
蓝色   红色

课堂活动

医院里用新制的氢氧化铜悬浊液来检验病人是否有糖尿病，你知道原理是什么吗？

斐林试剂不能氧化芳香醛，因此可用斐林反应来区别脂肪醛和芳香醛。

四、还原反应

醛或酮都能很容易地分别被还原为伯醇或仲醇。

$$R-C\overset{O}{\overset{\|}{}}-H(R') \xrightarrow{[H]} R-CH\overset{OH}{\overset{|}{}}-H(R')$$

在不同的条件下，用不同的试剂可以得到不同的产物。若催化加氢，则醛酮分子中的碳碳双键会一起被还原，若采用选择性高的硼氢化钠（$NaBH_4$）、氢化铝锂（$LiAlH_4$）则只还原羰基而碳碳双键保留。例如：

（环己酮）$=O + H_2 \xrightarrow[50℃\ 6.5MPa]{Ni}$ （环己醇）$-OH$

$$CH_3CH=CHCH_2CHO + 2H_2 \xrightarrow[250℃加压]{Ni} CH_3CH_2CH_2CH_2CH_2OH$$
（$C=C$，$C=O$ 均被还原）

$$CH_3CH=CHCH_2CHO \xrightarrow[②H_2O^+]{①LiAlH_4，干乙醚} CH_3CH=CHCH_2CH_2OH$$
（只还原 $C=O$）

小知识

如何除去室内隐形杀手甲醛？

随着生活水平的提高，居室的装修越来越豪华，带来了日益严重的室内空气污染问题，甲醛成为其中的头号杀手。甲醛树脂被广泛用于各种建筑材料，包括胶合板、隔热材料、木制产品、地板、装修和装饰材料，且甲醛树脂会缓慢持续放出甲醛，在最初数月内所释出的甲醛量最高，一段时间后，释出的甲醛量便会渐渐降低。

为了避免甲醛的危害，要采取一定的措施除去甲醛，一般家庭常用的有开窗通风、活性炭吸附、放一些绿色植物等，此外，还可以利用醛的化学性质来除去甲醛。

1. 利用甲醛的还原性：利用氧化剂的氧化能力将甲醛氧化成二氧化碳和水，从而达到清除甲醛的效果。比如，光催化剂除甲醛，就是在催化剂作用下空气中的氧气就可以把甲醛氧化成二氧化碳和水。

2. 利用甲醛的加成缩合反应：市场上售卖的甲醛清除剂，大部分是含有氨基的化合物，多带有氨味，但对甲醛的清除效率高，它们会与甲醛发生加成缩合反应，生成稳定的含碳氮双键的化合物。此反应在常温中也可快速进行，并且不会发生逆反应分解出甲醛。

*第四节　重要的醛、酮

生活中对人体造成伤害的甲醛，可以说无处不在，涉及的物品有家具、童装、免烫衬衫、快餐面、米粉、水泡鱿鱼、海参甚至小汽车……那甲醛有怎样的性质呢？

一、甲醛

甲醛（HCHO）结构见图7-3，又称蚁醛，是一种重要的化工原料。在常温下是无色的有特殊刺激气味的气体，沸点－21℃，易燃，与空气混合后遇火爆炸，爆炸范围7%～77%（体积分数）。

图 7-3　甲醛模型

甲醛易溶于水。它的31%～40%水溶液（常含8%甲醇作稳定剂）称为"福尔马林"，常用作消毒剂和防腐剂，也可用作农药防止稻瘟病。甲醛溶液能使蛋白质变性，致使细菌死亡，因而有消毒、防腐作用。甲醛气体在高压及低温下，能液化成无色液体，市售的一般是甲醛的水溶液。

甲醛性质活泼，还原性较强，容易氧化，特别是在碱性溶液中。甲醛的水溶液如果长期露置于空气中，很容易被氧化成甲酸。甲醛极易聚合（羰基加成），条件不同，生成聚合度不同的各类聚合物，甲醛水溶液贮存久了会析出多聚甲醛。在常温下，甲醛气体能自动聚合为三聚甲醛。工业上是将60%～65%的甲醛水溶液，在约2%硫酸催化下煮沸，得到三聚甲醛。

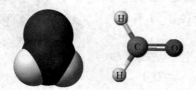

三聚甲醛为无色晶体，有轻微甲醛味道，熔点62℃，沸点112℃。在中性或碱性条件下相当稳定，但在受热或酸性条件下，容易解聚释放出甲醛。

甲醛可以与 $NaHSO_3$ 发生加成反应，生成甲醛次硫酸氢钠白色结晶，俗名"吊白块"，见图7-4，它常温时较为稳定，在高温下有极强的还原性，具有漂白作用，主要应用于印染工业拔染剂、拔色剂、还原剂及一些有机物的脱色和漂白。

$$\underset{\text{H}}{\overset{\text{O}}{\text{H—C—H}}} + NaHSO_3 \longrightarrow \underset{\text{H}}{\overset{\text{OH}}{\text{H—CHSO}_3\text{Na}}}$$

图 7-4　吊白块

"吊白块"（见图 7-4）被一些不法厂商用作增白剂在食品加工中添加，使一些食品如米粉、面粉、粉丝、银耳、面食品及豆制品等色泽变白，有的还能增强韧性，不易腐烂变质。尽管"吊白块"有增白作用，但有毒，毒性与其分解时产生的甲醛有关，甲醛会危害人体健康，因此我国禁止在食品中使用"吊白块"。

甲醛是化学工业上非常重要的合成原料，可用于合成尿素-甲醛树脂及三聚氰胺-甲醛树脂，在医药上可用作消毒剂和防腐剂，甲醛还用于表面活性剂、塑料、橡胶、鞣革、造纸、染料、制药、农药、照相胶片、炸药、建筑材料以及消毒、熏蒸和防腐过程中，可以说甲醛是化学工业中的多面手，但甲醛有毒，已经被世界卫生组织确定为致癌和致畸形物质。

二、乙醛

乙醛（CH_3CHO）结构见图 7-5，俗称醋醛，是一种无色有刺激性气味的液体，密度比水小，易溶于水、乙醇、乙醚，沸点 20.8℃，易挥发，易燃烧，乙醛蒸气与空气混合会形成爆炸混合物，爆炸范围为 4.0%～57%（体积分数）。

乙醛化学性质活泼，能发生羰基加成和氧化反应，乙醛也很容易聚合，常温下，乙醛在少量硫酸存在下，可聚合成三聚乙醛。

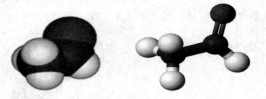

图 7-5　乙醛模型

$$3CH_3CHO \underset{解聚}{\overset{聚合}{\rightleftharpoons}} \begin{matrix} CH_3 \\ | \\ CH_3-CH \quad CH-CH_3 \end{matrix}$$

三聚乙醛

三聚乙醛为液体，沸点为 124℃，便于贮存和运输。如果加入稀酸蒸馏，三聚乙醛会解聚为乙醛。

乙醛是重要的有机合成原料，主要用于合成乙酸、乙酐、乙醇、丁醇、丁醛等。

$$2CH_3CHO + O_2 \xrightarrow[\triangle]{催化剂} 2CH_3COOH$$

三、苯甲醛

苯甲醛（C_6H_5CHO）结构见图 7-6，俗称苦杏仁油或安息香醛，是一种无色有苦杏仁气味的液体，密度比水略大，微溶于水，易溶于乙醇、乙醚中，沸点 179℃。

苯甲醛广泛存在于植物界，特别是在蔷薇科植物中，是最简单最常用的芳醛。

苯甲醛化学性质与脂肪醛类似，但也有不同。因为没有 α-氢原子，不发生 α-氢原子的反应，能发生氧化反应，但不能还原斐林试剂，苯甲醛可在空气中被氧化为具有白色有不愉快气味的苯甲酸固体，在容器内壁上结晶出来，因此保存苯甲酸时，常加入少量抗氧化剂（如对苯二酚），且要用棕色瓶保存。

苯甲醛是医药、染料、香料和树脂工业的重要原料，还可用作溶剂、增塑剂和低温润滑剂等。在香精业中主要用于调配食用香精，少量用于日化香精和烟用香精中。

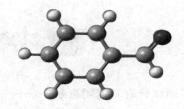

图 7-6　苯甲醛模型

四、丙酮

丙酮（CH_3COCH_3）结构见图 7-7，是一种无色、易燃、易挥发、有清香气味的液体，沸点 56.5℃。丙酮密度比水略小，能与水、乙醇、乙醚、氯仿等混溶，并能溶解油类、烃类等多数有机物，是一种优良溶剂。丙酮蒸气与空气混合会形成爆炸混合物，爆炸范围为 2.55%～12.80%（体积分数）。

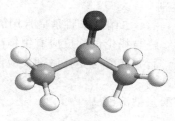

图 7-7　丙酮模型

丙酮是最简单的饱和酮，具有典型的酮的化学性质，化学性质较活泼，能发生加成反应和 α-氢原子的反应，能让酸性高锰酸钾溶液褪色，发生氧化反应，但不能被托伦试剂和斐林试剂等弱氧化剂氧化。

丙酮是常用的有机溶剂，能溶解油脂、树脂、蜡和橡胶等许多物质，它是各种维生素和激素生产过程中的萃取剂。丙酮也是一种重要的化工原料，可用来制造环氧树脂、聚碳酸酯、有机玻璃、环氧树脂等。

拓展提升

有机合成的"魔术师"——格利雅试剂

格利雅试剂的制备：取一支烧瓶，加入镁粉或镁屑，然后倒入无水乙醚，再加入一小粒碘（用于启动反应），将卤代烃（常用溴代烷）溶液缓缓加入，加料速度应能维持乙醚微沸，直至镁屑基本消失，就得到格利雅试剂，将温度降到 0℃，格利雅试剂会析出。格利雅试剂易与空气或水反应，故制得后应就近在容器中进行格利雅反应。

格利雅试剂的发现：将有机镁化合物应用于有机合成的想法并不是格利雅首先提出的，1898 年格利雅的导师巴比埃首先将有机金属镁化合物应用于将酮还原为醇的反应。1899 年格利雅在导师建议下继续这方面的研究工作，格林尼亚根据前人的经验，在无水乙醚中制备有机镁化合物，这样就解决了有机镁试剂遇空气会燃烧的问题，而且不需要将有机镁试剂分离出来。

格利雅试剂的结构：格利雅试剂的结构至今还不完全清楚，一般写成 RMgX，有人认为溶剂乙醚的作用是和格利雅试剂形成了溶剂化合物，乙醚的氧原子和格利雅试剂中的镁原子间有配位键。格利雅试剂已成为一个化学术语，是非常重要的有机合成中间体。

本章小结

1. 醛、酮分子中都含有官能团羰基，统称为羰基化合物

2. 醛、酮的分类、命名、同分异构

3. 醛、酮的化学性质（重点、难点）

(1) 加成反应　醛、酮的羰基能发生加成反应

(2) α-氢原子的反应

① 卤仿反应　醛、酮分子中的 α-氢原子，在碱性条件下，与卤素反应

② 羟醛缩合　含有 α-氢原子的醛在稀碱溶液中相互作用，发生加成反应

(3) 氧化反应　醛具有还原性，很容易被氧化，生成羧酸，而酮不容易被氧化

4. 醛、酮的鉴别

(1) 羰基试剂　2,4-二硝基苯肼是最常用的羰基试剂

(2) 托伦试剂　醛与托伦试剂反应有银镜生成，而酮无此反应

(3) 斐林试剂　脂肪族醛与斐林试剂反应产生红色的氧化亚铜沉淀

(4) 次碘酸钠试剂

(5) 饱和亚硫酸氢钠溶液

习题

一、选择题

1. 已知柠檬醛的结构简式为 $CH_3-\underset{\underset{CH_3}{|}}{C}=CH-CH_2-CH_2-\underset{\underset{CH_3}{|}}{C}=CH-CHO$，根据已有知识判断下列说法不正确的是（　　）。

A. 它可使酸性高锰酸钾溶液褪色　　B. 它可与银氨溶液反应生成银镜

C. 它可使溴水褪色　　　　　　　　D. 它被催化加氢的最后产物的结构简式是 $C_{10}H_{20}O$

2. 下列物质中，不能把醛类物质氧化的是（　　）。

A. 银氨溶液　　　　B. 金属钠　　　　C. 氧气　　　　D. 新制氢氧化铜悬浊液

3. 提纯醛、酮时用的试剂是（　　）。

A. 碘的氢氧化钠　　B. 苯肼　　　　C. 斐林试剂　　　　D. 格氏试剂

4. 下列关于醛的说法中正确的是（　　）。

A. 甲醛是甲基跟醛基相连而构成的醛　　B. 醛的官能团是—OH

C. 甲醛和乙二醛互为同系物　　　　　　D. 饱和一元脂肪醛的分子组成符合 $C_nH_{2n}O$ 通式

5. 居室空气污染的主要来源之一是人们使用的装饰材料、胶合板、内墙涂料会释放出一种刺激性气味气体，该气体是（　　）。

A. 甲烷　　　　　　B. 氨气　　　　C. 甲醛　　　　D. 二氧化硫

6. 下列有机物中，既能使溴水褪色，又能使酸性 $KMnO_4$ 溶液褪色，还能与新制 Cu(OH)$_2$ 悬浊液发生反应的是（　　）。

A. 1,3-丁二烯　　　B. 苯酚　　　　C. 对二甲苯　　　　D. 丙烯醛

7. 下列各组物质，属于同分异构体的是（　　）。

A. 丁醇和乙醚　　　　　　B. 丙醛和丙醇　　　　C. 丙醇和甘油　　D. 乙烯和丁二烯

8. 甲醛在一定条件下发生如下反应：2HCHO + NaOH（浓）$\longrightarrow$ HCOONa + CH_3OH，在此反应中，甲醛发生的变化是（　　　　）。

A. 仅被氧化　　　　　　　　B. 仅被还原

C. 既被氧化，又被还原　　　D. 既未被氧化，也未被还原

9. 下列物质与苯肼进行羰基加成缩合，最易反应的是（　　　　）。

A. 丙酮　　　　　　　B. 甲醛　　　　　　C. 环己酮　　　　　D. 苯乙酮

10. 与格氏试剂反应可以制取仲醇的是（　　　　）。

A. 甲醛　　　　　　　B. 乙醛　　　　　　C. 丙酮　　　　　　D. 乙酸

11. 检验糖尿病患者从尿液中排出的丙酮，可以采取的方法是（　　　　）。

A. 与氰化钠反应　　　　　　　　　　B. 与格氏试剂反应

C. 在干燥氯化氢条件下与乙醇反应　　D. 与碘的氢氧化钠反应

二、填空题

1. 最简单的脂肪醛、脂肪酮和芳香酮分别是_____、_____、_____。

2. 丙醛与亚硫酸氢钠的加成产物在_____或_____条件下，可分解成为丙醛。

3. 常用于鉴别醛、酮与其他有机物的试剂是_____，鉴别醛和酮的试剂是_____，鉴别甲基酮和非甲基酮的试剂是_____，鉴别甲醛和其他醛的试剂是_____。

4. 完成银镜反应实验：在 $AgNO_3$ 溶液中逐滴加入氨水，开始时在 $AgNO_3$ 溶液中出现白色沉淀，反应的离子方程式为_____，继续滴入氨水至沉淀溶解，反应的化学方程式为_____，边滴边振荡直滴到_____为止，再加入乙醛溶液后，水浴加热现象是_____，化学方程式为_____。

5. 醛和酮的分子中都含_____。在醛分子中，羰基碳原子分别与_____和_____相连。官能团是_____，饱和一元醛的通式是_____。在酮分子中，与羰基碳原子相连的两个基团均为_____，官能团是_____，饱和一元酮的通式为_____。

6. 醛和酮都能发生氧化反应，但醛比酮更容易被氧化，空气中的_____就能氧化醛，一些弱氧化剂如_____、_____也能氧化醛，氧化产物通常为相应的羧酸。而酮分子却对一般的氧化剂比较_____，只有很强的氧化剂才能将其氧化。

三、用系统命名法命名下列化合物

1. $(CH_3)_2CHCH_2CH_2CHO$

2. $CH_3—CH_2—\overset{\overset{O}{\|}}{C}—\overset{\overset{CH_3}{|}}{CH}—CH_3$

3. $(CH_3)_2CHCH_2C(CH_3)_2CH_2CHO$

4. $CH_3—\overset{\overset{O}{\|}}{C}—CH_2\overset{\overset{CH_3}{|}}{C}—\overset{\overset{CH_3}{|}}{CH}CH_3$ CH_3

5. （苯环）$\overset{\overset{O}{\|}}{C}—\overset{\overset{CH_3}{|}}{CH}—CH_3$

四、根据下列名称写出相应的结构式。

1. 3-甲基庚醛

2. 3-甲基-2-戊酮

3. 对羟基苯甲醛

4. 苯乙酮

五、写出丙醛与下列各试剂反应所生成的主要产物。

1. C_6H_5MgBr，然后加 H_3O^+

2. $NaHSO_3$

3. 托伦试剂

4. 斐林试剂

5. 2，4-二硝基苯肼

六、用简便的方法区别下列各组物质。

1. 甲醛、乙醛和丙酮

2. 乙醇、乙醛、丙酮和丙醇

3. 丁醛、丁酮和 2-丁醇

七、下列化合物哪些能与 $NaHSO_3$ 加成，哪些能发生碘仿反应？试写出反应式。

1. 乙醛

2. 丙醛

3. 丙酮

4. 苯乙酮

5. 3-戊酮

实验四　醛及酮的主要性质

一、实验目的

1. 验证醛、酮的主要化学性质。

2. 掌握醛、酮的鉴定方法。

二、实验原理

1. 羰基加成反应

醛、酮与饱和亚硫酸氢钠（40%）的加成反应

$$
\underset{(CH_3H)}{\overset{R}{>}}C=O + H\!+\!SO_3Na \xrightarrow{OH^-} \underset{(CH_3H)}{\overset{R}{>}}C\underset{SO_3Na}{\overset{OH}{<}}
$$

α-羟基磺酸钠

产物 α-羟基磺酸盐为白色结晶，不溶于饱和的亚硫酸氢钠溶液中，容易分离出来；与酸或碱共热，又可得原来的醛、酮。故此反应可用于鉴别、分离及提纯醛、酮。

2. 缩合反应

醛、酮能与氨及其衍生物反应，现象明显（产物为固体，具有固定的晶形和熔点），常用来分离、提纯和鉴别醛酮。

$$
>C\!+\!O + H_2N\!-\!Y \rightleftharpoons >C=N\!-\!Y + H_2O
$$

式中—Y：—OH　—NH$_2$　—NH—⟨苯环⟩　—NH—⟨苯环⟩—NO$_2$（NO$_2$）

3. 碘仿反应

含有 α-甲基的醛、酮在碱溶液中与卤素反应，则生成卤仿。

$$
CH_3\overset{O}{\overset{\|}{C}}\!-\!H(R) + 3NaOX \longrightarrow H(R)COONa + CHX_3 + 2NaOH
$$

如用次碘酸钠（或 $I_2 + NaOH$）作试剂，产物为碘仿，称为碘仿反应，碘仿为浅黄色晶体，现象明显，故常用来鉴别乙醛、甲基酮。

4. 氧化反应

醛易被氧化，弱的氧化剂就可以氧化醛，托伦试剂是弱氧化剂，只氧化醛，不氧化酮和

C ═ C，故可用来区别醛和酮。

$$RCHO + 2 [Ag(NH_3)_2] OH \xrightarrow{\triangle} RCOONH_4 + 2Ag\downarrow + 3NH_3\uparrow + H_2O$$

三、实验仪器与试剂

1. 仪器

试管、酒精灯、三脚架、烧杯、石棉网。

2. 试剂

氢氧化钠溶液（10%）、碳酸钠溶液（1%）、硝酸银溶液（2%）、稀硝酸（6mol/L）、稀盐酸（6mol/L）、甲醛溶液（37%）、乙醛溶液（40%）、2,4-二硝基苯肼试剂、碘-碘化钾溶液、正丁醛、苯甲醛、斐林溶液 A、斐林溶液 B、饱和亚硫酸氢钠溶液、丙酮、氨水、甲醇、苯乙酮、异丙醇、铬酸试剂、乙醇（95%）。

四、实验步骤

1. 羰基加成反应

在 4 支干燥的编码试管中，各加入新配制的饱和亚硫酸氢钠溶液 1mL，然后分别加入 0.5mL 甲醛溶液、正丁醛、苯甲醛、丙酮。振摇后放入冰-水浴中冷却几分钟，取出观察有无结晶析出。

取有结晶析出的试管，倾出上层清液，向其中两支试管中加入 2mL 10% 碳酸钠溶液，向其余试管中加入 2mL 稀盐酸溶液，振摇并稍加热，观察结晶是否溶解？有什么气味产生？记录现象并解释原因。

2. 缩合反应

在 5 支编码试管中，各加入 1mL 新配制的 2,4-二硝基苯肼试剂，再分别加入 5 滴甲醛溶液、乙醛溶液、苯甲醛、丙酮、苯乙酮，振摇后静置。观察并记录现象，描述沉淀颜色的差异。

3. 碘仿反应

在 5 支装有 1mL 蒸馏水的编码试管中，分别加入 3～4 滴乙醛、丙酮、乙醇、异丙醇、1-丁醇，再分别加入 1mL10% NaOH 溶液，然后分别滴加 KI-I₂ 至溶液呈黄色，继续振荡，观察有没有沉淀析出，若无沉淀，则放在 50～60℃ 水浴中微热几分钟（可补加 KI-I₂ 溶液），观察结果。

4. 氧化反应

（1）铬酸试验　6 支试管中分别加入 1 滴丁醛、叔丁醇、异丙醇、环己酮、苯甲醛、乙醇，分别加入 1mL 丙酮，振荡再加入铬酸试剂数滴，边加边摇，观察实验现象。

（2）托伦试验　5 支洁净的试管中分别加入 1mL 托伦试剂，再分别加入 2 滴甲醛、乙醛、苯甲醛、丙酮、苯乙酮，摇匀，静置，若无变化，50～60℃ 水浴温热几分钟，观察实验现象，记录并解释原因。

（3）斐林试验　5 支洁净的试管中分别加入 0.5mL 斐林试剂 A 和斐林试剂 B，再分别加入 2 滴甲醛、乙醛、苯甲醛、丙酮、苯乙酮，充分振荡后，置于沸水浴中加热 5min，取出观察实验现象，记录并解释原因。

五、实验注意事项

1. 硝酸银溶液与皮肤接触，立即形成难于洗去的黑色金属银，故滴加和振摇时应小心操作！

2. 配制银氨溶液时，切忌加入过量的氨水，否则将生成雷酸银，受热后会引起爆炸，也会使试剂本身失去灵敏性。托伦试剂久置后会析出具有爆炸性的黑色氮化银沉淀，因此需在实验前配制，不可贮存备用。

3. 进行银镜反应的试管必须十分洁净，否则无法形成光亮的银镜，只能产生黑色单质银沉淀，可将试管用铬酸洗液或洗剂清洗后，再用蒸馏水冲洗至不挂水珠为止。

六、思考题

1. 托伦试剂为什么要在临用时才配制？托伦实验完毕后，应该加入硝酸少许，立刻煮沸洗去银镜，为什么？

2. 如何用简单的化学方法鉴定下列化合物？

①丙醛　丙酮　正丙醇　异丙醇

②苯甲醇　苯甲醛　正丁醛　苯乙酮

第八章

羧酸及其衍生物

学习目标

1. 复述羧酸的结构特点及其分类。
2. 记住羧酸及其衍生物的命名方法及常见羧酸的俗名。
3. 归纳羧酸及其衍生物的物理性质及其变化规律。
4. 记住羧酸及其衍生物的化学性质及其应用。

知识链接

羧酸的结构特点

请同学们比较下面几种官能团，看看哪些是你学过的？哪一个你没学过呢？

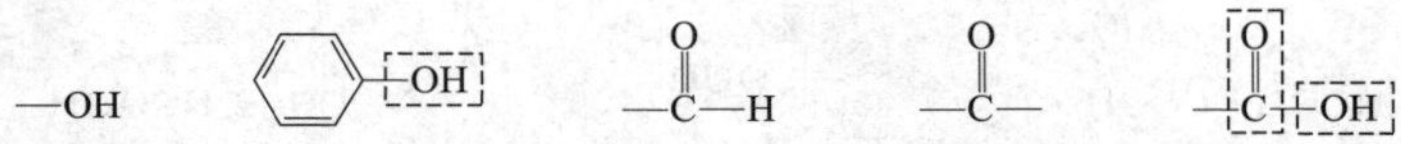

—OH	〇—OH	—C—H	—C—	—C—OH
醇羟基	酚羟基	醛基	酮基	羧基

羧酸广泛存在于自然界中，与人类生活密切相关。羧酸分子的官能团羧基（ —C—OH ）是由一个羰基（ —C— ）和一个羟基（—OH）共同组成的基团。除甲酸（H—COOH）外，羧酸可被看作是烃分子中的氢原子被羧基取代的产物。常用 R—COOH 来表示。羧基中的羟基被其他原子或基团取代后的化合物称为羧酸衍生物，一般是指酰卤、酸酐、酯、酰胺四类化合物。羧酸及其衍生物都是有机合成中的重要原料。

第一节　羧酸

通常吃的水果中，含有一些酸，如：苹果中含有苹果酸，柠檬中含有柠檬酸；在未成熟的梅子、李子、杏子中含有草酸、安息香酸等，这些酸都属于羧酸。那么，什么是羧酸呢？

一、 羧酸的分类和命名

1. 羧酸的分类

根据羧酸分子中烃基种类不同可分为脂肪族羧酸、脂环族羧酸和芳香族羧酸；又可按羧酸分子中所含羧基的个数分为一元羧酸、二元羧酸和多元羧酸；还可按烃基是否饱和，分为饱和羧酸和不饱和羧酸。如：

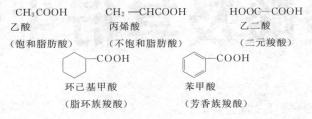

CH_3COOH CH_2＝$CHCOOH$ $HOOC$—$COOH$
乙酸   丙烯酸   乙二酸
（饱和脂肪酸）   （不饱和脂肪酸）   （二元羧酸）

环己基甲酸   苯甲酸
（脂环族羧酸）   （芳香族羧酸）

2. 羧酸的命名

羧酸的命名法一般分为俗名和系统命名法两种。

（1）俗名 由于羧酸广泛存在于自然界的动植物体中，所以俗名一般是根据它们的最初来源来命名。如，甲酸最初是从一种蚂蚁中得到，故称为蚁酸；乙酸是食醋的主要成分，因此又叫醋酸；苯甲酸存在于安息香胶中，因此称为安息香酸。下面列出一些常见羧酸的俗名。

$HCOOH$ CH_3COOH CH_3CH＝$CHCOOH$
甲酸   乙酸   2-丁烯酸
蚁酸   醋酸   巴豆酸

$HOOH$—$COOH$ 苯甲酸COOH   —CH＝$CHCOOH$
乙二酸   3-苯基丙烯酸
草酸   苯甲酸   肉桂酸
        安息香酸

（2）系统命名法 羧酸的系统命名原则和醛相似，即选择含有羧基的最长碳链作为主链，根据主链上的碳原子数称为"某酸"。主链碳原子的编号从羧基碳原子一端开始。书写名称时要注明取代基的位次。例如：

    CH_3 CH_3 C_2H_5
H_3C—CH—CH_2CH_2COOH CH_3—CH—CH_2—CH—$COOH$
4-甲基戊酸   4-甲基-2-乙基戊酸

若分子中含有不饱和键（双键或三键），则应选择同时含羧基和不饱和键在内的最长碳链为主链，从靠近羧基一端开始编号，根据不饱和键的种类称为"某烯（炔）酸"，不饱和键的位次写在名称前。例如：

                 CH_3
CH_3CH_2CH＝$CHCOOH$ CH≡$CCHCOOH$
2-戊烯酸   2-甲基-3-丁炔酸

芳香族羧酸和脂环族羧酸命名时，以芳环或脂环作为取代基。例如：

    —$CHCH_2COOH$ —CH_2COOH
     |
     CH_3
3-环戊基丁酸   苯乙酸

二元羧酸命名时，选择包含有两个羧基的最长碳链为主链，根据主链碳原子的数目称为"某二酸"；芳香族和脂环族二元酸则须注明两个羧基的位次。例如：

HOOC—CH$_2$CH$_2$—COOH　　　　
丁二酸　　　　　　　　　　邻苯二甲酸　　　1，3-环己基二甲酸

水杨酸

水杨酸是一种脂溶性的有机酸，它可以轻松瓦解肌肤表面多余的皮脂，同时抑制皮脂过量分泌；对于痘痘也有较强的溶解作用，它改善毛囊壁不洁净的状态，帮助皮脂从毛孔中顺利排除，同时借由抑菌的特性快速收干痘痘。水杨酸能够使老化角质细胞从肌肤表面快速脱落，从而促进肌肤的新陈代谢，恢复肌肤细致的触感。另外，水杨酸能辅助其他酸类美白成分的渗透。水杨酸的球棍模型如右图所示。

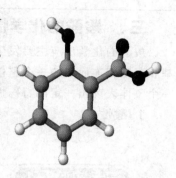

二、 羧酸的物理性质

1. 物态

常温下，C$_1$～C$_3$羧酸都是具有刺激性气味的无色透明液体，C$_4$～C$_9$羧酸是具有腐败气味的油状液体，C$_{10}$以上的羧酸是无臭无味的白色蜡状固体。脂肪族二元羧酸和芳香族羧酸都是白色晶体。

2. 溶解性

羧酸分子中的羧基可与水形成氢键，增强其水溶性，所以，C$_1$～C$_4$的羧酸都易溶于水，但随着相对分子质量的增大，羧酸的溶解度逐渐减小，C$_{10}$以上的羧酸已不溶于水，但都易溶于乙醇、乙醚、氯仿等有机溶剂。二元羧酸在水中的溶解度比同碳原子数的一元羧酸大，芳香族羧酸一般难溶于水。

3. 沸点

羧酸分子间能以两个氢键形成双分子缔合的二聚体，因此，羧酸的沸点比相对分子质量相近的醇的沸点要高。例如甲酸的沸点100℃，而乙醇的沸点为78℃。

4. 熔点

饱和一元羧酸的熔点随碳原子数增加而呈锯齿状升高。含偶数碳原子的羧酸比相邻两个含奇数碳原子的羧酸熔点要高。这是因为偶数碳原子的羧酸分子对称性较高，排列更紧密，分子间作用力更大的缘故。常见羧酸的物理常数见表8-1。

表8-1　一些常见羧酸的名称及物理常数

名称	结构式	熔点/℃	沸点/℃	溶解度 /(g/100gH$_2$O)	pK_{a1}
甲酸（蚁酸）	HCOOH	8.4	100.8	∞	3.76
乙酸（醋酸）	CH$_3$COOH	16.6	118.0	∞	4.76
丙酸（初油酸）	CH$_3$CH$_2$COOH	−20.8	140.7	∞	4.87
丁酸（酪酸）	CH$_3$(CH$_2$)$_2$COOH	−6.0	163.5	∞	4.82
十二酸（月桂酸）	CH$_3$(CH$_2$)$_{10}$COOH	43.6	179.0	0.006	—
十六酸（软脂酸）	CH$_3$(CH$_2$)$_{14}$COOH	63.0	351.5	0.0007	—
苯甲酸（安息香酸）	⬡—COOH	122.0	249.0	0.34	4.19

名称	结构式	熔点/℃	沸点/℃	溶解度/(g/100gH₂O)	pK_{a1}
乙二酸(草酸)	HOOC—COOH	189.0	157.0(升华)	10.00	1.27
丁二酸(琥珀酸)	HOOC(CH₂)₂COOH	185.0	235.0	6.8	4.21
邻苯二甲酸(肽酸)		231.0		0.7	2.93

三、 羧酸的化学性质

羧酸的化学反应主要发生在羧基和受羧基影响变得较活泼的 α-H 原子上。羧基是由羰基和羟基相连而成的一个整体,但羧基的化学性质并不是羰基和羟基的简单加和,而是作为一个整体表现出一定的特殊性。

1. 酸性

演示实验8-1

取一支干燥的试管,向试管中加入少许醋酸和适量水,振荡,然后用玻璃棒蘸取醋酸溶液,滴加到蓝色石蕊试纸上,蓝色石蕊试纸变红。说明醋酸有酸性。

多数一元羧酸的 pK_a 在 3.5~5 之间(见表8-1),羧酸和无机强酸相比属于弱酸,但羧酸的酸性大于碳酸($pK_a = 6.78$)、苯酚($pK_a = 9.89$)。

羧酸能与 NaOH、Na₂CO₃、NaHCO₃ 等作用生成盐,实验室中可根据与 Na₂CO₃、NaHCO₃ 反应放出 CO₂ 的性质,来鉴别羧酸。

2. 羧基中羟基的取代反应

羧酸分子中羧基上的羟基可被卤原子(—X)、酰氧基($-O-\overset{\overset{\displaystyle O}{\|}}{C}-R$)、烷氧基(—OR)及氨基(—NH₂)取代,分别生成酰卤、酸酐、酯和酰胺等羧酸衍生物。

(1)酰卤的生成 羧酸(甲酸除外)与 PCl₃、PCl₅、SOCl₂(亚硫酰氯)等作用时,分子中的羟基被卤原子取代,生成酰卤。如:

$$\underset{}{C_6H_5\overset{\overset{\displaystyle O}{\|}}{C}-OH} \xrightarrow{SOCl_2} C_6H_5\overset{\overset{\displaystyle O}{\|}}{C}-Cl + SO_2\uparrow + H_2O$$

(2)酸酐的生成 羧酸(除甲酸外)在脱水剂(五氧化二磷、乙酸酐等)作用下分子间发生脱水,生成酸酐。例如:

$$CH_3\overset{\overset{\displaystyle O}{\|}}{C}-O\boxed{H+HO}\overset{\overset{\displaystyle O}{\|}}{C}-CH_3 \xrightarrow[\triangle]{P_2O_5} H_3C\overset{\overset{\displaystyle O}{\|}}{C}-O-\overset{\overset{\displaystyle O}{\|}}{C}-CH_3 + H_2O$$

(3)酯的生成 在强酸(如浓 H₂SO₄、干 HCl 等)的催化作用下,羧酸与醇生成酯的反应称为酯化反应。

$$CH_3\overset{\overset{\displaystyle O}{\|}}{C}-OH + H-OCH_2CH_3 \underset{}{\overset{\text{浓 } H_2SO_4}{\rightleftharpoons}} CH_3\overset{\overset{\displaystyle O}{\|}}{C}-O-C_2H_5 + H_2O$$

(4)酰胺的生成 羧酸与氨或胺反应,生成羧酸铵盐,铵盐受热失水得到酰胺。例如:

$$CH_3-\overset{\overset{O}{\|}}{C}-OH + NH_3 \longrightarrow CH_3-\overset{\overset{O}{\|}}{C}-\overset{-}{O}\overset{+}{N}H_4 \xrightarrow{\triangle} CH_3-\overset{\overset{O}{\|}}{C}-NH_2 + H_2O$$

3. 脱羧反应

羧酸在一定条件下发生羰基碳和 α-C 原子之间（ $R\overset{\overset{O}{\|}}{\underset{\cdot\cdot}{C}}OH$ ）键的断裂，脱去羧基的反应，叫脱羧反应。

$$CH_3\overset{\overset{O}{\|}}{C}CH_2COOH \xrightarrow{\triangle} CH_3\overset{\overset{O}{\|}}{C}CH_3 + CO_2\uparrow$$

4. α-H 的卤代反应

羧酸分子中的 α-H 受羧基影响，具有一定的活性，在催化剂（如红磷、碘、硫等）的作用下，能被氯或溴原子取代，生成 α-卤代酸。例如：

$$CH_3COOH \xrightarrow[P]{Cl_2} \underset{Cl}{CH_2COOH} \xrightarrow[P]{Cl_2} \underset{Cl}{\overset{Cl}{CHCOOH}} \xrightarrow[P]{Cl_2} Cl-\underset{Cl}{\overset{Cl}{C}}COOH$$

控制反应条件和氯的用量，可以得到一氯乙酸、二氯乙酸和三氯乙酸。

5. 还原反应

羧基虽然含有碳氧双键，但在一般条件下不易被还原，只有在强还原剂（如 $LiAlH_4$）作用下，才能将其还原为伯醇。

$$ROOH \xrightarrow{LiAlH_4/无水乙醚} RCH_2OH$$

而对于不饱和羧酸，氢化铝锂只还原羧基，不还原碳碳双键。

$$RCH=CHCH_2COOH \xrightarrow{LiAlH_4/无水乙醚} RCH=CHCH_2CH_2OH$$

四、 重要的羧酸

1. 甲酸（HCOOH）

甲酸俗称蚁酸，是一种无色有刺激性气味的液体，相对密度 1.22，沸点 100.8℃，具有较强的酸性（$pK_{a1}=3.76$），是酸性最强的饱和一元酸。有腐蚀性，能刺激皮肤起泡，使用时应避免与皮肤接触。可与水混溶，易溶于乙醇、乙醚、甘油等有机溶剂。

甲酸的结构比较特殊，分子中同时具有羧基和醛基的结构。

$$醛基 \longleftarrow H-\overset{\overset{O}{\|}}{C}-OH \longrightarrow 羧基$$

甲酸的分子结构决定了它既具有羧酸的性质，又具有醛的性质。例如，甲酸既具有酸的通性，又具有还原性，不仅可被强氧化剂如高锰酸钾氧化成二氧化碳和水，还能被托伦试剂、斐林试剂等弱氧化剂氧化。

$$HCOOH \xrightarrow{KMnO_4} CO_2\uparrow + H_2O$$

$$HCOOH + 2[Ag(NH_3)_2]OH \longrightarrow 2Ag\downarrow + (NH_4)_2CO_3 + 2NH_3\uparrow + H_2O$$

可以此性质来区别甲酸与其他羧酸。

请查阅资料后回答： 甲酸有哪些工业用途？

2. 乙酸（CH_3COOH）

乙酸俗名醋酸，是食醋的主要成分，普通食醋约含 6%～10% 的乙酸。常温下，乙酸是一种无色有刺激性气味的液体，熔点 16.6℃。当温度低于熔点时，纯乙酸就凝结成冰状，故又称为冰醋酸。乙酸与水能以任意比例互溶，也能溶于其他溶剂。

乙酸是重要的化工原料，可以合成纤维、香料、染料、医药（如阿司匹林）以及农药等许多有机物。还可作为涂料和油漆工业的极好溶剂。乙酸的球棍模型如图 8-1 所示。

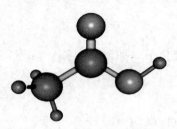

图 8-1　乙酸的球棍模型

3. 乙二酸（$HOOC—COOH$）

乙二酸通常以盐的形式存在于多种草本植物中，所以俗称草酸。草酸是无色透明结晶，常含有两分子结晶水，受热至 100℃ 时失去结晶水，成为无水草酸。无水草酸的熔点为 189.5℃，易溶于水或乙醇，不溶于乙醚。草酸有毒，对皮肤、黏膜有刺激及腐蚀作用。草酸是最简单的二元酸。

草酸具有较强的酸性，是二元羧酸中的最强酸。且其酸性比甲酸和乙酸强得多。草酸除具有一般羧酸的性质外，还有强的还原性，可被高锰酸钾氧化成二氧化碳和水。这一反应常在定量分析中被用来标定高锰酸钾溶液的浓度。

$$5HOOC—COOH + 2KMnO_4 + 3H_2SO_4 \longrightarrow K_2SO_4 + 2MnSO_4 + 10CO_2 + 8H_2O$$

草酸常用作漂白剂、媒染剂，也可用来除去铁锈和墨迹；在定量分析中可作为还原剂，用于标定高锰酸钾；还用于生产抗生素和冰片等药物以及提炼稀有金属的溶剂。

4. 苯甲酸（ ⟨苯环⟩—COOH ）

苯甲酸存在于安息香胶及其他一些树脂中，所以俗称安息香酸。安息香酸是片状或针状的白色晶体，熔点 122℃，受热易升华。微溶于冷水，可溶于热水、乙醇、乙醚、四氯化碳等溶剂中。其酸性比一般脂肪酸（甲酸除外）的酸性强。苯甲酸的球棍模型见图 8-2。

苯甲酸的工业制法主要是甲苯氧化法和甲苯氯代水解法。

CH₃ ⟨苯环⟩ +Cl₂ —光→ CCl₃ ⟨苯环⟩ —H₂O→ COOH ⟨苯环⟩

苯甲酸钠盐广泛用作食品和药液的防腐剂，也可用于合成香料、染料、药物等。

5. 邻羟基苯甲酸（ ⟨苯环⟩—COOH OH ）

图 8-2　苯甲酸的球棍模型

邻羟基苯甲酸俗称水杨酸，是无色有刺激性气味的晶体，熔点 159℃，迅速加热可升华。微溶于水，能溶于乙醇、乙醚等有机溶剂。工业上采用苯酚钠制备水杨酸。

ONa ⟨苯环⟩ +CO₂ —130℃ 0.5MPa→ COONa ⟨苯环⟩ OH +H₂O —HCl→ COOH ⟨苯环⟩ OH

水杨酸是合成医药和染料的原料。

*第二节　羧酸衍生物

你知道苹果、香蕉、梨等水果的香味是怎样产生的吗？

一、羧酸衍生物的分类和命名

羧酸分子中羧基上的羟基被其他原子或基团取代后生成的化合物称为羧酸衍生物，羧酸分子中去掉羟基后剩余的部分叫酰基（$R-\overset{O}{\overset{\|}{C}}-$）。重要的羧酸衍生物有酰卤、酸酐、酯和酰胺，因其结构中都含有酰基，所以又叫做酰基化合物。

1. 酰卤

酰卤是由酰基和卤原子组成，其通式为：$R-\overset{O}{\overset{\|}{C}}-X$（X＝F、Cl、Br、I）。命名是在酰基的名称后面加上卤原子的名称，称为"某酰卤"。例如：

$CH_3-\overset{O}{\overset{\|}{C}}-Cl$　　　　　$CH_2=CH-\overset{O}{\overset{\|}{C}}-Br$

乙酰氯　　　　　　　　　　丙烯酰溴　　　　　　　　　苯甲酰氯

2. 酸酐

酸酐是羧酸分子脱水生成的产物，其通式为：$R-\overset{O}{\overset{\|}{C}}-O-\overset{O}{\overset{\|}{C}}-R'$。其命名是在相应的羧酸名称后面加上"酐"字。例如：

$CH_3-\overset{O}{\overset{\|}{C}}-O-\overset{O}{\overset{\|}{C}}-CH_3$　　　　　　　　　　　$H-\overset{O}{\overset{\|}{C}}-O-\overset{O}{\overset{\|}{C}}-CH_3$

乙酸酐　　　　　　　　　邻苯二甲酸酐　　　　　　甲乙酸酐

3. 酯

酯是羧酸和醇（或酚）分子间脱水的产物，其通式为：$R-\overset{O}{\overset{\|}{C}}-OR'$。其命名通常是按照相应羧酸和醇（或酚）的名称，称为"某酸某酯"。例如：

$H-\overset{O}{\overset{\|}{C}}-O-CH_2CH_3$　　　　$CH_3-\overset{O}{\overset{\|}{C}}-O-CH_2CH_3$

甲酸乙酯　　　　　　　　　乙酸乙酯　　　　　　　　　苯甲酸乙酯

4. 酰胺

酰胺是由酰基和氨基组成，其通式为：$R-\overset{\overset{\displaystyle O}{\|}}{C}-NH_2$。其命名是在酰基后面加上"胺"字，称为"某酰胺"。例如：

$$H-\overset{\overset{\displaystyle O}{\|}}{C}-NH_2 \qquad CH_3-\overset{\overset{\displaystyle O}{\|}}{C}-NH_2 \qquad CH_2=CH-\overset{\overset{\displaystyle O}{\|}}{C}-NH_2$$

甲酰胺 　　　　　　　乙酰胺 　　　　　　　　丙烯酰胺

取代酰胺命名时，把氮原子上所连的烃基作为取代基，用"N"表示其位次。例如：

$$CH_3-\overset{\overset{\displaystyle O}{\|}}{C}-NHCH_3 \qquad\qquad H-\overset{\overset{\displaystyle O}{\|}}{C}-N(CH_3)_2$$

N-甲基乙酰胺 　　　　　　　　　N,N-二甲基甲酰胺

二、 羧酸衍生物的物理性质

低级酰氯是具有强烈刺激气味的无色液体，高级酰氯为白色固体。酰氯的沸点比分子质量相近的羧酸低，如乙酰氯的沸点是 52℃，丙酸的沸点是 118℃。这是因为酰氯分子之间不能形成氢键的缘故。酰氯不溶于水，易溶于有机溶剂，低级酰氯遇水分解。

低级酸酐是具有刺激性气味的无色液体，高级酸酐为固体。酸酐不溶于水而易溶于乙醚、氯仿和苯等有机溶剂。

酯广泛存在于水果和花草中，许多花果的香味就是由酯引起的，如乙酸异戊酯有香蕉味，丁酸甲酯有菠萝味，苯甲酸甲酯有茉莉香味等。低级酯是无色、易挥发、具有水果香味的液体，高级酯多为蜡状固体。低级酯微溶于水，其他酯不溶于水，但易溶于乙醇、乙醚等有机溶剂。酯在化妆品及食品工业中用来配制各种香精。

甲酰胺是液体，其余酰胺都是无色结晶固体。低级酰胺能溶于水，但溶解度随着相对分子质量的增大而下降。酰胺的沸点较相应的羧酸高，这是因为酰胺分子间通过氨基上的氢原子形成氢键的缔合作用强于羧酸的缔合作用。

常见羧酸衍生物的物理常数见表 8-2。

表 8-2　一些常见羧酸衍生物的名称及物理常数

名称	熔点/℃	沸点/℃	名称	熔点/℃	沸点/℃
乙酰氯	−112	51	苯甲酰氯	−1	197
乙酸酐	−73	140	丁二酸酐	120	261
丙酰氯	−94	80	苯甲酸酐	42	360
丙酸酐	−45	169	乙酸异戊酯	−83	77
甲酸甲酯	−100	32	乙酰胺	82	221
乙酸乙酯	−83	77	N,N-二甲基甲酰胺	−61	153

三、 羧酸衍生物的化学性质

酰卤、酸酐、酯和酰胺分子中都含有羰基，因此，它们有相似的化学性质，都能发生水解、醇解、胺解等反应，但它们的反应活性存在差异。反应活性强弱的顺序如下：

$$R-\overset{\overset{\displaystyle O}{\|}}{C}-X > R-\overset{\overset{\displaystyle O}{\|}}{C}-O-\overset{\overset{\displaystyle O}{\|}}{C}-R' > R-\overset{\overset{\displaystyle O}{\|}}{C}-OR' > R-\overset{\overset{\displaystyle O}{\|}}{C}-NH_2$$

1. 水解反应

酰卤、酸酐、酯和酰胺都可以和水作用，分子中的基团被水中的羟基取代，生成羧酸。

例如：

$$R-\overset{\overset{\displaystyle O}{\|}}{C}-Cl + H_2O \xrightarrow{\text{室温}} R-\overset{\overset{\displaystyle O}{\|}}{C}-OH + HCl$$

$$R-\overset{\overset{\displaystyle O}{\|}}{C}-O-\overset{\overset{\displaystyle O}{\|}}{C}-R + H_2O \xrightarrow{\text{煮沸}} 2R-\overset{\overset{\displaystyle O}{\|}}{C}-OH$$

$$R-\overset{\overset{\displaystyle O}{\|}}{C}-OR' + H_2O \xrightarrow{H^+ \text{ 或 } OH^-} R-\overset{\overset{\displaystyle O}{\|}}{C}-OH + R'OH$$

$$R-\overset{\overset{\displaystyle O}{\|}}{C}-NH_2 + H_2O \begin{cases} \xrightarrow{H_3O^+} R-\overset{\overset{\displaystyle O}{\|}}{C}-OH + NH_4^+ \\ \xrightarrow{OH^-} R-\overset{\overset{\displaystyle O}{\|}}{C}-O^- + NH_3\uparrow \end{cases}$$

酯在碱性溶液（如 NaOH 水溶液）中水解时，得到羧酸盐（钠盐），由于高级脂肪酸的钠盐用作肥皂，所以，酯的碱性水解反应又叫皂化反应。

 **课堂活动**

讨论：酰卤、酸酐、酯和酰胺的反应活性顺序如何？

2. 醇解反应

酰卤、酸酐、酯与醇反应，分子中的相应基团被醇分子中的烷氧基取代生成酯的反应叫醇解反应。酰胺的醇解反应较难进行，需在催化剂条件下才反应。

$$\left. \begin{array}{l} R-\overset{\overset{\displaystyle O}{\|}}{C}-Cl \\ R-\overset{\overset{\displaystyle O}{\|}}{C}-O-\overset{\overset{\displaystyle O}{\|}}{C}-R' \\ R-\overset{\overset{\displaystyle O}{\|}}{C}-OR' \end{array} \right\} + H-OR'' \begin{cases} \longrightarrow R-\overset{\overset{\displaystyle O}{\|}}{C}-OR'' + & HCl \\ \xrightarrow[\triangle]{} & R'COOH \\ \xrightarrow[\triangle]{H^+\text{或}OH^-} & R'OH \end{cases}$$

酯与醇的反应生成新的酯和新的醇，称为酯交换反应。

3. 氨解反应

酰卤、酸酐、酯与胺或氨作用生成酰胺的反应叫做氨解反应。

$$\left. \begin{array}{l} R-\overset{\overset{\displaystyle O}{\|}}{C}-Cl \\ R-\overset{\overset{\displaystyle O}{\|}}{C}-O-\overset{\overset{\displaystyle O}{\|}}{C}-R' \\ R-\overset{\overset{\displaystyle O}{\|}}{C}-OR' \end{array} \right\} \xrightarrow{NH_3} \begin{cases} \longrightarrow R-\overset{\overset{\displaystyle O}{\|}}{C}-NH_2 + & NH_4Cl \\ \xrightarrow[\triangle]{} & R'COONH_4 \\ \xrightarrow[\triangle]{H^+\text{或}OH^-} & R'OH \end{cases}$$

羧酸衍生物的水解、醇解、氨解中，酰基都参与了反应，凡是向其他分子中引入酰基的反应都叫酰基化反应。提供酰基的试剂叫酰基化试剂。酰氯、酸酐是有机合成中常用的酰基化试剂。

4. 还原反应

羧酸衍生物都有还原性，都比羧酸易还原。在还原剂氢化铝锂作用下，酰卤、酸酐、酯和酰胺均可被还原，生成相应的醇和胺。

$$R-\overset{\overset{\displaystyle O}{\|}}{C}-OR' \xrightarrow[\textcircled{2}\,H_2O,\ H^+]{\textcircled{1}\,LiAlH_4} R-CH_2-OH$$

$$R-\overset{\displaystyle O}{\overset{\|}{C}}-NH_2 \xrightarrow[\text{②}H_2O,\ H^+]{\text{①}LiAlH_4} R-CH_2-NH_2$$

5. 酰胺的特殊反应

酰胺除了具有羧酸衍生物的通性外，还具有一些特殊性质。

（1）酸碱性　酰胺的碱性比氨弱，只有在强酸作用下，才能显示弱碱性。同时，N—H 键中的 H 原子也表现出一定的弱酸性，因此，在一定条件下，酰胺能表现出弱碱性和弱酸性。

（2）脱水反应　酰胺与强脱水剂共热发生分子内脱水生成腈，常用脱水剂有 P_2O_5、PCl_5、$SOCl_2$ 等。这是实验室制取腈的重要方法之一。

$$(CH_3)_2CH-\overset{\displaystyle O}{\overset{\|}{C}}-NH_2 \xrightarrow[200℃]{P_2O_5} (CH_3)_2CH-C\equiv N + H_2O$$
$$\text{异丁酰胺}\qquad\qquad\qquad\qquad \text{异丁腈}$$

（3）霍夫曼降解　酰胺与次氯酸钠或次溴酸钠的碱溶液作用时，会失去羰基生成比原来少一个碳原子的伯胺，这个反应叫霍夫曼降解反应。

$$CH_3(CH_2)_4-\overset{\displaystyle O}{\overset{\|}{C}}-NH_2 \xrightarrow[NaOH,\ H_2O]{Br_2} CH_3(CH_2)_4NH_2$$

四、 重要的羧酸衍生物

1. 乙酰氯（$CH_3-\overset{\displaystyle O}{\overset{\|}{C}}-Cl$）

乙酰氯为无色有刺激性气味的液体，沸点 51℃。能与有机溶剂混溶。暴露在空气中会立刻吸湿分解而放出氯化氢气体形成白雾，因此，乙酰氯必须密封保存。乙酰氯具有酰卤的通性，主要用作乙酰化试剂和化学试剂。

2. 乙酸酐（$CH_3-\overset{\displaystyle O}{\overset{\|}{C}}-O-\overset{\displaystyle O}{\overset{\|}{C}}-CH_3$）

乙酸酐又叫酸酐，是有刺激性气味的无色液体，沸点 139℃。易燃烧，遇水水解为醋酸，是一种优良溶剂，也是重要的乙酰化试剂。工业上大量用于制造醋酸纤维、合成染料、医药、香料、涂料、油漆和塑料等。

3. 苯甲酰氯（$\overset{\displaystyle O}{\overset{\|}{C}}-Cl$ 苯环）

苯甲酰氯为无色液体，有特殊刺激性气味，沸点 197.2℃。能溶于乙醚、苯等有机溶剂，比乙酰氯稳定，遇水、乙醇会缓慢分解，是重要的苯甲酰化试剂。苯甲酰氯广泛用于有机合成，可作为中间体合成各种染料和有机过氧化物。

4. 顺丁烯二酸酐

顺丁烯二酸酐又名顺酐、马来酸酐、失水苹果酸酐，是无色晶体粉末，有强烈刺激性气味。沸点 200℃，熔点 52.8℃，溶于水、乙醇、乙醚和丙酮。顺丁烯二酸酐可用于食品、农药、涂料、染料等的生产，也可用作脂肪和油防腐剂等。

5. N，N-二甲基甲酰胺（$H-\overset{\displaystyle O}{\overset{\|}{C}}-N(CH_3)_2$）

N,N-二甲基甲酰胺简称 DMF，是无色带有氨味的液体，沸点 153℃。由于其能与水及大多数有机溶剂混溶，能溶解许多无机物及许多难溶的有机物，所以又有"万能溶剂"之称。在聚丙烯腈拉丝工艺中用作溶剂，在气相色谱中用作固定相。

6. 甲基丙烯酸甲酯（ $CH_2=C-COOCH_3$ ）
$$\quad\quad\quad\quad\quad\quad\quad\quad\quad\quad | $$
$$\quad\quad\quad\quad\quad\quad\quad\quad\quad CH_3$$

甲基丙烯酸甲酯是无色液体，沸点 $101℃$ ，微溶于水，易溶于乙醇和乙醚，易挥发，易聚合。甲基丙烯酸甲酯在引发剂（如偶氮二异丁腈）作用下发生聚合：

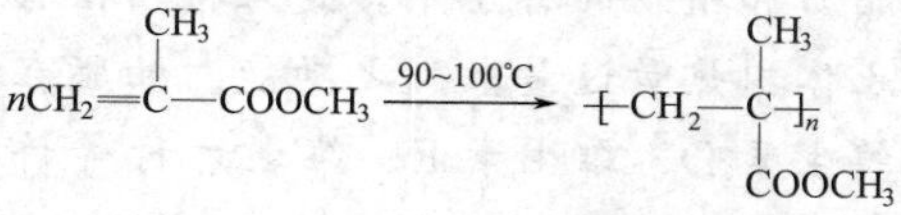

$$n CH_2=C-COOCH_3 \xrightarrow{90\sim100℃} +CH_2-C+_n$$

聚甲基丙烯酸甲酯

小知识

有机玻璃

聚甲基丙烯酸甲酯是无色透明物质，俗称"有机玻璃"，是迄今为止合成的最好的透明材料，具有质轻、不易破碎等特点。由于它的高度透明性，多用于制造光学仪器和照明用品，如仪表盘、防护罩、航空玻璃等（右图为聚甲基丙烯酸甲酯塑料产品）。

*第三节　油脂

你知道日常生活中使用的肥皂是如何制得的吗？
它的主要成分是什么？

一、油脂的组成及结构

油脂是油和脂肪的总称，是高级脂肪酸与甘油生成的高级脂肪酸甘油酯。通常是指植物油与动物油，习惯上把常温下为液态的叫做油，如花生油、豆油、葵花籽油；在常温下为固态或半固态的叫做脂肪，如猪油、牛油等。

油脂的结构通式可表示为：

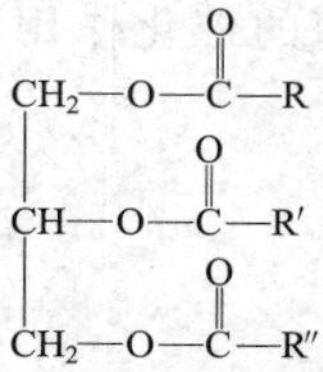

$$CH_2-O-C-R$$
$$\quad\quad\quad\quad\parallel$$
$$\quad\quad\quad\quad O$$

$$CH-O-C-R'$$
$$CH_2-O-C-R''$$

式中，R、R′、R″代表脂肪酸的烃基，它们可以相同也可以不同，如果 R、R′、R″相同，则称为单甘油酯，如果 R、R′、R″不同，则称为混甘油酯。天然的油脂大都为混甘油酯。

油脂的功能及用途

油脂普遍存在于动物的脂肪和植物的种子中，是维持动植物体正常生命活动不可缺少的物质。油脂有保护内脏及防止体内热量过量散失之功能。油脂在动物体内氧化时能产生大量热能，还能溶解维生素A、维生素D、维生素E、维生素K等许多生物活性物质，从而促进机体对这些物质的吸收和运输。油脂也是重要的化工原料，可用于制造肥皂、医药、涂料、润滑油以及化妆品等。

油脂中高级脂肪酸的种类很多，有饱和脂肪酸也有不饱和脂肪酸。油脂中常见的高级脂肪酸见表8-3。

表8-3　油脂中常见的高级脂肪酸

类别	俗名	系统命名	构造式	分布	熔点/℃
饱和脂肪酸	豆蔻酸	十四碳酸	$CH_3(CH_2)_{12}COOH$	肉豆蔻酯	58.0
	软脂酸	十六碳酸	$CH_3(CH_2)_{14}COOH$	动、植物油脂	62.9
	硬脂酸	十八碳酸	$CH_3(CH_2)_{16}COOH$	动、植物油脂	69.9
	花生酸	二十碳酸	$CH_3(CH_2)_{18}COOH$		75.5
不饱和脂肪酸	油酸	9-十八碳烯酸	$CH_3(CH_2)_7CH=CH(CH_2)_7COOH$	动、植物油脂	13
	亚油酸	9,12-十八碳二烯酸	$CH_3(CH_2)_4CH=CHCH_2CH=CH(CH_2)_7COOH$	植物油	-5
	亚麻酸	9,12,15-十八碳三烯酸	$CH_3(CH_2CH=CH)_3(CH_2)_7COOH$	亚麻仁油	-11
	蓖麻油酸	12-羟基-9-十八碳烯酸	$CH_3(CH_2)_5CH(OH)CH_2CH=CH(CH_2)_7COOH$		5.5
	花生四烯酸	5,8,11,14-二十碳四烯酸	$CH_3(CH_2)_4(CH=CHCH_2)_4(CH_2)_2COOH$	卵磷脂	-49.5

二、油脂的性质

1. 物理性质

纯净的油脂是无色、无臭、无味的，但是天然油脂常因溶有脂溶性色素（如叶绿素、胡萝卜素）和其他杂质而带有一定的颜色和气味。油脂比水轻，难溶于水，易溶于乙醚、汽油、苯、丙酮、氯仿等有机溶剂，可以利用这些溶剂提取动植物组织中的油脂。油脂是混合物，没有固定的熔点和沸点。

由于不饱和脂肪酸的熔点比相同碳原子数的饱和脂肪酸低，所以不饱和脂肪酸含量较高的油脂在室温下呈液态，如棉籽油中不饱和脂肪酸含量为75%；而牛油在常温下为固体，是因为牛油中饱和脂肪酸的含量高达60%～70%。脂肪酸越不饱和，由它所组成的油脂的熔点越低。

2. 化学性质

油脂是高级脂肪酸甘油酯，因而具有酯的反应，如水解、醇解等；又由于构成油脂的脂肪酸含有或多或少的碳碳双键，所以又可以发生加成、氧化、聚合等反应。

（1）水解反应　油脂在酸、碱或酶的催化作用下发生水解反应，生成高级脂肪酸和甘油。

$$
\begin{array}{l}
CH_2-O-\overset{\displaystyle O}{\overset{\|}{C}}-R \\[4pt]
CH-O-\overset{\displaystyle O}{\overset{\|}{C}}-R' \ +\ 3H_2O \underset{}{\overset{H^+}{\rightleftharpoons}}
\begin{array}{l} CH_2-OH \quad RCOOH \\ CH-OH \ +\ R'COOH \\ CH_2-OH \quad R''COOH \end{array} \\[4pt]
CH_2-O-\overset{\displaystyle O}{\overset{\|}{C}}-R''
\end{array}
$$

油脂在酸性条件下的水解反应是可逆的，而在碱性条件下，油脂可以彻底水解，生成高级脂肪酸盐和甘油，反应是不可逆的。

$$
\begin{array}{l}
CH_2-O-\overset{\displaystyle O}{\overset{\|}{C}}-R \\
CH-O-\overset{\displaystyle O}{\overset{\|}{C}}-R' + 3NaOH \xrightarrow{H^+} \begin{array}{l} CH_2-OH \\ CH-OH \\ CH_2-OH \end{array} + \begin{array}{l} RCOONa \\ R'COONa \\ R''COONa \end{array} \\
CH_2-O-\overset{\displaystyle O}{\overset{\|}{C}}-R''
\end{array}
$$

高级脂肪酸盐（钠盐或钾盐）通常叫做肥皂，因此把油脂在碱性条件下的水解反应叫做皂化反应。

1g 油脂完全皂化所需氢氧化钠的质量（单位为 mg）叫皂化值。各种油脂都有一定的皂化值，根据皂化值的大小，可以计算油脂的相对分子质量。皂化值越大，油脂的相对分子质量越小。皂化值还可用来检验油脂的纯度。

（2）加成反应　含有不饱和脂肪酸的油脂，分子中含有碳碳双键（C＝C），因此可以和氢、卤素等发生加成反应。

① 加氢。在催化剂（Ni、Pt、Pd）作用下加氢，含不饱和脂肪酸的油脂转化为含饱和脂肪酸的油脂。

$$
\begin{array}{l}
CH_2-O-\overset{\displaystyle O}{\overset{\|}{C}}-(CH_2)_7CH=CH(CH_2)_7CH_3 \\
CH-O-\overset{\displaystyle O}{\overset{\|}{C}}-(CH_2)_7CH=CH(CH_2)_7CH_3 + 3H_2 \xrightarrow[\triangle]{Ni} \begin{array}{l} CH_2-O-\overset{\displaystyle O}{\overset{\|}{C}}-(CH_2)_{16}CH_3 \\ CH-O-\overset{\displaystyle O}{\overset{\|}{C}}-(CH_2)_{16}CH_3 \\ CH_2-O-\overset{\displaystyle O}{\overset{\|}{C}}-(CH_2)_{16}CH_3 \end{array} \\
CH_2-O-\overset{\displaystyle O}{\overset{\|}{C}}-(CH_2)_7CH=CH(CH_2)_7CH_3
\end{array}
$$

由于加氢后提高了油脂的饱和程度，原来液体的油变为半固态或固态的脂肪，这一过程称为油脂的氢化，也叫油脂的硬化。得到的油脂叫做氢化油又叫硬化油。硬化油熔点高，且不易变质，便于保存和运输。

② 加碘。含不饱和脂肪酸的油脂，也能与卤素发生加成反应。一般利用其和碘加成时所消耗的碘量，可以测定油脂的不饱和程度。将 100g 油脂所能吸收碘的最大质量（单位为 g）称为碘值。碘值越大，表示油脂的不饱和程度越高。近年来已证实，饱和脂肪酸含量高的饮食可导致动脉硬化。

油脂的酸败与干化作用

（1）油脂的酸败　油脂在空气中放置过久或贮存不当，就会逐渐变质，出现颜色加深、产生异臭味等现象。这种变化叫做油脂的酸败。酸败的化学过程比较复杂，酸败的主要原因是由于受到空气、光、热、水以及微生物等的作用，油脂发生了氧化、水解反应而生成有挥发性、有臭味的低级醛、酮和脂肪酸等的混合物。酸败了的油脂不能食用，更不能药用。

（2）干化作用　某些油脂（如桐油）在空气中放置，会逐渐形成一层干燥而有韧性的固态薄膜，油脂的这种结膜特性叫做油脂的干性（或称干化）。具有这种性质的油脂叫干性油。

桐油是最好的干性油，桐油油漆不仅结膜快，而且漆膜坚韧、耐光、耐潮、耐腐蚀、耐冷热变化。桐油是我国的特产，产量居世界前列。

第四节　碳酰胺

同学们见过哪些农作物肥料？
知道尿素的结构式怎么写吗？

尿素（脲）是碳酸分子中的 2 个羟基被氨基取代后生成的化合物，是碳酸的二酰胺，又称碳酰胺，结构式为：

碳酸　　　　　　碳酰胺(尿素)

一、 物理性质

尿素是无色或白色针状晶体，工业或农业品为白色略带微红色固体颗粒，有刺鼻性气味。密度 $1.335g/cm^3$。熔点 $132.7℃$。溶于水、醇，微溶于乙醚、氯仿、苯，难溶于乙醚、氯仿。呈弱碱性。尿素的球棍模型见图 8-3。

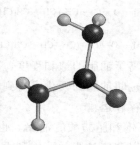

图 8-3　尿素及其球棍模型

二、 化学性质

1. 碱性
尿素由于分子中含有 2 个氨基，所以呈碱性，但碱性很弱，它的水溶液不能使石蕊变色。

2. 水解反应
尿素在酸、碱或尿素酶作用下，能水解生成氨和二氧化碳。

$$H_2N-\overset{\overset{O}{\|}}{C}-NH_2 \begin{cases} \xrightarrow[\triangle]{H_2O/HCl} CO_2\uparrow + NH_4Cl \\ \xrightarrow[\triangle]{H_2O/NaOH} Na_2CO_3 + NH_3\uparrow \\ \xrightarrow{脲酶} NH_3\uparrow + CO_2\uparrow + H_2O \end{cases}$$

3. 缩合反应
将尿素缓慢加热，两分子尿素脱去一分子氨生成缩二脲。

$$H_2N-\overset{\overset{O}{\|}}{C}-NH_2 + H-HN-\overset{\overset{O}{\|}}{C}-NH_2 \xrightarrow{\triangle} H_2N-\overset{\overset{O}{\|}}{C}-NH-\overset{\overset{O}{\|}}{C}-NH_2 + NH_3$$
缩二脲

演示实验8-2

在一支装有少量缩二脲的氢氧化钠溶液的试管中，滴加微量稀 $CuSO_4$ 溶液，充分振荡后，可以观察到溶液呈紫色或紫红色。

以上这个颜色反应叫缩二脲反应。凡分子中含有两个或两个以上酰胺键的化合物，都发生缩二脲反应。可以此来鉴定肽键，也可用于鉴定蛋白质和多肽等。

4. 与亚硝酸反应

尿素与亚硝酸作用生成二氧化碳和氮气。

$$H_2N-\overset{\overset{\displaystyle O}{\|}}{C}-NH_2 + 2HNO_2 \longrightarrow CO_2\uparrow + 2N_2\uparrow + 3H_2O$$

此反应是定量进行的，根据放出的氮气的量，可以求得尿素含量，这是测定尿素含量常用的方法之一。

三、 工业制法

工业上用二氧化碳和氨为原料，在高温、高压下合成氨基甲酸铵，再经分离、蒸发制得。

$$2NH_3 + CO_2 \xrightarrow[20MPa]{180\sim200℃} H_2N-\overset{\overset{\displaystyle O}{\|}}{C}-ONH_4 \xrightarrow{\triangle} H_2N-\overset{\overset{\displaystyle O}{\|}}{C}-NH_2 + H_2O$$

四、 用途

尿素是目前含氮量最高的氮肥。作为一种中性肥料，尿素适用于各种土壤和植物。它易保存，使用方便，对土壤的破坏作用小，是目前使用量较大的一种化学氮肥。尿素除用作肥料外，工业上还用作制造脲醛树脂、聚氨酯、三聚氰胺-甲醛树脂的原料。尿素还是一种很好用的保湿成分，它存在于肌肤的角质层当中，属于肌肤天然保湿因子 NMF 的主要成分。所以也用于面膜、护肤水、膏霜、护手霜等产品中保湿成分的添加。

拓展提升

肥皂和合成洗涤剂

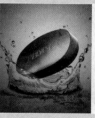

肥皂（ $C_{17}H_{35}COONa$ ）的发明要比洗涤剂早得多，在洗涤时，污垢中的油脂被搅动、分散成细小的油滴，与肥皂接触后，高级脂肪酸钠分子的憎水基（烃基）就插入油滴内，靠范德华力与油脂分子结合在一起。而易溶于水的亲水基（羧基）部分伸在油滴外面，插入水中。这样油滴就被肥皂分子包围起来，分散并悬浮于水中形成乳浊液，再经摩擦振动，就随水漂洗而去，这就是肥皂去污原理。

在 1933 年，波罗特（Procter）和卡马波（Gample）制出第一个家庭用的合成洗涤剂。

合成洗涤剂与肥皂的比较：

（1）肥皂不适合在硬水中使用，而洗涤剂使用不受水质限制。

（2）合成洗涤剂去污能力更强，并且适合洗衣机使用。

（3）合成洗涤剂的原料便宜。制造肥皂需要消耗大量的油脂，制造合成洗涤剂以石油化工产品为原料。

（4）合成洗涤剂对温度适应性比肥皂强。

（5）肥皂经长时间贮存容易变质，合成洗涤剂不易变质。

本章小结

1. 羧酸的分类和命名

2. 羧酸的物理性质

3. 羧酸的化学性质（重点）

（1）酸性

（2）羧基中羟基的取代反应

（3）脱羧反应

（4）α-H 的卤代反应

（5）还原反应

4. 羧酸衍生物的分类和命名

5. 羧酸衍生物的物理性质

6. 羧酸衍生物的化学性质（难点）

（1）水解反应

（2）醇解反应

（3）氨解反应

（4）还原反应

（5）酰胺的特殊反应

7. 油脂的性质

8. 碳酰胺的性质

 习题

一、选择题

1. $CH_3CH_2COOCH_2CH_3$ 的名称是（　　）。

A. 丙酸乙酯　　　　　B. 乙酸正丙酯　　　　　C. 正丁酸甲酯　　　　　D. 甲酸正丁酯

2. 丙酰卤的水解反应主要产物是（　　）。

A. 丙酸　　　　　B. 丙醇　　　　　C. 丙酰胺　　　　　D. 丙酰酐

3. 油脂酸败的主要原因是（　　）。

A. 加氢   B. 加碘   C. 氧化   D. 硬化

4. 下列物质的溶液中，酸性最强的是（   ）。

A. 甲酸   B. 乙酸   C. 草酸   D. 碳酸

5. 下列物质属于多元酸的是（   ）。

A. 苯甲酸   B. 丁烯酸   C. 乙酸   D. 草酸

二、填空题

1. 甲酸俗称_____，结构式为_____；乙酸俗称_____，是无色透明的_____，纯醋酸在低于 16.6℃时呈冰状晶体，故称_____。

2. 油脂是_____的总称，在常温下呈液态的油脂叫做_____，分子中含有_____烃基，能使溴水和高锰酸钾溶液的颜色_____；呈固态或半固态的油脂叫_____，熔点较_____。

3. 油脂在碱性条件下能发生_____反应，生成_____和_____，油脂的这一反应叫做_____反应，工业上利用此反应来制取_____。

4. 碳酰胺又称_____，其结构式为_____。

三、命名下列化合物

1. $H_2C=CHCOOH$ 2. $CH_3-\overset{\overset{\displaystyle CH_3}{|}}{C}HCOOH$ 3. $CH_3-\overset{\overset{\displaystyle O}{\|}}{C}-NH_2$

4. $HOOC-\langle\bigcirc\rangle-COOH$ 5. $CH_3-\overset{\overset{\displaystyle O}{\|}}{C}-O-C_2H_5$ 6. $\langle\bigcirc\rangle-\overset{\overset{\displaystyle O}{\|}}{C}-Cl$

四、完成下列反应式

1. $\langle\bigcirc\rangle-\overset{\overset{\displaystyle O}{\|}}{C}-OH \xrightarrow{SOCl_2} ? \xrightarrow{CH_3OH} ?$

2. $CH_3COOH + CH_3OH \underset{}{\overset{H^+}{\rightleftharpoons}} ?$

3. $CH_3COOH \xrightarrow{LiAlH_4/无水乙醚}$

4. $\langle\bigcirc\rangle-\overset{\overset{\displaystyle O}{\|}}{C}-NH_2 \xrightarrow[\triangle]{P_2O_5} ?$

五、用化学方法区别下列各组化合物：

1. 甲酸   丙酸   乙二酸   2. 甲酸   乙酸   乙酸乙酯

实验五   羧酸及其衍生物的性质

一、实验目的

验证羧酸及其衍生物的主要化学性质。

二、实验原理

羧酸的分子中含有羧基（—COOH）官能团，具有一定的酸性。饱和一元羧酸中，以甲酸酸性最强，而低级饱和二元羧酸的酸性又比一元羧酸强。

羧酸能与醇作用成酯。甲酸和草酸还具有较强的还原性，甲酸能与托伦试剂、斐林试剂发生反应；草酸能被高锰酸钾氧化，此反应常用于定量分析。

羧酸衍生物都含有酰基（ R—C— ，上方为 O ）结构，具有相似的化学性质。在一定条件下，都能发生水解、醇解、氨解反应，其活泼性为：酰卤＞酸酐＞酯＞酰胺。

三、实验仪器与试剂

1. 仪器

恒温水浴锅、温度计、试管、玻璃棒。

2. 试剂

甲酸、乙酸、草酸、乙醇、无水乙醇、硫酸溶液（10%）、乙酰氯、乙酸酐、乙酸乙酯、乙酰胺、饱和碳酸钠溶液、氢氧化钠溶液（10%，20%）、高锰酸钾溶液（0.5%）、硝酸银溶液（5%）、刚果红试纸。

四、实验步骤

1. 羧酸的性质

（1）酸性　在 3 支试管中，分别加入 5 滴甲酸、5 滴乙酸、0.2g 草酸，再各加入 1mL 蒸馏水，振荡使其溶解。然后用玻璃棒分别蘸取少许酸液，在同一条刚果红试纸[❶]上画线。比较试纸颜色的变化及颜色的深浅，并由此比较三种酸的酸性强弱。

（2）酯化反应　在一支洁净的试管中，加入 2mL 乙醇和 2mL 乙酸，混合均匀后，再滴加 5 滴浓 H_2SO_4。摇匀后放入 70～80℃水浴中，加热 10min。此时可闻到特殊香味。取出试管放置冷却后，再滴加约 3mL 饱和 Na_2CO_3 溶液，观察是否出现明显分层。

（3）羧酸的还原性　取三支试管，分别加入 0.5mL 甲酸、0.5mL 乙酸和 0.2g 草酸，再分别加入 1mL 蒸馏水，振荡摇匀。然后再各加入 1mL 10% 的硫酸溶液和 2mL 0.5% 的高锰酸钾溶液，振摇后加热至沸腾。观察现象。

另取一支试管，加入 1mL（1∶1）氨水，并滴入 5～6 滴 5% $AgNO_3$ 溶液；再取一支洁净试管，加入 1mL 20% 的氢氧化钠溶液和 5～6 滴甲酸，摇匀后倒入第一支试管中并混合均匀。若产生沉淀，则补加几滴氨水，直至沉淀完全消失，形成无色透明溶液。然后，将试管放入 90～95℃水浴中加热约 10min，观察有无银镜产生。

2. 羧酸衍生物的性质

（1）水解反应。

① 乙酰氯水解。取一支试管，加入 1mL 蒸馏水，沿管壁慢慢滴加 3 滴乙酰氯，轻微振摇试管，乙酰氯与水剧烈反应并放热（用手触摸试管底部）。待试管冷却后，再滴加 1～2 滴 5% $AgNO_3$ 溶液，观察溶液有何变化。

② 乙酸酐水解。取一支试管，加入 1mL 水，并滴加 3 滴乙酸酐，振荡并观察现象。再略微加热试管，观察试管内现象发生的变化，并注意闻气味。

③ 酯的水解。取三支试管，分别加入 1mL 乙酸乙酯和 1mL 蒸馏水。然后在第 1 支试管中，再加入 1mL 10% 的 H_2SO_4，在第 2 支试管中再加入 1mL 10% NaOH，将三支试管同时放入 70～80℃的水浴中加热，并不断振摇试管，观察并比较三支试管中的酯层消失的速度，哪一支快？为什么？

④ 酰胺的水解。在试管中加入 0.2g 乙酰胺和 2mL 10% NaOH 溶液，摇匀后加热至沸，

[❶]　刚果红试纸与弱酸作用呈棕黑色，与中强酸作用呈蓝黑色，与强酸作用呈稳定的蓝色。

注意是否能闻到氨的气味，并在试管口用润湿的红色石蕊试纸检验，观察现象。

另取一支试管，在试管中加入 0.2g 乙酰胺和 2mL 10％ H_2SO_4，摇匀后加热至沸，闻一闻有无乙酸的气味。冷却后加入 10％的 NaOH 溶液中和至碱性，再加热并嗅其气味，在试管口用润湿的红色石蕊试纸检验，观察现象。

（2）醇解反应

① 乙酰氯的醇解。在干燥的试管中加入 1mL 无水乙醇，沿试管壁慢慢滴入 1mL 乙酰氯，与此同时，用冷水冷却并不断振荡试管。反应进行剧烈并放热，待试管冷却后，再慢慢加入约 3mL 饱和 Na_2CO_3 溶液进行中和，至溶液出现明显分层，注意是否可闻到特殊香味。

② 乙酸酐的醇解。在干燥的试管中加入 1mL 无水乙醇和 1mL 乙酸酐，混合均匀后，再加 1～2 滴浓硫酸。小火加热至微沸。冷却后，慢慢加入 3mL 饱和 Na_2CO_3 溶液中和至出现明显分层，并可闻到特殊香味。

五、实验注意事项

1. 乙酰氯与醇反应十分剧烈，并有爆破声。操作时应该小心，要慢慢滴加，防止液体从试管内溅出。

2. 使用浓硫酸时要注意安全。

六、思考题

1. 为什么酯化反应中要加浓硫酸？为什么碱性介质能加速酯的水解反应？

2. 甲酸具有还原性，能发生银镜反应。其他羧酸是否也有此性质？为什么？

第九章

含氮有机化合物

学习目标

1. 复述硝基化合物、胺、腈的结构特点及分类。
2. 记住硝基化合物、胺、腈的命名方法。
3. 概述硝基化合物、胺、腈的物理性质及其变化规律。
4. 归纳硝基化合物、胺、腈的化学反应及其应用。
5. 复述腈的特性。

知识链接

腈纶的用途

在日常生活中，常会接触到腈纶，腈纶有"人造羊毛"的美称，它产量大，价格便宜，质量堪比羊毛、棉花。在纺织行业中有着举足轻重的地位。而腈纶就是一种含氮有机化合物。

腈纶筒纱　　　　　腈纶面料

分子中含有氮元素的有机化合物叫做含氮有机化合物。它们广泛存在于自然界中，种类很多，主要有硝基化合物、胺、腈、重氮化合物和偶氮化合物。

第一节　芳香族硝基化合物

同学们：你们听说过 TNT 炸药吗？知道这种炸药的结构和性质是怎样的吗？

烃分子中的一个或多个氢原子被硝基（—NO₂）取代所形成的化合物，称为硝基化合物。硝基化合物根据分子中烃基的不同，可分为脂肪族硝基化合物和芳香族硝基化合物。工业上脂肪族硝基化合物应用很少，芳香族硝基化合物及其还原产物芳胺都是有机合成的重要中间体，因而本节重点介绍芳香族硝基化合物。

一、芳香族硝基化合物的命名

硝基化合物的命名与卤代烃相似，即以硝基为取代基，烃作为母体。例如：

$CH_3CH_2NO_2$
硝基乙烷

$CH_3CH_2-\overset{NO_2}{\underset{}{C}H}-CH_3$
2-硝基丁烷

硝基苯

对硝基苯酚

对硝基氯苯

邻二硝基苯

二、芳香族硝基化合物的物理性质

硝基化合物具有较强的极性，分子间力大，沸点比相应的卤代烃高；相对密度均大于1，难溶于水，易溶于有机溶剂。芳香族硝基化合物一般为淡黄色，少数一元硝基化合物是液体，多数都是固体。受热易分解，具有爆炸性，有的还有香味，可用作香料。芳香硝基化合物一般都有毒，其蒸气能透过皮肤被机体吸收而引起中毒，使用时应注意防护。

一些芳香硝基化合物的物理常数见表 9-1。

表 9-1　一些芳香硝基化合物的物理常数

名称	熔点/℃	沸点/℃	密度(20℃)/(g/cm³)
硝基苯	5.7	210.8	1.203
邻硝基甲苯	−4	222	1.168
间硝基甲苯	16	231	1.157
对硝基甲苯	52	238.5	1.286
邻二硝基苯	118	319	1.565(17℃)
间二硝基苯	89.8	291	1.571(0℃)
2,4,6-三硝基甲苯	82	280(爆炸)	1.654

三、芳香族硝基化合物的化学性质

1. 硝基的还原反应

（1）还原剂还原　芳香族硝基化合物在酸性介质中与还原剂作用，硝基被还原成氨基，生成芳胺。常用的还原剂有铁与盐酸、锡与盐酸等。例如：

$$\text{硝基苯} \xrightarrow[\triangle]{Fe,\ HCl} \text{苯胺}$$

该法虽然工艺简单，但污染严重，且收率和产品质量都不如催化加氢法。

（2）催化加氢　在一定温度和压力下，用 Cu、Ni 或 Pt 等做催化剂，通过催化加氢还原芳香族硝基化合物。例如：

$$\text{硝基苯} \xrightarrow[\text{加压},\triangle]{H_2,\ Ni} \text{苯胺}$$

催化加氢法是目前生产苯胺最常用的方法。

（3）选择还原　多元芳香硝基化合物还原时，选择不同的还原剂，可使其部分还原或全部还原。例如：

$$\text{邻二硝基苯} \xrightarrow{\text{NH}_4\text{HS}} \text{邻硝基苯胺}$$

$$\text{邻二硝基苯} \xrightarrow{\text{Fe, HCl}} \text{邻苯二胺}$$

利用多硝基苯的选择还原可以制取许多有用的化工产品。

2. 苯环上的取代反应

硝基是间位定位基，它可使苯环钝化，所以硝基苯的环上取代反应主要发生在间位且比较难于进行。但在较强的条件下，硝基苯也能发生卤代、硝化和磺化反应。例如：

$$\text{硝基苯} \xrightarrow[\text{Fe,140℃}]{\text{Br}_2} \text{间溴硝基苯}$$

$$\text{硝基苯} \xrightarrow[\text{H}_2\text{SO}_4, 95\sim100℃]{\text{发烟HNO}_3} \text{间二硝基苯}$$

$$\text{硝基苯} \xrightarrow[\text{110℃}]{\text{发烟H}_2\text{SO}_4} \text{间硝基苯磺酸}$$

3. 硝基对苯环上其他基团的影响

硝基同苯环相连后，对苯环呈现出较强的吸电子诱导效应和共轭效应，不仅钝化苯环，使苯环上的取代反应难于进行，而且对苯环上其他取代基的性质也会产生显著影响。

（1）使卤原子活化　通常情况下，氯苯很难发生水解反应。但当其邻位或对位上连有硝基时，水解反应变得容易发生。且硝基越多，水解反应越易进行。

$$\underset{\text{对硝基氯苯}}{} \xrightarrow[\text{130℃}]{\text{NaHCO}_3} \underset{\text{对硝基苯酚}}{}$$

$$\underset{\text{2,4,6-三硝基氯苯}}{} \xrightarrow[\text{35℃}]{\text{NaHCO}_3} \underset{\text{2,4,6-三硝基苯酚}}{}$$

 **课堂活动**

你能写出下面这个反应的产物吗？

$$\underset{}{} \xrightarrow[\text{100℃}]{\text{NaHCO}_3} \ ?$$

（2）对酚类酸性的影响　苯酚的酸性较弱，而当苯酚的环上引入硝基后，由于硝基的吸电子作用，使得酚羟基中氧原子上的电子云密度降低，对氢原子的吸引力减弱，因而羟基中的氢原子容易解离成质子，酚的酸性增强。且硝基越多，其酸性越强。常见酚的 pK_a 值见表 9-2。

表 9-2　苯酚及硝基苯酚的 pK_a 值

名称	pK_a(20℃)	名称	pK_a(20℃)
苯酚	9.98	对硝基苯酚	7.15
邻硝基苯酚	7.21	2,4-二硝基苯酚	4.00
间硝基苯酚	8.39	2,4,6-三硝基苯酚	0.38

四、重要的芳香族硝基化合物

1. 硝基苯（ ⬡—NO₂ ）

硝基苯为淡黄色油状液体，沸点 210.8℃，熔点 5.7℃。具有苦杏仁味，俗称苦杏仁油。有毒，相对密度 1.203。不溶于水，可溶于苯、乙醇和乙醚等有机溶剂，是常用的有机溶剂和温和的氧化剂。硝基苯还是重要的化工原料。主要用于制备苯胺和医药、染料、农药等产品的中间体。硝基苯可由苯直接硝化制得。

2. 2，4，6-三硝基甲苯（ 结构式 ）

2,4,6-三硝基甲苯俗称 TNT。为黄色晶体，熔点 80.6℃。有毒，不溶于水，可溶于苯、甲苯和丙酮等。TNT 平时比较稳定，受热或撞击也不易爆炸，所以装弹运输比较安全。但经引爆剂引发，就会发生猛烈爆炸，因此，TNT 是一种重要的军用炸药。原子弹、氢弹的爆炸威力常用 TNT 的万吨级来表示。TNT 也可用于采矿、筑路、开山等爆破工程中。此外，还可用于制造染料和照相用药品等。TNT 可由甲苯直接硝化制得。2,4,6-三硝基甲苯的模型见图 9-1。

3. 2，4，6-三硝基苯酚（ 结构式 ）

2,4,6-三硝基苯酚为黄色晶体，熔点 122℃，因其味苦，俗称苦味酸。不溶于冷水，可

图 9-1　2,4,6-三硝基甲苯模型

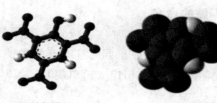

(a) 球棍模型　　(b) 比例模型

图 9-2　2,4,6-三硝基苯酚的分子模型

溶于热水、乙醇、氯仿和乙醚等。有毒，且有强烈的爆炸性。苦味酸是一种强酸，其酸性与无机强酸相近。苦味酸是制造硫化染料的原料，也可作为生物碱的沉淀剂，医药上用作外科收敛剂。苦味酸可由 2,4,6-三硝基氯苯经水解再硝化制得。三硝基苯酚的分子模型见图 9-2。

第二节　胺

右图的黄色粉末是一种叫做联苯胺的胺类物质，那么，胺类又是怎样的一类物质呢？

　　胺类化合物广泛存在于生物界，和生命活动有着密切的关系，蛋白质、核酸、激素、抗生素和生物碱等，都是胺的复杂衍生物。

一、 胺的分类和命名

1. 胺的分类

① 根据分子中烃基的结构不同，可分为脂肪胺和芳香胺。例如：

$$CH_3CH_2NH_2$$
脂肪胺

$$\text{（苯环）}-NH_2$$
芳香胺

② 根据分子中所含氨基的数目不同，又分为一元胺和多元胺。例如：

$$CH_3\overset{|}{\underset{NH_2}{C}}HCH_3$$
一元胺

$$H_2N-\text{（苯环）}-NH_2$$
多元胺

③ 根据氨分子中氢原子被取代的数目不同，胺又可分为伯胺、仲胺和叔胺。例如：

$CH_3CH_2NH_2$　　　　　$(CH_3CH_2)_2NH$　　　　　$(CH_3CH_2)_3N$
乙胺（伯胺）　　　　　二乙胺（仲胺）　　　　　三乙胺（叔胺）

④ 胺能与酸作用生成铵盐，铵盐分子中所有氢原子都被烃基取代生成的化合物叫做季铵盐，其相应的氢氧化物叫季铵碱。例如：

$$[(CH_3)_4N]^+Cl^-$$　　　　　$$[(CH_3)_4N]^+OH^-$$
季铵盐　　　　　　　　季铵碱

2. 胺的命名

① 简单的胺命名时，以胺为母体，在烃基名称后面加"胺"，称为"某胺"。在仲胺和叔胺分子中，若氮原子同时连有环基和烷基，命名时将烷基作为取代基，并在烷基名称前加"N"表示烷基与氮相连（简单烷基"N"省略）。例如：

伯胺：

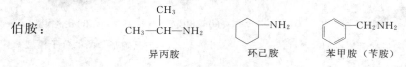

异丙胺　　　　　　　环己胺　　　　　　苯甲胺（苄胺）

仲胺：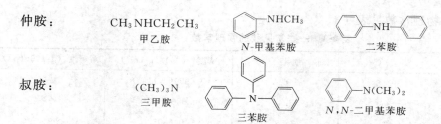

CH₃NHCH₂CH₃ 甲乙胺

N-甲基苯胺

二苯胺

叔胺： (CH₃)₃N 三甲胺

三苯胺

N,N-二甲基苯胺

② 复杂的胺命名时，是以烃为母体，氨基及取代氨基作为取代基。例如：

CH₃CHCH₂CH₃
|
NHCH₃
2-甲氨基戊烷

CH₃
|
CH₃CH₂CHCH₂CHCH₃
|
NH₂
2-氨基-4-甲基己烷

③ 季铵盐和季铵碱命名时，和无机盐、无机碱的命名相似，在铵字前加上每个烃基的名称。

[(CH₃)₄N]⁺ Cl⁻
氯化四甲铵

[(CH₃)₄N]⁺ OH⁻
氢氧化四甲铵

[(CH₃)₃NCH₂CH₃]⁺ Cl⁻
氯化三甲基乙基铵

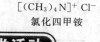 

课堂活动

请试着命名下列有机物。

CH₃CH₂CHCH₂CH₂CH₃
|
NHCH₃

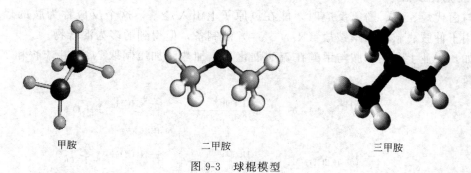

N(CH₃)₂

二、胺的物理性质

1. 物态

常温常压下，甲胺、二甲胺、三甲胺、乙胺为无色气体，其他胺为液体或固体。低级胺有难闻的臭味。高级胺无味。芳香胺具有特殊气味，毒性较大，与皮肤接触或吸入其蒸气均能引起中毒，所以使用时要格外小心。有些芳胺（如联苯胺）还能致癌。它们的球棍模型见图 9-3。

甲胺　　　　　　　　　二甲胺　　　　　　　　　三甲胺

图 9-3　球棍模型

2. 沸点

与氨相似，伯胺、仲胺均可以形成分子间氢键，沸点比相对分子质量相近的醚高；但由于氮的电负性比氧小，形成的氢键比较弱，所以又比相对分子质量相近的醇或酸的沸点低。叔胺不能形成氢键，因此，其沸点比相应的伯胺、仲胺的要低。

3. 水溶性

伯胺、仲胺和叔胺都能与水形成氢键，因此，低级胺易溶于水，但随着相对分子质量的增加，胺的溶解度降低。C₆ 以上的胺则不溶于水。

一些常见胺的物理常数见表 9-3。

表 9-3　一些常见胺的物理常数

名称	熔点/℃	沸点/℃	密度(20℃)/(g/cm³)	溶解度/(g/100gH₂O)
甲胺	−92.5	−6.5	0.6990(−11℃)	易溶
二甲胺	−96	7.4	0.6804(0℃)	易溶
三甲胺	−124	3.58	0.6305	91
乙胺	−80.5	16.6	0.6829	∞
丙胺	−83	48.7	0.7173	∞
苯胺	−6	184	1.022	3.7
二乙胺	−50	55.5	0.7108	易溶
乙二胺	8.5	117	0.8995	易溶
己二胺	42	204.5	0.8313	2.0
二苯胺	54	302	1.131	不溶

三、胺的化学性质

1. 胺的碱性

胺与氨相似，呈弱碱性，可与酸发生中和反应生成盐而溶于水中，生成的弱碱盐与强碱作用时，胺又重新游离出来。例如：

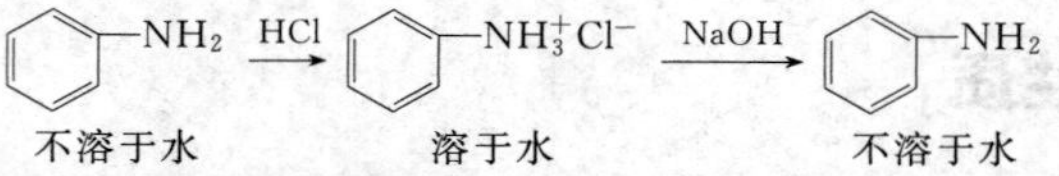

利用这一性质可分离、提纯和鉴别不溶于水的胺类化合物。

脂肪胺的碱性比氨强，芳香胺的碱性比氨弱。

碱性：脂肪胺＞氨＞芳香胺

2. 烃基化反应

胺与卤代烃、醇、酚等反应时，能在氮原子上引入烃基，这个反应称为胺的烃基化反应。常用于仲胺、叔胺和季铵盐（R₄N⁺X⁻）的制备，但得到的多为混合物。

例如，工业上利用苯胺与甲醇在硫酸催化下，加热、加压制取 N-甲基苯胺和 N,N-二甲基苯胺：

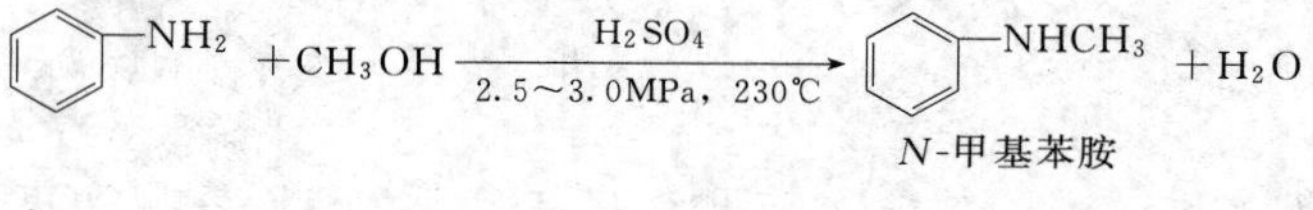

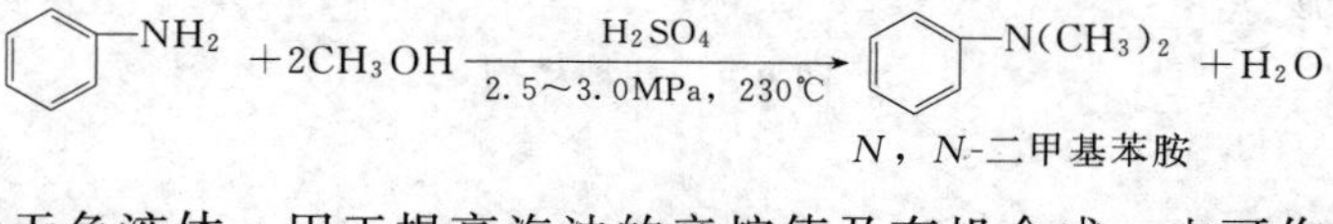

N-甲基苯胺为无色液体，用于提高汽油的辛烷值及有机合成，也可作溶剂。N,N-二甲基苯胺为淡黄色油状液体，用于制备香草醛、偶氮染料和三苯甲烷染料等。

3. 酰基化反应

伯胺、仲胺与酰卤或酸酐等酰基化试剂反应时，氨基上的氢原子被酰基取代，生成 N-取代酰胺。这类反应称为胺的酰基化反应。叔胺的氮原子上由于没有可取代的氢原子，故不能发生酰基化反应。

例如，工业上利用苯胺和酸酐反应制取乙酰苯胺。

$$\text{C}_6\text{H}_5\text{—NH}\boxed{\text{—H} + \text{CH}_3\text{C}\overset{\text{O}}{\underset{}{}}\text{—O}}\overset{\text{O}}{\underset{}{}}\text{—CCH}_3 \xrightarrow{\triangle} \text{C}_6\text{H}_5\text{—NH—C}\overset{\text{O}}{\underset{}{}}\text{—CH}_3 + \text{CH}_3\text{COOH}$$

乙酰苯胺

4. 与亚硝酸反应

亚硝酸不稳定,易分解,在反应中一般使用亚硝酸钠与盐酸(硫酸)。不同的胺与亚硝酸反应的产物不同。

(1)伯胺与亚硝酸的反应　脂肪伯胺与亚硝酸反应,放出氮气,同时生成醇、烯烃等混合物。

$$\text{CH}_3\text{CH}_2\text{NH}_2 \xrightarrow[\text{HCl}]{\text{NaNO}_2} \text{CH}_3\text{CH}_2\text{OH} + \text{H}_2\text{C}=\text{CH}_2\uparrow + \text{CH}_3\text{CH}_2\text{Cl} + \text{N}_2\uparrow$$

该反应是定量反应,可依据反应中放出氮气的量对氨基进行定量分析。

芳香伯胺与亚硝酸在低温及强酸溶液中反应,生成重氮盐。

$$\text{C}_6\text{H}_5\text{—NH}_2 \xrightarrow[0\sim5℃]{\text{NaNO}_2/\text{HCl}} \text{C}_6\text{H}_5\text{—N}_2^+\text{Cl}^- \xrightarrow[\triangle]{\text{H}_2\text{O}} \text{C}_6\text{H}_5\text{—OH} + \text{N}_2\uparrow$$

重氮盐

(2)仲胺与亚硝酸的反应　脂肪族与芳香族仲胺与亚硝酸反应,都生成 N-亚硝基胺。

$$\text{C}_6\text{H}_5\text{—NHCH}_3 \xrightarrow[\text{HCl}]{\text{NaNO}_2} \text{C}_6\text{H}_5\text{—N}\overset{\text{—NO}}{\underset{\text{CH}_3}{}} \xrightarrow[\triangle]{\text{H}_2\text{O}/\text{H}^+} \text{C}_6\text{H}_5\text{—NHCH}_3 + \text{HNO}_2$$

N-甲基-N-亚硝基苯胺

N-亚硝基胺为黄色油状液体或固体,是一种致癌物。由于 N-亚硝基胺与稀盐酸共热会分解生成原来的仲胺,因而可以此反应来鉴别、分离和提纯仲胺。

(3)叔胺与亚硝酸的反应　脂肪族叔胺一般不发生上述反应,而是与亚硝酸发生中和反应生成盐,但极不稳定,易水解成原来的叔胺。芳香族叔胺与亚硝酸反应,生成有颜色的亚硝基化合物。

$$\text{C}_6\text{H}_5\text{—N(CH}_3)_2 \xrightarrow[\text{HCl}]{\text{NaNO}_2} \text{ON—C}_6\text{H}_4\text{—N(CH}_3)_2$$

对亚硝基-N,N-二甲基苯胺(绿色)

由于不同的胺与亚硝酸反应的现象不同(颜色、物态等),因此可用于鉴别伯、仲、叔胺。

5. 芳胺的环上取代反应

芳胺中的氨基是很强的邻、对位定位基并使苯环活化,易发生环上亲电取代反应。

(1)卤化　苯胺与卤素很容易发生卤化反应,常温下,苯胺与溴水反应,立即生成2,4,6-三溴苯胺白色沉淀,反应非常灵敏,常用于苯胺的定性鉴别和定量分析。

$$\text{C}_6\text{H}_5\text{—NH}_2 + 3\text{Br}_2 \longrightarrow \text{Br}_3\text{C}_6\text{H}_2\text{—NH}_2 \downarrow + 3\text{HBr}$$

2,4,6-三溴苯胺

一溴苯胺的制备

可先将氨基酰化，降低它的反应活性，再卤化，最后水解。

$$\text{NH}_2 \xrightarrow{(\text{CH}_3\text{CO})_2\text{O}} \text{NHCOCH}_3 \xrightarrow{\text{Br}_2} \text{NHCOCH}_3\text{(Br)} \xrightarrow{\text{H}_2\text{O, OH}^-} \text{NH}_2\text{(Br)}$$

（2）硝化 苯胺很容易被氧化，而硝酸又具有强氧化性，为防止苯胺被氧化，可先将氨基酰化或变成硫酸盐保护起来，然后再进行硝化。且不同条件下可得到不同的硝化产物。

$$\text{NH}_2 \xrightarrow{(\text{CH}_3\text{CO})_2\text{O}} \text{NHCOCH}_3$$

$$\xrightarrow[\text{乙酐中}]{\text{HNO}_3} \text{NHCOCH}_3\text{-NO}_2 \xrightarrow[\text{OH}]{\text{H}_2\text{O}} \text{NH}_2\text{-NO}_2$$

$$\xrightarrow[\text{乙酸中}]{\text{HNO}_3} \text{NHCOCH}_3\text{-NO}_2 \xrightarrow[\text{OH}]{\text{H}_2\text{O}} \text{NH}_2\text{-NO}_2$$

$$\text{NH}_2 \xrightarrow{\text{浓 H}_2\text{SO}_4} \text{NH}_2 \cdot \text{H}_2\text{SO}_4 \xrightarrow{\text{浓 HNO}_3} \text{NH}_2 \cdot \text{H}_2\text{SO}_4\text{-NO}_2 \xrightarrow{\text{OH}^-} \text{NH}_2\text{-NO}_2$$

（3）磺化 苯胺在常温下与浓硫酸反应，先生成苯胺硫酸盐，当将其加热到 $180 \sim 190℃$ 时，就可得到对氨基苯磺酸。这是目前生产对氨基苯磺酸的方法。

$$\text{NH}_2 \xrightarrow{\text{浓 H}_2\text{SO}_4} \text{NH}_2 \cdot \text{H}_2\text{SO}_4 \xrightarrow{180℃} \text{NH}_2\text{-SO}_3\text{H}$$

四、重要的胺

1. 甲胺（CH_3NH_2）、二甲胺（$CH_3—NH$ |CH_3）、三甲胺（$CH_3—N—CH_3$ | CH_3）

甲胺、二甲胺、三甲胺在常温下都是无色气体，有特殊气味，有毒。易溶于水，能溶于乙醇和乙醚，易燃烧，与空气能形成爆炸性混合物，水溶液呈碱性，能与酸生成盐。

甲胺、二甲胺、三甲胺都是重要的有机合成原料，主要用于医药、农药、染料等工业，是合成磺胺类药物、杀虫脒、二甲基甲酰胺等的中间体。

2. 乙二胺（$H_2NCH_2CH_2NH_2$）

乙二胺是最简单的二元胺，为无色黏稠状液体，熔点 $8.5℃$，沸点 $117℃$，易溶于水。

乙二胺由 1,2-二氯乙烷与氨反应制得。

$$\mathrm{ClCH_2CH_2Cl + 4NH_3 \xrightarrow[1MPa]{100\sim150℃} H_2NCH_2CH_2NH_2 + 2NH_4Cl}$$

3. 己二胺 [$H_2N(CH_2)_6NH_2$]

己二胺为无色片状晶体，有刺激性气味，熔点 42℃，沸点 205℃，微溶于水，溶于乙醇、乙醚和苯能吸收空气中的二氧化碳和水分。

工业上制取己二胺主要有三种方法，分别以己二酸、1,3-丁二烯、丙烯腈为原料。

由丙烯腈制备：

$$\mathrm{CH_2=CH-CN \xrightarrow[50℃]{电解} NC(CH_2)_4CN \xrightarrow{H_2, Ni} H_2N(CH_2)_6NH_2}$$

此方法工艺流程短，杂质少且产率高，是目前世界上趋向采用的方法。

4. 苯胺 ()

苯胺俗称阿尼林油，存在于煤焦油中，无色油状液体，有特殊气味，有毒。沸点 184.2℃，微溶于水，可溶于乙醇、乙醚、苯，露置在空气中会逐渐变为深棕色，继而变成棕黑色。

工业上制备苯胺主要是采用还原硝基苯，也可氨解氯苯、苯酚。

$$\text{(硝基苯)} \xrightarrow{Fe, HCl} \text{(苯胺)}$$

$$\text{(氯苯)} + 2NH_3 \xrightarrow[200℃]{Cu_2O, 6\sim10MPa} \text{(苯胺)} + NH_4Cl$$

$$\text{(苯酚)} + NH_3 \xrightarrow[360\sim460℃]{Al_2O_3, SiO_2, 1, 4\sim1.7MPa} \text{(苯胺)} + H_2O$$

苯胺是化工生产中最重要的中间体之一，主要用于制造染料、农药、医药、塑料等产品。

小知识

季铵盐和季铵碱

季铵盐为无色晶体，是强酸强碱盐，具有一般盐的性质，能溶于水，不溶于非极性有机溶剂。季铵盐常用作相转移催化剂、表面活性剂、杀菌消毒剂、柔软剂、洗涤剂等。

季铵碱是强碱，其碱性与氢氧化钠相近，具有一般碱的性质，易溶于水，有很强的吸湿性，受热易分解。

$$\mathrm{[(CH_3)_4N]^+OH^- \xrightarrow{\triangle} (CH_3)_3N + CH_3OH}$$

第三节　腈

人们做衣服的布料、织毛衣的毛线、地毯等很多日常生活用品，其主要成分都是"腈"。那么，什么是腈呢？它又具有怎样的特点呢？

腈纶毛线　　　腈纶纱

一、腈的结构

腈分子中含有腈基（—C≡N）官能团，它可以看作是氢氰酸分子中的氢原子被烃基取代所生成的化合物。常用通式 R—CN 或 Ar—CN 表示。腈基中的碳原子与氮原子以三键相连，与炔烃的碳碳三键相似。

二、腈的命名

简单腈可根据分子中所含碳原子的数目称为"某腈"。

CH_3CN　　　CH_3CH_2CN　　　　
乙腈　　　　　丙腈　　　　　　苯甲腈　　　　　苯乙腈

复杂腈则以烃为母体，氰基作为取代基，叫做"氰基某烷"。

$$CH_3CHCH_2CH_2CH_3$$
$$\quad\quad|$$
$$\quad\quad CN$$
2-氰基戊烷

$$\quad\quad\quad CH_3$$
$$\quad\quad\quad|$$
$$CH_3CCH_2CH_2CH_2CH_3$$
$$\quad\quad|$$
$$\quad\quad CN$$
2-氰基-2-甲基己烷

三、腈的物理性质

低级腈为无色液体，高级腈为固体。由于腈分子间引力较大，因此，其沸点较高，比相对分子质量相近的烃、醚、醛、酮和胺的沸点都要高，与醇相近，但比相应的羧酸沸点低（见表9-4）。

表9-4　一些化合物的沸点

项目	乙胺	乙醇	乙腈	甲酸
相对分子质量	45	46	41	46
沸点/℃	48.7	78.3	82	100.5

低级腈易溶于水，随着相对分子质量的增大，在水中的溶解度降低。腈可以溶解许多无机物和无机盐类，其本身是优良的溶剂。

四、腈的化学性质

1. 水解

腈在酸或碱的催化下，加热水解生成羧酸或羧酸盐。例如：

$$CH_3CH_2CN \xrightarrow[\triangle]{H_2O/H^+} CH_3CH_2COOH$$

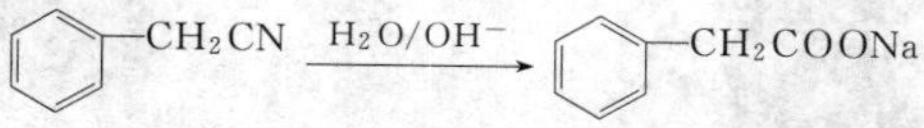

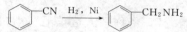

2. 醇解反应

腈在酸催化作用下，与醇反应生成酯。

$$CH_3CH_2CN+CH_3OH \xrightarrow{H^+} CH_3CH_2COOCH_3+NH_3$$

3. 还原反应

腈经催化加氢或用还原剂（$LiAlH_4$）还原，生成伯胺。例如：

小知识

腈的制法

1. 卤代烃氰解

卤代烃与氰化钠反应生成腈。

$$CH_3CH_2Cl+NaCN \longrightarrow CH_3CH_2CN+NaCl$$

2. 酰胺脱水

酰胺与五氧化二磷共热脱水得到腈。

$$CH_3CH_2\overset{\displaystyle O}{\overset{\|}{C}}-NH_2 \xrightarrow[\triangle]{P_2O_5} CH_3CH_2CN+H_2O$$

3. 由重氮盐制备

重氮盐与氰化亚铜的氰化钾溶液反应，重氮基被腈基取代制得腈，这是在芳环上引入氰基的一种重要方法。

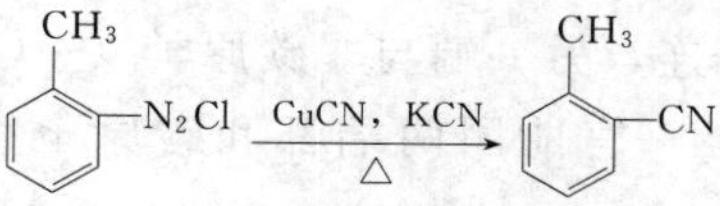

五、重要的腈

1. 乙腈（CH_3CN）

乙腈也叫氰化甲烷、甲基腈，是最简单的有机腈。室温下为无色透明液体，有芳香气味。有毒，沸点 81.2℃，熔点 -45℃，相对密度 0.78，可溶于水和乙醇。乙腈可用于制备维生素 B_1 等药物及香料，也可用作脂肪酸萃取剂、酒精变性剂等；此外在织物染色、照明工业、香料制造和感光材料制造中也有广泛应用。乙腈的比例模型见图 9-4。

2. 丙烯腈（$CH_2\!=\!CHCN$）

丙烯腈为无色易流动液体，沸点 77.3~77.4℃，熔点 -82℃，有毒。微溶于水，易溶于一般有机溶剂。能与空气形成爆炸性混合物，爆炸极限为 $3.1\% \sim 17.0\%$（体积分数）。丙烯腈的比例模型见图 9-5。

图 9-4　乙腈的比例模型

图 9-5　丙烯腈的比例模型

丙烯腈在引发剂（过氧化苯甲酰）存在下，发生聚合反应生成聚丙烯腈。

$$n\mathrm{CH_2{=}CHCN} \longrightarrow \left[\!\!\begin{array}{c}\mathrm{CH_2{-}CH}\\ |\\ \mathrm{CN}\end{array}\!\!\right]$$

聚丙烯腈纤维商品名为"腈纶"，俗称"人造羊毛"。它具有强度高、密度小、保暖性好、耐日光、耐酸及耐溶剂等特性。

*第四节　重氮和偶氮化合物

在实验室里，大家都使用过甲基橙指示剂，知道它的结构是怎样的吗？

一、重氮和偶氮化合物的结构和命名

重氮和偶氮化合物分子中都含有氮氮重键（—N＝N—）官能团，但其结构不同。其中—N＝N—只有一端与碳原子相连，另一端与非碳原子（—CN 例外）或原子团相连的化合物，称为重氮化合物；—N＝N—官能团两端都和碳原子直接相连的化合物称为偶氮化合物。

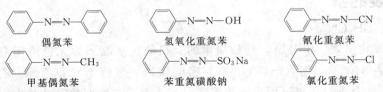

偶氮苯　　　　　　　　氢氧化重氮苯　　　　　　氰化重氮苯

甲基偶氮苯　　　　　　苯重氮磺酸钠　　　　　　氯化重氮苯

二、芳香族重氮化合物

1. 重氮化反应

芳伯胺与亚硝酸在强酸溶液中反应生成重氮盐，此反应称为重氮化反应。

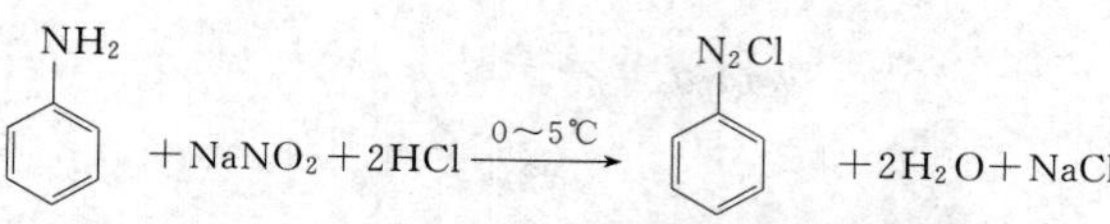

氯化重氮苯

重氮化反应一般在较低温度下进行，温度稍高会分解。反应终点可用淀粉-碘化钾试纸检验，呈蓝紫色即为终点。

2. 重氮盐的性质及应用

重氮盐是离子化合物，具有盐的通性。易溶于水，不溶于有机溶剂。

重氮盐的化学性质非常活泼，能发生许多化学反应，一般可分为失去氮的反应和保留氮的反应。

(1) 失去氮的反应　重氮盐分子中的重氮基在一定条件下，可以被羟基、卤原子、氰基、氢原子等取代，生成芳烃衍生物，同时放出氮气的反应叫做放氮反应。

① 被羟基取代。在酸性条件下，重氮盐能发生水解，重氮基被羟基取代生成苯酚，同时放出氮气。例如：

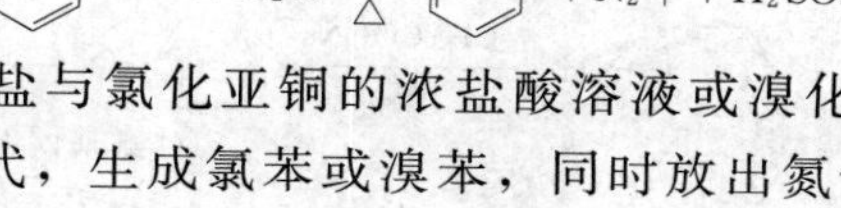

② 被卤原子取代。重氮盐与氯化亚铜的浓盐酸溶液或溴化亚铜的浓氢溴酸溶液共热，重氮基被氯原子或溴原子取代，生成氯苯或溴苯，同时放出氮气。这个反应称为桑德迈尔反应。

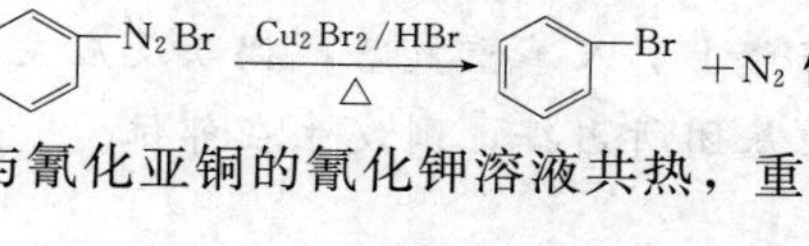

③ 被氰基取代。重氮盐与氰化亚铜的氰化钾溶液共热，重氮基被氰基取代生成芳香腈，同时放出氮气。

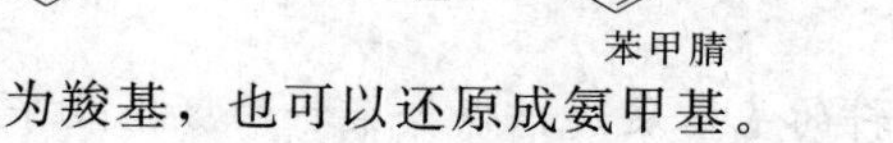

苯甲腈

腈基进一步水解可转变为羧基，也可以还原成氨甲基。

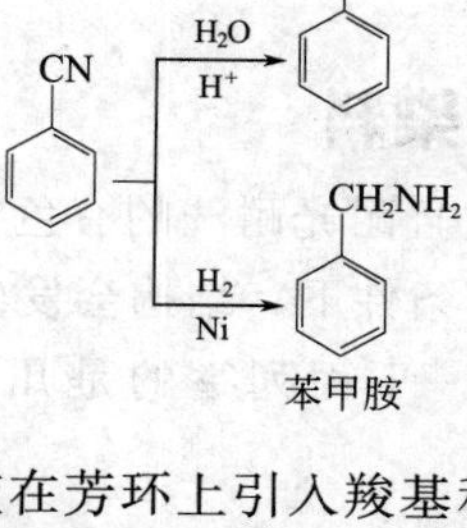

苯甲胺

在有机合成中可以利用以上反应在芳环上引入羧基和氨甲基。

④ 被氢原子取代。重氮盐与次磷酸（H_3PO_2）或乙醇反应，重氮基被氢原子取代，同时放出氮气。

重氮盐失去氮的反应有哪几种?

（2）保留氮的反应　重氮盐在反应中没有氮气放出，分子中的重氮基被还原成肼或转变为偶氮基，这种反应称为保留氮的反应。

① 还原反应。重氮盐可被二氯化锡和盐酸（或亚硫酸钠）还原生成苯肼。

苯肼是无色油状液体，不溶于水，有毒，是合成医药、染料、农药等的重要原料。

② 偶联反应。在一定条件下，重氮盐与酚或芳胺作用，生成有颜色的偶氮化合物的反应，称为偶联反应或偶合反应。例如：

偶联反应

偶联反应相当于在一个芳环上引入苯重氮基，偶联反应主要发生在活性基团（如羟基或氨基）的对位，若对位被其他基团所占据，则发生在邻位。

偶联反应是合成偶氮染料的基本反应，偶氮染料的颜色几乎包括全部色谱，是染料中品种最多、应用最广的一类合成染料。一些实验室常用的酸碱指示剂就是由重氮盐的偶联反应合成的。

三、 偶氮指示剂和偶氮染料

染料是一种能牢固吸附在纤维上且耐光耐洗的有色物质。但并不是所有有色物质都能成为染料，有些有色物质在不同 pH 值条件下，结构会发生变化，从而引起颜色的改变，利用此性质可以把它们作为酸碱指示剂。下面列举的是几种常见的偶氮指示剂和偶氮染料的例子。

1. 甲基橙

甲基橙是由对氨基苯磺酸重氮盐与 N, N-二甲基苯胺发生偶联反应制得的。其结构式为：

$$(CH_3)_2N--N{=}N--SO_3Na$$

甲基橙为橙黄色晶体，微溶于水，不溶于乙醇。由于其在不同 pH 值时呈现不同的颜色，pH＞4.4 时呈黄色，pH＜3.1 时呈红色，所以甲基橙主要用作酸碱滴定指示剂。

2. 刚果红

刚果红又叫直接大红 4B，是由联苯胺的重氮盐与 4-氨基-1-萘磺酸偶联制得的。其结构式为：

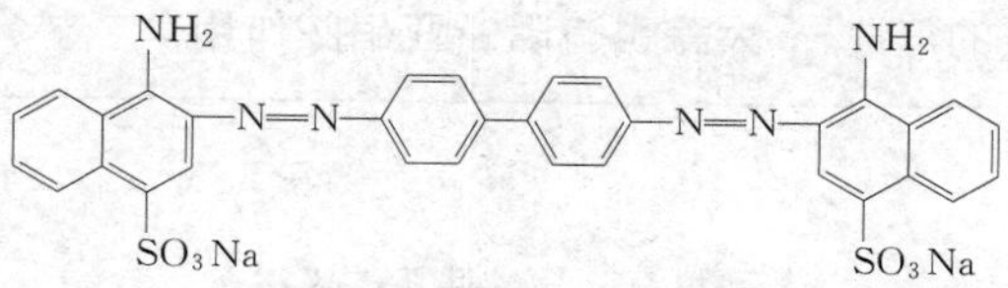

刚果红为棕红色晶体，溶于水和乙醇。刚果红是一种可以直接使丝毛和棉纤维着色的红色染料，同时也是一种酸碱指示剂，其变色范围 pH3.0～5.0，在 pH＞5.0 溶液中时显红色，pH＜3.0 的溶液中显蓝紫色。

3. 对位红

对位红是由对硝基苯胺经重氮化后再与 β-萘酚偶联而成。其结构式为：

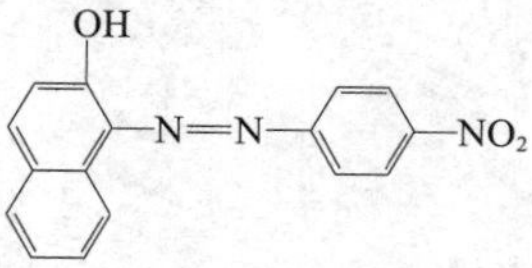

对位红是一种能在纤维上直接生成并牢固附着的偶氮染料，通常被用于纺织物的染色，也被用于生物学试验中的染色。

4. 凡拉明蓝

凡拉明蓝俗称"安安蓝"，其结构式为：

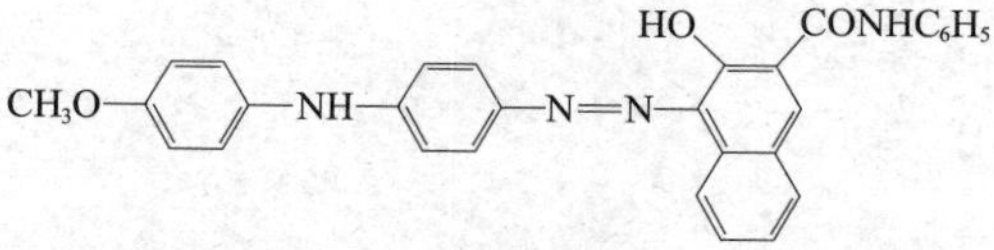

凡拉明蓝是一种冰染染料，不溶于水，附着在纤维上而呈蓝色。染色时，先将织物在色酚 AS 的溶液中浸润。再使之与 4-甲氧基-4′-氨基二苯胺的重氮盐溶液偶合而显色。

> ### 拓展提升
>
> ### 亚硝胺——一类具有强烈致癌作用的有机物
>
> 亚硝胺是强致癌物，是最重要的化学致癌物之一，是四大食品污染物之一。在自然界分布很广，普遍存在于谷物、牛奶、干酪、烟酒、熏肉、烤肉、海鱼、罐装食品以及饮水中。不新鲜的食品（尤其是煮过久放的蔬菜）内亚硝酸盐的含量较高。肉菜馅放置时间过长也会产生亚硝酸盐。因此，亚硝酸盐每天都会随着粮食、蔬菜、鱼肉、蛋奶进入人体。例如蔬菜中亚硝酸盐的平均含量大约为 4mg/kg，肉类约是 3mg/kg，蛋类约为 5mg/kg。某些食品里含量更高，比如豆粉平均含量可达 10mg/kg，咸菜里的平均含量也在 7mg/kg 以上。在人体胃的酸性环境里，亚硝酸盐可以转化为亚硝胺，在人们日常膳食中，绝大部分亚硝酸盐在人体中像"过客"一样随尿排出体外，只是在特定条件下才转化成亚硝胺。

亚硝胺有 100 多种化合物， 不同的亚硝胺可引起不同的肿瘤， 最主要的有食道癌、 胃癌、 肝癌， 而且可通过胎盘诱发后代肿瘤或畸形。

因此要控制制品的亚硝酸盐的用量， 少吃不新鲜的咸肉、 咸鱼、 虾皮等食品， 服用维生素 C 可阻断亚硝胺的形成， 大蒜也有阻断亚硝胺作用。

本章小结

1. 硝基化合物、胺、腈的结构特点及分类
2. 硝基化合物、胺、腈的命名方法
3. 硝基化合物、胺、腈的物理性质及其变化规律
4. 硝基化合物的化学性质（重点）
（1）硝基的还原反应
（2）苯环上的取代反应
（3）硝基对苯环上其他基团的影响
5. 胺的化学性质
（1）胺的碱性
（2）烃基化反应
（3）酰基化反应
（4）与亚硝酸反应
（5）芳胺的环上取代反应
（6）氧化反应
6. 腈的化学性质
（1）水解反应
（2）醇解反应
（3）还原反应
7. 芳香族重氮和偶氮化合物
（1）重氮化反应
（2）重氮盐的性质及应用

 习题

一、选择题

1. 下列化合物中，碱性最强的是（　　　）。

A. CH_3NH_2

B. NH_3

C. 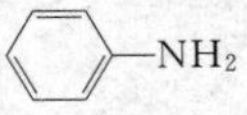 ⬡—NH_2

D. 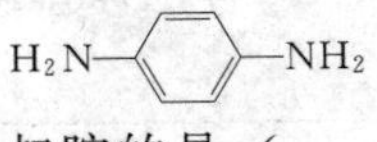 H_2N—⬡—NH_2

2. 下列化合物中，属于叔胺的是（　　　）。

A. 苯胺-NHCH₃（结构）   B. 苯胺-N(CH₃)₂（结构）

C. 环己烷-NH₂（结构）   D. 苯甲酰胺（结构）

3. 下列化合物中，酸性最弱的是（   ）。

A. 对硝基苯酚（结构）   B. 2,4,6-三硝基苯酚（结构）

C. 2,4-二硝基苯酚（结构）   D. 苯酚（结构）

4. 下列物质中，沸点最低的是（   ）。

A. 乙酸   B. 丙醇   C. 丙胺   D. 丁烷

5. 下列物质中属于一元芳胺的是（   ）。

A. 乙胺   B. 苯胺   C. 己二胺   D. 对苯二胺

二、填空题

1. 苯胺具有_____，可与强酸作用生成盐，遇_____又可游离出苯胺。

2. 脂肪胺的碱性比氨_____，芳香胺的碱性比氨_____。

3. 重氮和偶氮化合物分子中都含有_____官能团，其中_____只有一端与_____相连，另一端与_____相连的化合物，称为_____；_____官能团两端都和_____直接相连的化合物称为_____。

4. 在适当条件下，重氮盐与_____或_____反应生成偶氮化合物，这类反应称为_____。偶联发生的位置主要在_____，若这个位置被占，则发生在_____。

5. 为防止芳胺被氧化，在有机合成中常采用芳胺的_____反应来保护氨基。

三、命名下列化合物

1. 苯-CN（结构）   2. 苯-N=N-苯（结构）   3. 苯-N=N-Cl（结构）

4. 苯-N=N-CH₃（结构）   5. 环己烷-NH₂（结构）   6. CH₂=CHCN

7. 苯-NH-苯（结构）   8. H₂N-苯-NH₂（结构）   9. CH₃NH₃Cl

四、写出下列化合物的结构式

1. 对硝基苯磺酸   2. 2,4-二硝基苯酚   3. 邻硝基苯胺

4. N,N-二甲基苯胺   5. TNT   6. 苦味酸

五、完成下列反应式

1. 苯-NO₂ $\xrightarrow[\triangle]{\text{Fe, HCl}}$

2. 邻二硝基苯 $\xrightarrow{\text{NH}_4\text{HS}}$

3.

4.

六、用化学方法区别下列各组化合物

1.

2. 乙胺，二乙胺，N,N-二甲基苯胺

第十章

杂环化合物和生物碱

学习目标

1. 区分杂环化合物的类别。
2. 说出常见杂环化合物的名称。
3. 复述重要的含一个杂原子的五元杂环、六元杂环化合物来源和用途。
4. 解释生物碱的一般概念。

知识链接

杂环化合物的应用

杂环化合物的应用范围极其广泛，涉及医药、农药、染料、生物膜材料、超导材料、分子器件、贮能材料等，杂环化合物和生物碱广泛存在于自然界中，在动植物体内起着重要的生理作用。

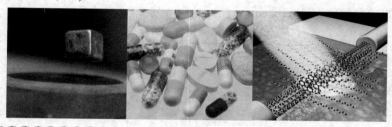

杂环化合物的应用范围极其广泛，涉及医药、农药、染料、生物膜材料、超导材料、分子器件、贮能材料等。杂环化合物和生物碱广泛存在于自然界中，在动植物体内起着重要的生理作用。

杂环化合物是分子中含有杂环结构的有机化合物。组成杂环的原子，除碳以外的都叫做杂原子，常见的杂原子为氮、氧、硫等。杂环化合物可以含一个或多个相同的或不相同的杂原子，环的数目也可以是一个或多个。前面学习过的环醚、内酯、内酐和内酰胺等都含有杂原子，但它们容易开环，性质上又与开链化合物相似，所以不把它们放在杂环化合物中讨论。

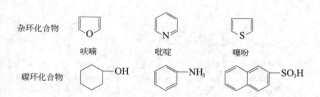

非杂环化合物

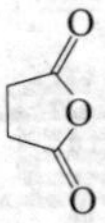

丁二酐 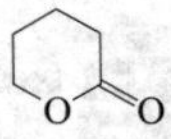　　　　戊内酯 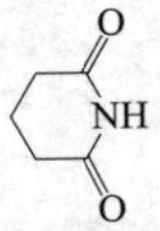　　　　戊二酰亚胺

本章介绍杂环化合物的分类、命名、结构特点、用途及重要的杂环化合物，生物碱的一般性质、提取方法和重要的生物碱。

第一节　杂环化合物的分类和命名

同学们经常听说的维生素、核酸、激素、生物碱等与生物学有关的化合物多数为杂环化合物，那么杂环化合物如何分类和命名呢？

一、杂环化合物的分类

要准确表达杂环化合物的名称，首先应当明确其分类及各类型杂环化合物的结构特点。常见杂环化合物的分类如表 10-1 所示。

表 10-1　杂环化合物的分类

杂环分类		重要的杂环化合物
	三元杂环	环氧乙烷　　　氮丙啶
	四元杂环	 氮杂环丁二烯
单杂环	五元杂环	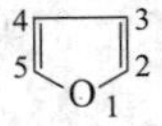 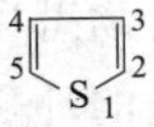 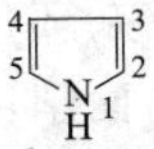 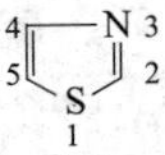 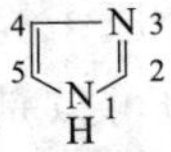 呋喃 furan 氧(杂)茂　噻吩 thiophene 硫(杂)茂　吡咯 pyrrole 氮(杂)茂　噻唑 thiazole 1,3-硫氮(杂)茂　咪唑 imidazole 1,3-二氮(杂)茂
	六元杂环	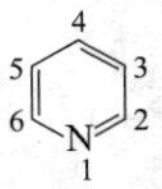 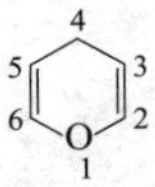 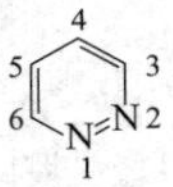 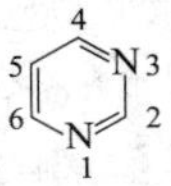 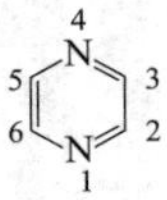 吡啶 pyridine 氮(杂)苯　吡喃 pyran 氧(杂)芑　哒嗪 pyridazine 1,2-二氮(杂)苯　嘧啶 pyrimi dine 1,3-二氮(杂)苯　吡嗪 pyrazine 1,4-二氮(杂)苯

杂环 分类	重要的杂环化合物			
稠 杂 环	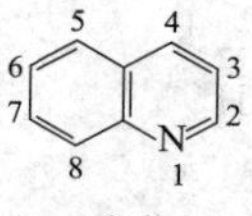 喹啉 quinoline 1-氮(杂)萘	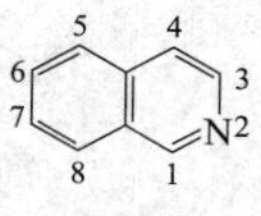 异喹啉 isoquinoline 2-氮(杂)萘	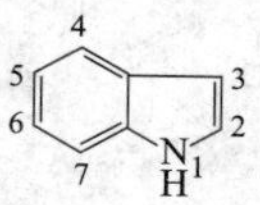 吲哚 indole 氮(杂)茚	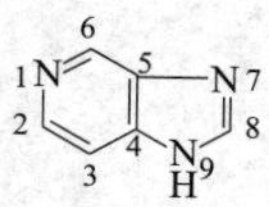 嘌呤 purine 1,3,7,9-四氮(杂)茚

聆听教师讲解之后，学生分组讨论，将表10-1中的杂环化合物按一个分子中含一个环/多个环的方法进行分类。

二、杂环化合物的命名

杂环化合物的命名在我国有两种方法：一种是译音命名法；另一种是系统命名法。

1. 译音命名法

译音法是根据 IUPAC 推荐的通用名，按外文名称的译音来命名，并用带"口"旁的同音汉字来表示环状化合物。常见杂环化合物的音译名如表 10-1 所示。

杂环化合物的命名原则：

① 以杂环为母体，编号从杂原子开始。环上只有一个杂原子时，杂原子的编号为 1，依次用 2、3、4、…；或从临近杂原子的碳原子开始，标以希腊字母 α、β、γ，邻近杂原子的碳原子为 α 位，其次为 β 位，再次为 γ 位。例如：

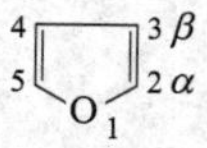

呋喃 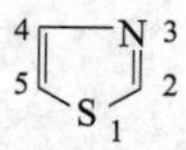　　　噻唑

② 当杂环上连有—R，—X，—OH，—NH$_2$ 等取代基时，以杂环为母体，标明取代基位次；如果连有—CHO，—COOH，—SO$_3$H 等时，则把杂环作为取代基。例如：

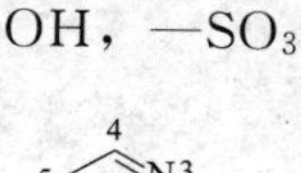

2-氨基嘧啶　　　2-呋喃甲醛

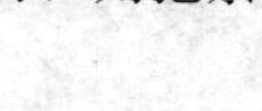

③ 环上有两个或两个以上相同杂原子时，应从连接有氢或取代基的杂原子开始编号，并使这些杂原子所在位次的数字之和为最小。如有相同的两个氮原子时，仲氮先标位，叔氮后标。

④ 环上有不同杂原子时，则按氧→硫→氮为序编号。例如：

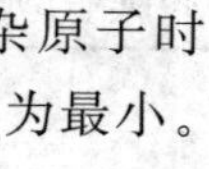

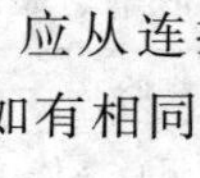

稠杂环的在编号时一般和稠环芳烃编号的原则相同，但有少数稠杂环有特殊的编号顺

序。例如：

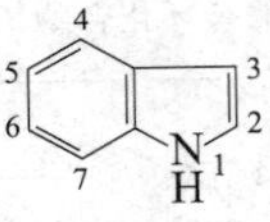

吲哚 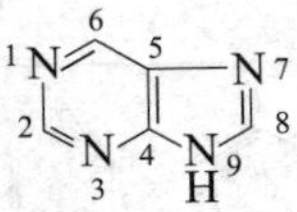　　　　　嘌呤

音译法是根据国际通用名称译音的，使用方便，缺点是名称和结构之间没有任何联系。

2. 系统命名法

系统命名法根据相应的碳环为母体而命名，把杂环化合物看作相应碳环中的碳原子被杂原子取代后的产物。在碳环名称前加上杂原子的名称，称为：×杂××。系统命名法能反映出化合物的结构特点。但因过于复杂，在实际应用中不常见，本书不多赘述。常见的系统命名法实例如表 10-1 所示。

课堂活动

　　选取课后习题三、四大题的题目，学生分组讨论后，教师随机抽取题目，以小组为单位完成杂环化合物命名以及结构书写的训练。

第二节　重要的五元杂环化合物及其常见衍生物

同学们生活中见过呋喃、噻吩和吡咯这三个词吗？

含一个杂原子的典型五元杂环化合物是呋喃、噻吩和吡咯，其常见的重要衍生物有噻唑、咪唑和吡唑。呋喃、噻吩和吡咯的物理性质见表 10-2。

表 10-2　呋喃、噻吩和吡咯的物理性质

项目	呋喃	噻吩	吡咯
状态	无色液体	无色液体	无色液体
气味	特殊气味	特殊气味	在空气中颜色迅速变黑有显著的刺激性气味
相对密度	0.9370	1.0644	0.9691
沸点/℃	32	84	130～131
折射率	1.4216	1.5289	1.5085
显色反应	呋喃＋盐酸浸泡过的松木片→显绿色	噻吩＋浓硫酸＋靛红→显蓝色	吡咯蒸气＋盐酸浸泡过的松木片→显红色

项目	呋喃	噻吩	吡咯
溶解性	不溶于水,溶于乙醇和乙醚,易挥发,并易燃烧	不溶于水,易溶于乙醇、乙醚、苯和硫酸	几乎不溶于水,溶于乙醇、乙醚、苯和无机酸溶液
	三种杂环化合物均易溶于有机溶剂,在水中的溶解度都很小,吡咯的溶解性比呋喃和噻吩稍大一些,是因为吡咯能够和水之间形成微弱的氢键		

课堂活动

　　阅读上述材料，学生分组讨论，设计鉴别呋喃、噻吩和吡咯的适用方案，各组交流，由教师评判。

一、呋喃

1. 呋喃的结构和来源

　　呋喃的分子式为 C_4H_4O，其结构与苯很相似，具有芳香性，但由于成环氧原子的电负性大于碳原子，所以呋喃的芳香性比苯弱；活性增强，环上取代反应比苯更易进行。

　　呋喃及其衍生物主要存在于松木焦油中，工业上以糠醛和水蒸气为原料，在催化剂及高温作用下制得，反应式为：

$$\text{[O]—CHO} + H_2O \xrightarrow[400\sim500℃]{ZnO\text{-}Cr_2O_3\text{-}MnO_2} \text{[O]} + CO_2 + H_2O$$

　　实验室中常用糠酸加热脱羧基而成。反应式为：

$$\text{[O]—COOH} \xrightarrow[\triangle]{Cu,喹啉} \text{[O]} + CO_2$$

2. 呋喃的用途

　　四氢呋喃是无色透明液体，有乙醚气味，沸点 66℃，折射率 1.4050，能与水和多数有机溶剂互溶，易燃烧。用作天然和合成树脂的溶剂，也用于制丁二烯、己二腈、己二酸、己二胺等，是一种重要的化工原料。

小知识

　　四氢呋喃 [O] 是一个杂环有机化合物，与空气混合可爆；空气中能形成可爆的过氧化物，遇明火、高温、氧化剂易燃；燃烧产生刺激烟雾。属于醚类，是芳香族化合物呋喃的完全氢化产物。在化学反应和萃取时用做一种中等极性的非质子溶剂。四氢呋喃室温时与水能部分混溶，部分不法试剂商就是利用这一点对四氢呋喃试剂兑水牟取暴利。四氢呋喃在储存时容易变成过氧化物。因此，商用的四氢呋喃经常是用 BHT（2,6-二叔丁基对甲酚）来防止氧化。四氢呋喃可以通过氢氧化钠置于密封瓶中存放在暗处保存，聚四氢呋喃可制成抗凝血医用材料。

(a) 商品四氢呋喃　　　　(b) 抗凝血医用材料

二、噻吩

1. 噻吩的结构和来源

噻吩的分子式为 C_4H_4S，含有与呋喃一样的闭合大 π 键。具有芳香性，因硫原子的电负性小于氧原子，所以比呋喃芳香性强。

噻吩是由煤焦油分出苯中的杂质，也存在于某些原油中。工业上是将丁烷与硫混合通过高温制得：

$$CH_3CH_2CH_2CH_3 \ + \ 4S \xrightarrow{650℃} \underset{S}{\bigcirc}$$

实验室中可用琥珀酸钠与三硫化二磷或五氧化二磷作用制得：

$$NaOOC—CH_2CH_2—COONa \xrightarrow[P_2S_3]{180℃} \underset{S}{\bigcirc}$$

2. 噻吩的用途

噻吩及其衍生物主要用于合成药物的原料，也是制造感光材料、增塑剂、增亮剂、除草剂和香料的材料，是现代有机化工很重要的原料之一。

三、 吡咯

1. 吡咯的结构和来源

吡咯的分子式为 C_4H_5N，结构与呋喃、噻吩相似，含有闭合的大 π 键，具有芳香性，因氮原子电负性介与氧原子与硫原子之间，所以芳香性也介于两者之间。由于氮原子上连有一氢原子，共轭环对氢原子吸引力降低，使其较活泼，具有一定的弱酸性。

吡咯及其同系物主要存在于骨炭、焦油中，通过分馏可得，工业上是用氧化铝作催化剂，以呋喃和氨高温反应制得。

$$\underset{O}{\bigcirc} + NH_3 \xrightarrow[450℃]{Al_2O_3} H_2O + \underset{\underset{H}{N}}{\bigcirc}$$

还可以从乙炔与甲醛经丁炔二醇合成：

$$CH{\equiv}CH + 2HCHO \xrightarrow{Cu_2O_2} HOCH_2—CH{\equiv}CH—CH_2OH \xrightarrow[压力]{NH_3} \underset{\underset{H}{N}}{\bigcirc}$$

2. 吡咯的用途

吡咯及其衍生物不仅是化工产品的重要中间体，而且还具有多种生理功能和用途，在医药和香精香料行业有广泛的应用。

*四、呋喃衍生物

1. α-呋喃甲醛（糠醛）

α-呋喃甲醛（最早是由米糠与稀酸共热制得的，故又称糠醛），通常利用含有多聚戊糖的农副产品如米糠、玉米芯、高粱秆、花生壳等作原料来制取。

纯粹的糠醛是无色而有特殊气味的液体，沸点162℃，微溶于水，易溶于乙醚和乙醇等有机溶剂。在光、热及空气中被氧化聚合为黄色、棕色以至黑褐色。在醋酸存在下与苯胺呈鲜红色反应，可用于糠醛与戊糖的鉴别。

糠醛是一个不含 α-氢原子的不饱和醛，化学性质很活泼，容易发生氧化、还原、歧化和聚合等反应，是有机合成工业的重要原料，广泛应用于油漆、树脂、医药和农药等工业。

2. 呋喃类药物

呋喃坦丁、呋喃唑酮和呋喃西林是一类 5-硝基呋喃甲醛的衍生物。它们都是人工合成的广谱抗菌药物。

呋喃坦丁又名呋喃妥因（如图 10-1）。它是鲜黄色晶体，味苦，熔点约 258℃（分解），难溶于水及有机溶剂，可溶于 N,N-二甲基甲酰胺中。由于它的分子中含有酰亚胺结构，故显弱酸性，能与碱生成盐。它主要用于抑制和杀灭大肠杆菌、金黄色葡萄球菌、化脓性链球菌和伤寒杆菌等，常用于治疗泌尿系统的炎症。

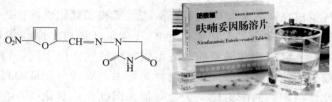

图 10-1 呋喃妥因结构式及其口服制剂

呋喃唑酮又名痢特灵（见图 10-2），它是黄色粉末，熔点 254～258℃（分解），难溶于水及有机溶剂，呈弱酸性。大肠杆菌、炭疽杆菌、痢疾杆菌和伤寒杆菌等对其最为敏感，故常用于治疗肠道感染和菌痢等。

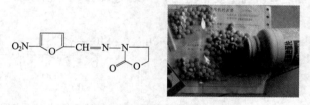

图 10-2 呋喃唑酮结构式及其制剂

五、吡咯衍生物

吡咯的衍生物广泛分布在自然界中，其中最重要的是卟啉化合物。这类化合物有一个基本结构称卟吩环，是由四个吡咯和四个次甲基交替相连而成的复杂大环，环上的原子都在一个平面上，形成了共轭体系，具有芳香性。含有卟吩环结构的化合物叫卟啉化合物。重要的天然色素如叶绿素、血红素等都含有卟吩环（见图 10-3）。

1. 叶绿素

叶绿素存在于植物的叶和绿色的茎中。植物在进行光合作用时，通过叶绿素将太阳能转变为化学能而贮藏在形成的有机化合物中。叶绿素在植物内具有重要的生理意义。

叶绿素有旋光性。由于分子中有两个酯键，容易水解生成相应的酸和醇。若用硫酸铜的酸性溶液小心处理叶绿素，则铜可取代镁，其他部分的结构不变，仍显绿色，但比原来的绿色更稳定。因此常用来浸制植物标本。

2. 血红素

血红素存在于高等动物的体内，是重要的色素之一。它与蛋白质结合形成血红蛋白，存

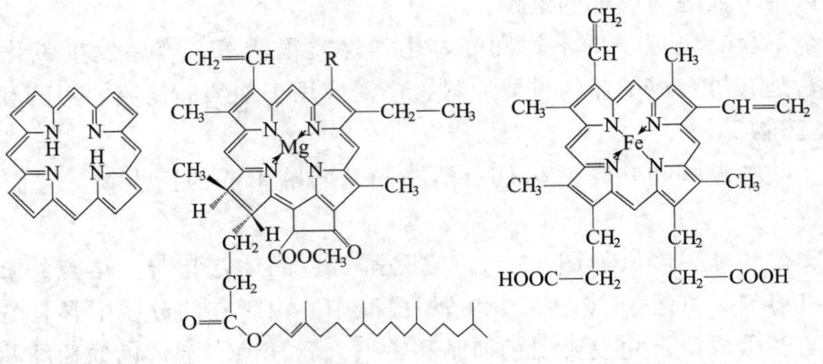

卟吩　　　　　　　叶绿素　　　　　　　　　血红素

图 10-3　吡咯衍生物的结构示意图（叶绿素 a：R 为—CH_3，叶绿素 b：R 为—CHO）

在于红细胞中。血红蛋白在高等动物体内起着输送氧气和二氧化碳的作用。

血红蛋白可与氧气配价结合，形成鲜红色的氧合血红蛋白。血红蛋白与氧结合并不稳定，这与氧气的分压有关，因此在缺氧的地方可以放出氧气。由于这一特性，血液可在肺中吸收氧气，由动脉输送到体内各部分，在体内微血管中，氧的分压低而释放出氧，为组织吸收。一氧化碳与血红蛋白配合的能力比氧大 200 倍，因此在一氧化碳存在时，血红蛋白失去了输送氧气的能力。这就是一氧化碳使人中毒的原因之一。对血红素的研究使人们对卟吩族色素以及生命现象中最重要的呼吸作用有了进一步的了解。

六、 噻吩的衍生物

生物素和先锋霉素是噻吩的重要衍生物，其结构如图 10-4 所示。

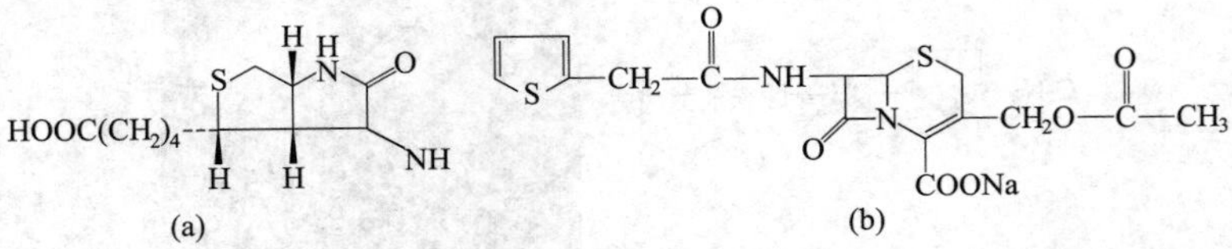

(a)　　　　　　　　　　　　(b)

图 10-4　生物素（a）和先锋霉素Ⅰ（b）的分子结构示意图

生物素又名维生素 H，是人体必需的维生素之一，广泛存在于动植物体内，如谷物、蔬菜和肉类中。生物素是无色针状晶体，熔点 232～233℃，溶于水和乙醇。在中性或酸性条件下稳定，遇强碱或氧化剂易分解。在动物的生理过程中参与 CO_2 的固定及羧化过程。人体缺乏它会导致身体疲乏，食欲不振，贫血和皮肤发炎、脱屑等。

先锋霉素是由头孢菌素 C 合成的一类广谱抗生素。目前人工合成的先锋霉素类药物有十余种，其中先锋霉素Ⅰ又叫头孢金素，是白色结晶粉末，味苦，易溶于水，难溶于有机溶剂。它的抗菌谱广，主要用于对青霉素耐药的金黄色葡萄球菌和一些革兰阴性菌引起的严重感染，如尿道和肺部的感染、败血症、脑膜炎及腹膜炎等。

七、咪唑、 吡唑和噻唑

咪唑、吡唑和噻唑都有含有两个杂原子的五元环。

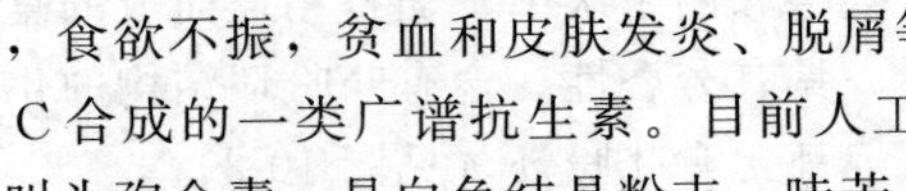

咪唑　　　　　　　　吡唑　　　　　　　　噻唑

这些杂环化合物与吡咯、吡啶相似，具有闭合的六个 π 电子的共轭体系，π 电子数符合休克尔规则，都是非苯芳香环。咪唑、吡唑都是无色晶体。咪唑熔点 88～89℃，沸点 255℃。吡唑熔点 70℃，沸点 188℃。易溶于水和乙醇。而噻唑是无色液体，沸点 117℃。

＊第三节　重要的六元杂环化合物及其重要衍生物

人吃下肉类以后，在代谢过程中需要维生素吗？

六元杂环化合物中最重要的有吡啶、嘧啶和吡喃等。本节以介绍吡啶为主。

一、吡啶

1. 来源、制法和应用

吡啶（⬡N）最初发现于骨焦油中，在煤焦油中含量较多。它是具有特殊臭味的无色液体，沸点 115.3℃，相对密度 0.982，能与水混溶，又能溶于乙醇、乙醚、苯、石油醚等许多极性或非极性有机溶剂中，并能溶解氯化铜、氯化锌、氯化汞、硝酸银等许多无机盐。吡啶是良好的溶剂，又是合成某些杂环化合物的原料。吡啶的工业制法可由糠醇与氨共热（500℃）制得，也可从乙炔制备。吡啶是重要的有机合成原料（如合成药物）、良好的有机溶剂和有机合成催化剂。

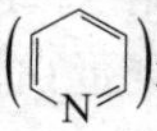

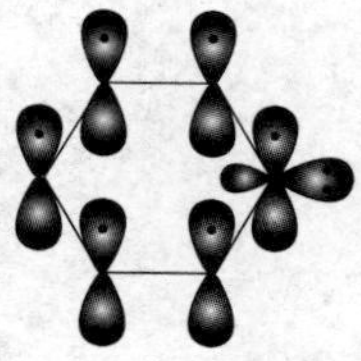

图 10-5　吡啶电子云结构示意图

2. 吡啶的结构

由于吡啶环的 N 上在环外有一孤对电子，故吡啶环上的电荷分布不均，电子云结构如图 10-5 所示。吡啶的环外有一对未作用的孤对电子，具有碱性，易接受亲电试剂而成盐。

阅读下述材料后，学生分组讨论，设计实验项目，排列下述物质的碱性强弱顺序。

	CH_3NH_2	NH_3	吡咯	苯胺
pK_a	3.38	4.76	8.80	9.42

二、吡啶衍生物

吡啶衍生物广泛存在于自然界，植物所含的生物碱不少都具有吡啶环结构，维生素 PP、

维生素 B_6、辅酶 I 及辅酶 II 也含有吡啶环。

1. 维生素 PP

维生素 PP 属 B 族维生素，包括 β-吡啶甲酸及 β-吡啶甲酰胺两种。结构如下：

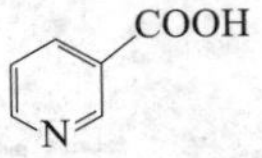

$$\text{COOH} \qquad \text{CONH}_2$$

β-吡啶甲酸（烟酸，尼克酸） 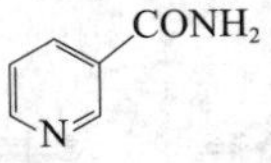　　　β-吡啶甲酰胺（烟酰胺）

二者的生理作用相同，参与生物机体的氧化还原过程，促进组织代谢，能降低血液中胆固醇的含量。维生素 PP 也叫抗癞皮维生素，因为体内缺乏它时会引起癞皮病。二者都是白色结晶，对酸、碱等都比较稳定。β-吡啶甲酰胺加氢氧化钠溶液与之共煮，则产生氨气，而 β-吡啶甲酸无此反应。

维生素 PP 存在于肝脏、肉类、谷物、米糠、花生、酵母、蛋黄、鱼、番茄等内，现在多用合成品。

2. 维生素 B_6

维生素 B_6 也是吡啶的衍生物，它由下列三种物质组成：

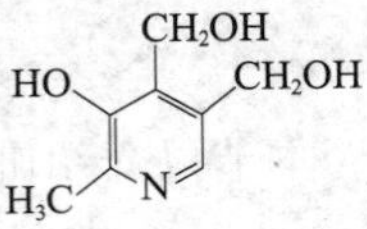

吡哆醇 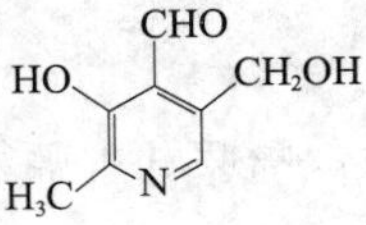　　　　　　吡哆醛 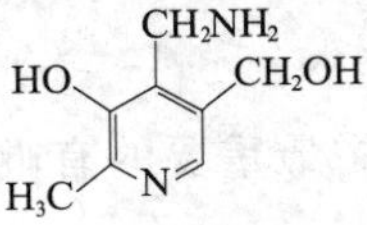　　　　　　吡哆胺

维生素 B_6 存于蔬菜、鱼、肉、蛋类、豆类、谷物等中。为白色结晶，溶于水及乙醇。耐热，在酸和碱中较稳定，但易被光所破坏。动物机体中缺乏维生素 B_6 时，蛋白质代谢就不能正常进行。

*第四节　生物碱

同学们听说过哪些植物不宜入口吗？　喝茶为什么会兴奋？　你知道感冒药中有效成分是什么吗？

生物碱是指一类含氮的碱性有机化合物。最早发现的是吗啡（1803 年），随后不断报道了各种生物碱的发现，例如喹咛（1820 年）、颠茄碱（1831 年）、古柯碱（1860 年）、麻黄碱（1887 年）。

生物碱对植物本身有什么作用当前还不清楚，但许多生物碱对人和动物有强烈的生理作用。例如当归、甘草、贝母、麻黄、黄连等许多药物中的有效成分都是生物碱。

一、生物碱的分类

生物碱数量众多，种类繁杂，一般依据来源、分子结构特征分类（见图10-6）。

二、生物碱的一般性质

1. 生物碱的物理性质

生物碱大多数是无色结晶固体，少数为非结晶体和液体。一般都有苦味，有些极苦而辛辣，还有些能刺激唇舌，使之有焦灼感。大多数生物碱分子中含有手性碳原子，具有旋光性；不溶或难溶于水，能溶于乙醇、乙醚、丙酮、氯仿和苯等有机溶剂中。但也有例外，如麻黄碱、烟碱、咖啡因等可溶于水。

生物碱 $\left\{\begin{array}{l}\text{杂环类} \left\{\begin{array}{l}\text{吡啶衍生物类}\\\text{喹啉衍生物类}\\\text{吡咯衍生物类}\end{array}\right.\\\text{有机胺类 如麻黄碱等}\end{array}\right.$

图10-6 生物碱的分类

2. 生物碱的化学性质

生物碱一般呈碱性，能与无机酸或有机酸结合成盐，这种盐一般易溶于水。

生物碱在中性或酸性溶液中能与许多试剂生成沉淀或发生颜色反应，这些试剂叫做生物碱试剂，用于检验、分离生物碱。生物碱试剂可分两类。

（1）沉淀试剂 它们大多是复盐、杂多酸和某些有机酸，例如，碘-碘化钾、碘化汞钾、磷钼酸、硅钨酸、氯化汞、苦味酸和鞣酸等。不同生物碱能与不同的沉淀试剂作用呈不同颜色的沉淀，如某些生物碱与碘-碘化钾溶液生成棕红色沉淀；与磷钼酸试剂生成黄褐色或蓝色沉淀；与硅钨酸试剂或鞣酸作用生成白色沉淀；与苦味酸试剂或碘化汞钾试剂作用生成黄色沉淀等。

（2）显色试剂 它们大多是氧化剂或脱水剂，例如，高锰酸钾、重铬酸钾、浓硝酸、浓硫酸、钒酸铵或甲醛的浓硫酸溶液等。它们能与不同的生物碱反应产生不同的颜色，如重铬酸钾的浓硫酸溶液使吗啡显绿色；浓硫酸使秋水仙碱显黄色；钒酸铵的浓硫酸溶液使莨菪碱显红色，使吗啡显棕色，而使奎宁显淡橙色。

这些显色剂在色谱分析上常作为生物碱的鉴定试剂。

三、生物碱的提取方法

从植物中提取生物碱，一般用稀酸、有机溶剂等抽提出总生物碱，然后用层析法分离。

1. 加酸-碱提取法

首先将含有较丰富生物碱的植物用水清洗干净，沥干研碎，再用适量的稀盐酸或稀硫酸处理，使生物碱成为无机酸盐而溶于水中，然后往此溶液中加入适量的氢氧化钠使生物碱游离出来，最后用有机溶剂萃取游离的生物碱，蒸去有机溶剂便可得到较纯的生物碱。

2. 加碱提取法

在某些情况下，可把研碎的植物直接用氢氧化钠处理，使原来与生物碱结合的有机酸与加入的氢氧化钠作用，生物碱就会游离出来，最后用溶剂萃取。

3. 蒸馏法

有些生物碱（如烟碱）可随水蒸气挥发，则可用水蒸气蒸馏法提取。

四、重要的生物碱举例

目前已知的生物碱有数千种，按照它们分子结构的不同，一般将生物碱分为若干类，如有机胺类、吡咯类、吡啶类、颠茄类、喹啉类、吲哚类、嘌呤类、萜类和甾体类等。这里仅选几个有代表性的生物碱作简单介绍。

1. 麻黄碱

麻黄碱（麻黄素）存在于中草药麻黄中。在结构上它是一个非杂环生物碱，也是芳香族的醇胺，学名为 1-苯基-2-甲氨基-1-丙醇。其分子结构式为

分子中含有两个不同的手性碳原子，有两对对映异构体，其中左旋麻黄碱有生理作用。

麻黄碱是无色晶体，熔点 38.1℃，易溶于水、乙醇，可溶于氯仿、乙醚、苯和甲苯中。麻黄碱可以兴奋交感神经，增高血压，扩张气管，用于治疗支气管哮喘症。

2. 茶碱、可可碱和咖啡碱

茶碱、可可碱和咖啡碱分别存在于茶叶、可可豆和咖啡中，也可以用人工合成。

茶碱
(1,3-二甲基黄嘌呤)

可可碱
(3,7-二甲基黄嘌呤)

咖啡碱
(1,3,7-三甲基黄嘌呤)

它们是无色针状结晶，有苦味，易溶于热水，难溶于冷水。茶碱熔点 270～272℃，可可碱熔点 357℃，咖啡碱熔点 235℃。

茶碱、可可碱和咖啡碱都是黄嘌呤的衍生物。黄嘌呤又称为 2,6-二羟基嘌呤，存在于动物的血液、肝脏和尿中。它有酮式-烯醇式的互变异构体。

茶碱有利尿作用和松弛平滑肌作用。咖啡碱又称咖啡因，有兴奋中枢神经、止痛、利尿作用。可可碱能抑制胃小管再吸收和利尿作用。

3. 秋水仙碱

秋水仙碱存在于植物秋水仙的球茎和种子中，我国云南的山慈姑中含量也较多。秋水仙碱是黄灰色针状结晶，熔点为 155～157℃，能溶于水或稀乙醇溶液，易溶于氯仿，但不溶于无水乙醚和石油醚。秋水仙碱是环庚三烯酮的衍生物，分子中有两个稠合的七碳环，氮在侧链上成酰胺状，因此呈中性。

拓展提升

秋水仙碱及功效

秋水仙碱除了可有效地诱发染色体的加倍，在农业上用于多倍体育种外，还可以治疗痛风等疾病。特别是近年来发现它有一定的抗癌作用，能抑制癌细胞的增长，对乳腺癌、皮肤癌等有很好的疗效。将未成熟的罂粟果的乳汁晾干后即得鸦片。吗啡是鸦片中含量最多的一种生物碱。医学上常用作镇痛剂，长期使用易成瘾，医药上常用盐酸吗啡。

本章小结

1. 杂环化合物的命名
2. 杂环化合物的分类方法
3. 五元杂环化合物来源和物理性质（重点）
4. 重要的六元杂环化合物
5. 生物碱的概念、分类、用途

 **习题**

一、填空题

1. 杂环化合物是一种_____化合物，是由_____原子组成的，一般把除碳原子以外的_____原子，叫做_____。由这些_____构成具有_____化合物称为杂环化合物。

2. 在环状化合物中，除_____原子外，还含有_____，这类化合物叫_____。

3. 杂环化合物可分为_____、_____、_____和_____。

4. 生物碱是指一类_____碱性有机化合物。由于是从生物体（主要是植物）内取得，所以称为生物碱。它们多是_____，但也有少数_____生物碱。

5. 按碱性由大到小的顺序排列下列化合物：（1）苄胺、苯胺、吡咯、吡啶、氨_____；（2）吡咯、吡啶、四氢吡咯_____。

6. 生物碱一般发生两大类反应：_____和_____。

二、选择题

从植物中提取生物碱，一般不采用（　　）。

A. 加酸-碱提取法　　B. 加碱提取法　　C. 蒸馏法　　D. 萃取法

三、写出下列杂环化合物的结构式

1. 吡咯；2. 嘌呤；3. 呋喃；4. 吡啶；5. 2,5-二甲基喹啉；6. 4-乙基喹啉；

7. 糠醛；8. 2,5-二氢呋喃；9. 3-吲哚乙酸；10. 8-甲基-6-氨基嘌呤；

11. 4-氯-2-噻吩甲酸；12. 2-氨基嘌呤；13. 糠醛；14. 噻吩

四、命名下列杂环化合物及其衍生物

1. 2. 3. 4.

5. 6. 7. 8.

第十一章

糖类化合物和蛋白质

学习目标

1. 复述糖类化合物的结构特点及其分类。
2. 复述重要糖类化合物的主要性质。
3. 复述糖类化合物的鉴别方法。
4. 解释蛋白质的组成。
5. 归纳蛋白质的主要性质。
6. 会用化学方法完成蛋白质的鉴定。
7. 解释生物酶的性质。
8. 概述生物酶催化作用的特点。

知识链接

食物的营养成分

人每天都会摄入大量的糖和蛋白质，它们是维持人类和动物生命过程所必需的两类重要营养物质。

第一节　糖类化合物

你知道糖的化学组成吗？ 它在生命活动中起到怎样的作用呢？

一、糖的定义和分类

糖主要由 C、H、O 三种元素组成。大多数糖类符合通式 $C_m(H_2O)_n$，因此最初这类化合物被称为碳水化合物。但是随着人们对糖类化合物认识的深入，发现有些糖类并不符合这一通式，如鼠李糖（$C_6H_{12}O_5$）和脱氧核糖（$C_5H_{10}O_4$），而某些符合这一通式的化合物又不属于糖类，如乙酸（$C_2H_4O_2$）和乳酸（$C_3H_6O_3$），因此，不再使用碳水化合物这一旧称，而称为糖。

从结构上看，糖类化合物是多羟基醛或多羟基酮，以及水解后能生成多羟基醛或多羟基酮的一类有机化合物及其某些衍生物。

糖类化合物与光合作用、生命活动的关系

植物中含有丰富的糖类化合物，是光合作用的产物。植物中的叶绿素吸收太阳光以及空气中的二氧化碳和水，经过光合作用转化为糖类化合物，同时放出氧气。糖类化合物进入动植物体内，经过一系列代谢作用，生成二氧化碳和水，同时放出能量，作为生命的能源。因此，糖类化合物是人类和动植物维持生命不可缺少的物质。

根据能否水解及水解产物的不同，将糖类化合物分为单糖、低聚糖和多糖三类。单糖是不能发生水解的多羟基醛或多羟基酮，如葡萄糖和果糖。低聚糖是一个分子可水解成约 2～10 个单糖分子的糖，如蔗糖和麦芽糖。多糖是一个分子可水解成多个单糖分子的糖，如淀粉和纤维素。表 11-1 为糖的类型及特点。

表 11-1　糖的类型及特点

糖的类型	常见的糖	特点
单糖	葡萄糖、果糖	不能水解成更简单的糖
低聚糖	蔗糖、麦芽糖	可以水解成为 2 个或 2 个以上的单糖
多糖	淀粉、纤维素	可以水解成多个单糖

二、　葡萄糖和果糖

1. 葡萄糖

葡萄糖的分子式为 $C_6H_{12}O_6$，是己醛糖，结构式为：

$$CH_2-CH-CH-CH-CH-C{\overset{O}{\underset{H}{\big\langle}}}$$
$$\ \ OH\ \ \ OH\ \ \ OH\ \ \ OH\ \ \ OH$$

葡萄糖为白色固体粉末，味甜，熔点为 $146\,^\circ\!C$，易溶于水，微溶于乙酸，不溶于乙醚和苯。由于分子中含有手性碳，因此葡萄糖具有旋光性。葡萄糖是自然界中分布最广的己醛糖，广泛存在于蜂蜜、甜水果和植物体内，尤其在葡萄中含量较高，因此得名。人体血液中的葡萄糖在医学上称为血糖，正常人的空腹血糖浓度为 $3.6\sim6.1\text{mmol/L}$。

由于葡萄糖的结构中含有醛基，因此葡萄糖具有还原性，可以被弱氧化剂溴水氧化，生成葡萄糖酸；可以被托伦试剂或斐林试剂氧化，产生银镜或氧化亚铜沉淀。同时，葡萄糖也具有氧化性，羰基被还原为羟基，生成己六醇（又叫葡萄糖醇或山梨糖醇）。

葡萄糖的用途广泛。在医学上，葡萄糖可以作为营养剂，5％～10％的葡萄糖溶液可以给病人输液以补充营养；可以用于制药，如制取葡萄糖酸钙。在食品工业中，用于制造糖浆和糖果。在工业上，用于制镜子和热水瓶胆镀膜等。工业上可以用淀粉或纤维素水解来制备葡萄糖。

2. 果糖

果糖的分子式与葡萄糖相同，为 $C_6H_{12}O_6$，是己酮糖，构造式为：

果糖为白色固体粉末，是普通糖类中最甜的糖，熔点是 $103\sim105℃$，可溶于水、乙酸和乙醚。由于分子中含有手性碳，因此果糖也具有旋光性。果糖是自然界中分布很广泛的一种己酮糖，主要存在于蜂蜜和水果中，工业上由淀粉经水解制得。

果糖与葡萄糖一样，也具有还原性，可以被托伦试剂或斐林试剂氧化，但不能被溴水氧化，因此可用溴水鉴别葡萄糖和果糖。同时，果糖也具有氧化性，可通过催化加氢生成己六醇。

果糖可用作食物、营养剂和防腐剂。

小知识

低血糖和高血糖

糖是人们身体必不可少的营养之一。人们摄入的谷物、面点、蔬菜、水果等，转化为单糖（如葡萄糖等）进入血液，运送到全身细胞，作为能量的来源。剩余的糖则储存在肝脏和肌肉中或者转变为脂肪。人体血糖必须保持一定的水平才能维持体内各器官和组织的需要。正常人的空腹血糖浓度为 $3.6\sim6.1mmol/L$。当血糖浓度低于 $3.6mmol/L$ 称为低血糖，低血糖会引起记忆力减退、反应迟钝、视力下降、昏迷甚至危及生命。但是血糖高于正常水平会引起高血糖，甚至是糖尿病。引发眼、心脏、血管、神经、肾等人体各种组织的慢性损害和功能障碍。

三、蔗糖和麦芽糖

蔗糖和麦芽糖都是低聚糖中的二糖，即水解后能生成两个分子的单糖。

1. 蔗糖

蔗糖的分子式为 $C_{12}H_{22}O_{11}$。纯蔗糖为无色晶体，熔点为 $180\sim186℃$，易溶于水，味甜，甜味超过葡萄糖和麦芽糖，但不及果糖。蔗糖是自然界分布最广的二糖，它在甘蔗和甜菜中含量最多，蔗糖也具有旋光性。

蔗糖是非还原性糖，不能被托伦试剂和斐林试剂氧化。在无机酸或酶催化作用下水解，生成一分子葡萄糖和一分子果糖。

$$C_{12}H_{22}O_{11} + H_2O \xrightarrow{\text{酸或酶}} C_6H_{12}O_6 + C_6H_{12}O_6$$

蔗糖　　　　　　　　　　葡萄糖　　　果糖

食用的白糖、冰糖和红糖的成分是什么？

2. 麦芽糖

麦芽糖的分子式为 $C_{12}H_{22}O_{11}$。纯麦芽糖是白色结晶，熔点是 $160\sim165℃$。常见的麦芽糖是糖膏，溶于水，微溶于乙醇，不溶于乙醚，有甜味。麦芽糖也具有旋光性。常见的麦芽糖如图 11-1 所示。

图 11-1 常见的麦芽糖

麦芽糖通常是以含淀粉较多的大米和玉米等为原料，经过淀粉酶的水解得到的。麦芽糖是还原性糖，能被托伦试剂和斐林试剂氧化，能在无机酸或酶催化作用下水解，生成两分子葡萄糖。

$$C_{12}H_{22}O_{11} + H_2O \xrightarrow{\text{酸或酶}} 2C_6H_{12}O_6$$
麦芽糖   葡萄糖

四、淀粉和纤维素

多糖是由多个单糖结合成的，是高分子化合物。多糖的性质与单糖或低聚糖差别较大，一般不溶于水，无甜味，没有还原性。淀粉和纤维素是自然界中最常见的两种多糖。

1. 淀粉

淀粉的分子式为 $(C_6H_{10}O_5)_n$，为白色粉末，不溶于一般的有机溶剂，在热水中可以形成糊状。淀粉遇碘变蓝色，此性质可用于鉴别淀粉。

在日常生活中，你接触过含淀粉的食物有哪些？吃米饭或馒头时，为什么细细咀嚼会有甜味？

淀粉是非还原性糖，不能被托伦试剂和斐林试剂氧化。在酸或酶的存在下可以逐步水解，依次得到糊精、麦芽糖，最终产物为葡萄糖。人的唾液中含有淀粉酶，所以细嚼淀粉食物后会有甜味感。

$$(C_6H_{10}O_5)_n + nH_2O \xrightarrow{\text{酸或酶}} nC_6H_{12}O_6$$
淀粉   葡萄糖

淀粉广泛存在于植物的种子、茎和根中，大米、小米、玉米和薯类都有较高的淀粉含量。淀粉的应用广泛，除了食用外，还可以用于制备葡萄糖、麦芽糖、酒精等物质。

2. 纤维素

纤维素的分子式是 $(C_6H_{10}O_5)_n$。纤维素是无色无味的纤维状物质，不溶于水和一般的有机溶剂。

与淀粉一样，纤维素也是非还原性糖，不能被托伦试剂和斐林试剂氧化。但是纤维素的水解比淀粉困难，在酸、加温加压或酶的催化下水解，最终产物为葡萄糖。

$$(\mathrm{C_6H_{10}O_5})_n + n\mathrm{H_2O} \xrightarrow{\text{酸或酶}} n\mathrm{C_5H_{12}O_6}$$

纤维素　　　　　　　　　葡萄糖

纤维素在自然界的分布非常广泛，它是构成植物细胞壁及支持组织的主要成分。棉花、亚麻、木材和枯叶中含有丰富的纤维素。其中棉花含量最高，为 90% 以上。除此之外，果壳、稻草、麦秆、竹子、芦苇、甘蔗渣、粗粮、水果及蔬菜中也含有大量的纤维素。

纤维素在工业上的用途广泛，可用于造纸、建筑、纺织以及制造各种功能的人造纤维。

 **课堂活动**

纤维素是人类和动物的营养物质吗？

人的消化道中不含有分解纤维素的酶，不能把纤维素分解为葡萄糖，因此，纤维素不能作为人类的营养物质。但是，纤维素又是人类不可缺少的一类食物。这是因为纤维素进入消化道后，能够增加肠胃的蠕动，帮助食物的消化吸收。所以膳食纤维也是人类健康饮食中的重要物质。

与人类相反，一些动物如牛、马、羊等，它们能够分泌纤维素酶，使纤维素分解为葡萄糖，因此可以以富含纤维素的植物根、茎、叶等作为营养物质。

 **小知识**

纤维素与造纸

造纸是纤维素一个最大的用途。通常是将富含纤维素的稻草、麦秆、竹子、芦苇、甘蔗渣等物质在一定条件下处理，去除杂质，提取出较纯的纤维素，再经过一系列的工艺过程制成纸张。

*第二节　蛋白质

 **你知道蛋白质的化学组成吗？它在生命活动中起到怎样的作用呢？**

一、蛋白质的组成

从元素组成上来说，蛋白质主要是由 C、H、O、N、S 五种元素组成的。除此之外，有些蛋白质还含有微量的 P、Fe、Mn、Zn、I 等元素。从结构上来说，蛋白质是由许多个

α-氨基酸分子连接成的大分子，α-氨基酸是蛋白质的基本单元。

氨基酸是指分子中既有氨基（—NH$_2$）又有羧基（—COOH）的一类有机物。如果氨基位于羧基的相邻碳原子上，这类氨基酸称为α-氨基酸。如下所示几种物质均为α-氨基酸。

$$H{-}CH{-}COOH \qquad CH_3{-}CH{-}COOH$$
$$\underset{NH_2}{\qquad} \qquad \underset{NH_2}{\qquad}$$
甘氨酸　　　　　　　丙氨酸

自然界中的氨基酸种类繁多，已发现的有两百多种，其中多数都是α-氨基酸，组成蛋白质的α-氨基酸大约有二十几种。

一个α-氨基酸分子中的氨基与另一个α-氨基酸分子中的羧基缩合失去一分子水，生成的物质称为肽（二肽），其中的 $-\overset{O}{\overset{\|}{C}}{-}NH{-}$ 称为肽键或酰胺键。由三个α-氨基酸分子两两缩合生成的物质称为三肽。由多个α-氨基酸分子两两缩合生成的物质称为多肽，所形成链状物质一般称为多肽链。因此，蛋白质定义为由α-氨基酸按一定顺序结合形成多肽链，再由一条或一条以上的多肽链按照其特定方式结合而成的高分子化合物。氨基酸、二肽、三肽、多肽和蛋白质之间的关系如图 11-2 所示。蛋白质的分子量从 1 万到数千万不等。如胰岛素是由 51 个氨基酸组成两条多肽链，一条链由 21 个氨基酸通过肽键结合而成，另一条链由 30 个氨基酸通过肽键结合而成，两条多肽链再通过链之间的化学键结合在一起，从而形成了蛋白质胰岛素。

$$H_2N{-}\underset{R}{\overset{R}{C}}H{-}\overset{O}{\overset{\|}{C}}{-}OH \ + \ H_2N{-}CH{-}\overset{O}{\overset{\|}{C}}{-}OH \ \xrightarrow{-H_2O} \ H_2N{-}CH{-}\overset{O}{\overset{\|}{C}}{-}NH{-}CH{-}\overset{O}{\overset{\|}{C}}{-}OH$$
两个α-氨基酸分子　　　　　　　　　　　　　　　　二肽

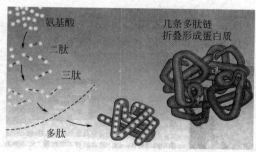

图 11-2　氨基酸、二肽、三肽、多肽和蛋白质之间的关系

组成蛋白质的氨基酸种类、数目、排列顺序和肽链结构的不同使蛋白质的种类繁多，结构复杂。但其中的含氮量十分接近，约为 16％。因此，在蛋白质样品中每克氮相当于 6.25g 蛋白质，6.25 被称为蛋白质常数，只要测定蛋白质样品中氮元素的含量就可以计算出该样品中蛋白质的含量。

二、 蛋白质的性质

1. 盐析

蛋白质是大分子物质，其分子直径在 0.01～1nm 之间，属于胶体颗粒，因此，蛋白质溶液具有胶体性质。但是，在蛋白质溶液中加入无机盐，如硫酸铵、硫酸钠、氯化钠等，蛋白质的溶解度会降低从而从溶液中沉淀出来，这一过程称为盐析。盐析是可逆过程，是物理变化。所有的蛋白质都可以通过盐析从溶液中析出，但是不同的蛋白质析出所需的盐浓度是不同的，因此可以利用这一性质对蛋白质进行分离。

2. 变性

蛋白质在某些物理和化学因素的作用下，其结构和性质发生改变，这种现象称为蛋白质的变性。引起蛋白质变性的物理因素包括热、激烈搅拌或振荡、紫外线照射等，化学因素包括强酸、强碱、重金属盐、有机溶剂等。蛋白质变性的表现是在水中的溶解度明显降低，甚至凝固，生物活性消失，容易被酶消化。与盐析不同，蛋白质变性是不可逆的。

你知道蛋白质变性的重要作用吗？

鸡蛋煮熟后再食用，原因是煮熟后的鸡蛋易于水解消化。

高温、紫外线或乙醇消毒灭菌，原因是高温、紫外线或乙醇可以使细菌蛋白质变性，失去生物活性。

重金属中毒后的急救方法是服用大量蛋白质如生牛奶、豆浆或生鸡蛋，再进行催吐。原因是重金属会使服入的蛋白质变性，减轻重金属对机体的危害，并催吐出与蛋白质结合的重金属盐。

3. 颜色反应

蛋白质可以和多种化学试剂作用，产生特殊的颜色反应。

（1）茚三酮反应　蛋白质与水合茚三酮反应，呈现蓝紫色。

（2）缩二脲反应　蛋白质与硫酸铜的碱性溶液反应，呈现紫色或紫红色，称为缩二脲反应。

（3）蛋白黄色反应　某些蛋白质遇浓硝酸变为黄色，这是由于含苯环的蛋白质遇到浓硝酸，苯环会发生硝化反应。皮肤沾到浓硝酸会变黄就是这个原因。

蛋白质的颜色反应可用于蛋白质的鉴别。

变性实验：在蛋白质溶液中加入饱和的硫酸铜溶液，观察实验现象。

颜色反应：在蛋白质溶液中加入茚三酮溶液，加热，观察实验现象。

4. 水解

蛋白质在酸、碱及蛋白水解酶的作用下，发生水解，经过一系列的中间产物，最后生成 α-氨基酸。

三、蛋白质的作用

蛋白质广泛存在于生物体中，是生命的物质基础，是细胞的重要组成部分，是人体组织更新和修补的主要原料。人体的每个组织，如毛发、皮肤、肌肉、骨骼、内脏、大脑、血液、神经、内分泌系统等都是由蛋白质组成，人的一切生命活动都离不开蛋白质。除此之外，蛋白质在体内进行分解会释放出人体所需的能量。所以，每天摄入品质优良、品种多样的蛋白质对生命健康起到非常重要的作用。食入的蛋白质在体内经过消化成氨基酸，被吸收后，再重新合成人体所需的蛋白质，同时新的蛋白质又在不断代谢与分解。

除了在生命活动中的重要作用，蛋白质在工业上也有广泛用途。动物的毛和蚕丝含有丰富的蛋白质，是重要的纺织原料。动物的皮经过处理后，其中所含蛋白质会变成不溶于水、不易腐烂的物质，可以加工制成柔软耐用的皮革。

四、生物酶

生物酶是一种具有生物活性的蛋白质，与蛋白质一样，也是由氨基酸组成的。生物酶是生物体内的催化剂，对生物体内的复杂反应产生催化作用。

生物酶是从生物体中产生的，因此具有非常特殊的催化功能，其特征如下。

（1）高效性　酶的催化效率是一般无机催化剂的 $10^7 \sim 10^{13}$ 倍。

（2）专一性　一种酶只能催化一类物质的化学反应。如淀粉酶只能催化淀粉的水解反应，蛋白酶只能催化蛋白质的水解反应。

（3）低反应条件　酶催化反应不像一般催化剂需要高温、高压、强酸、强碱等条件，可在体温和中性的环境下进行。

（4）易变性失活　在受到紫外线、热、金属盐、强酸、强碱及其他化学试剂等因素影响时，酶的性质改变，失去催化活性。

拓展提升

富含蛋白质的食物

蛋白质是非常重要的营养物质，也是各种生命活动不可缺少的物质。富含蛋白质的实物有哪些呢？

 本章小结

1. 糖的定义和分类
2. 常见单糖、低聚糖和多糖（重点）
3. 蛋白质的结构和组成
4. 蛋白质的性质：蛋白质具有盐析、变性、颜色反应和水解的性质。
5. 生物酶的定义和性质

 习题

一、选择题

1. 下列有关葡萄糖的叙述错误的是（　　）。

A. 葡萄糖的甜度比蔗糖低   B. 葡萄糖不具有还原性

C. 血液中含有葡萄糖   D. 新配制的葡萄糖溶液会发生旋光度的改变

2. 要将蛋白质从水中析出又不改变它的性质，可以采用的方法是（   ）。

A. 浓硝酸   B. 茚三酮溶液   C. 氯化钠溶液   D. 甲醛溶液

3. 有关蛋白质的叙述正确的是（   ）。

A. 重金属盐会使蛋白质变性，所以吞服"钡餐"会使人中毒

B. 蛋白质的水解产物是氨基酸

C. 蛋白质与浓硝酸加热时会变为黄色

D. 蛋白质的变性是生活中不需要的

二、书写葡萄糖和果糖的构造式。

三、书写淀粉和蔗糖水解的反应式。

四、试用化学方法区别下列化合物。

1. 葡萄糖和果糖

2. 葡萄糖、蔗糖和淀粉

3. 麦芽糖和蔗糖

五、请简单叙述如何鉴别一块布料是蚕丝还是合成纤维。

第十二章

合成高分子化合物

学习目标

1. 解释高分子化合物的基本概念和命名方法。

2. 归纳高分子化合物的合成方法和特性。

3. 复述重要的合成高分子材料——塑料、纤维、橡胶、离子交换树脂等的制法、性能和用途。

4. 说出新型有机高分子材料的类型、作用及其发展趋势。

知识链接

生活中常见的高分子制品

高分子化合物渗透到人类生产生活的各个领域。生活中的各种塑料制品、人们的衣服面料、各类交通工具、工业农业生产用具、医疗器械等无一不有合成高分子的身影。

20世纪30年代，合成高分子化合物的出现改变了人类的生活。高分子材料由于具备质量轻、机械强度大、耐腐蚀、电绝缘性好和可塑性好等优点，广泛应用于航空航天、军事、工农业生产、医疗器械、家用器具、娱乐与文化体育中。可以说，人类社会的每一个领域都离不开高分子材料。随着社会的发展和技术的不断进步，功能化高分子材料的成功研制为人类生产生活、军事和科技提供了更大的发展空间。

第一节 基本概念

你知道什么是合成高分子材料吗？合成高分子材料对人类的生活有多重要吗？生活中有哪些物质是高分子材料？

一、 合成高分子化合物的定义

高分子化合物是指相对分子质量较大（大于 10000）的大分子化合物，简称高分子。高分子化合物可以分为两类：一类是天然高分子，如淀粉、纤维素、蛋白质、天然橡胶；另一类是用人工方法合成的大分子化合物——合成高分子化合物。如塑料、人造纤维、人造橡胶、离子交换树脂等。

合成高分子化合物虽然分子量很大，但其化学组成较为简单，一般是由一种或几种简单的小分子化合物经过聚合反应以共价键重复结合而成的。如应用广泛的聚氯乙烯即 PVC，就是由许多的氯乙烯分子经过聚合反应以共价键结合成的。

$$n\text{CH}_2=\underset{\underset{\text{Cl}}{|}}{\text{CH}} \longrightarrow \underset{\underset{\text{Cl}}{|}}{-\!\!\left[\text{CH}_2-\text{CH} \right]_n}$$

氯乙烯　　　　　聚氯乙烯

其中，将氯乙烯这种能聚合成高分子化合物的小分子化合物称为单体，n 称为聚合度，组成高分子化合物的重复单元 $-\text{CH}_2-\underset{\underset{\text{Cl}}{|}}{\text{CH}}-$ 称为链节。因此，高分子化合物的相对分子质量＝聚合度×链节式量。

应当指出，同一种合成高分子化合物中每个分子的聚合度一般是不相同的，即各个分子的相对分子质量也不一样，可能有的大些有的小些。因此，合成高分子化合物的聚合度是平均聚合度，合成高分子化合物的相对分子质量是平均分子量。

二、合成高分子化合物的分类

合成高分子化合物的种类繁多，分类方式也较多，一般有以下三种分类方法。

1. 按性能分类

按照性能可将高分子化合物分为塑料（如聚氯乙烯、聚苯乙烯、环氧树脂、酚醛树脂等）、合成纤维（如锦纶、涤纶等）、合成橡胶（如丁苯橡胶、硅橡胶等）三类。

2. 按用途分类

按照用途可将高分子化合物分为通用高分子（如塑料、纤维、橡胶等用途非常广泛的高分子化合物）、工程材料高分子（是指具有特殊性能的高分子）、功能高分子（是指具有特殊功能的高分子，如生物医用高分子、可降解高分子）等。

3. 按高分子主链的组成分类

按照主链的组成，可将高分子分为碳链高分子化合物，即主链全部由碳原子组成，如聚乙烯和聚氯乙烯；杂链高分子化合物，即主链上除了碳原子，还有氧、氮、硫等元素；元素有机高分子化合物，即主链上不含碳元素，而是由硅、氧等元素组成。

三、合成高分子化合物的命名

高分子化合物的系统命名法比较复杂，一般较少使用。通常是按照制备方法和原料名称或商品名称等命名的。

1. 加聚物的命名

由加聚反应得到的高分子，其命名是在单体的前面加"聚"字。如，由氯乙烯聚合得到的高分子称为聚氯乙烯，由苯乙烯聚合得到的高分子称为聚苯乙烯。

2. 缩聚物的命名

由缩聚反应得到的高分子，其命名是在单体的后面加"树脂"两字，如由苯酚和甲醛缩聚得到的高分子称为酚醛树脂。

3. 合成橡胶的命名

合成橡胶的命名是在橡胶单体简称的后面加"橡胶"两字，如由1,3-丁二烯与苯乙烯反应得到的高分子称为丁苯橡胶，由2-氯-1,3-丁二烯反应得到的高分子称为氯丁橡胶。

4. 商品命名

为了方便，有些高分子化合物还被赋予商品名称，如聚丙烯腈商品名为腈纶，聚甲基丙烯酸甲酯商品名为有机玻璃。

5. 英文缩写命名

除了上述这些命名方法之外，还常以英文名称的缩写来表示高分子化合物，如 PE 代表聚乙烯，PP 代表聚丙烯，PVC 代表聚氯乙烯。

 课堂活动

简单的小分子单体如何结合成相对分子质量高达10000以上的高分子化合物？

四、高分子化合物的合成方法

高分子化合物是由小分子单体通过聚合反应生成的。聚合反应的方式有两种：一种是加成聚合反应简称加聚反应；另一种是缩合聚合反应简称缩聚反应。

1. 加聚反应

由一种或多种单体相互加成形成高分子化合物的反应称为加聚反应。如1,3-丁二烯发生加聚反应生成顺丁橡胶，1,3-丁二烯与苯乙烯发生反应生成丁苯橡胶，反应如下。

$$n\text{CH}_2=\text{CH}-\text{CH}=\text{CH}_2 \xrightarrow{\text{加聚}} \begin{bmatrix} \text{CH}_2-\text{CH}=\text{CH}-\text{CH}_2 \end{bmatrix}_n$$

1,3-丁二烯　　　　　　　　　　　　顺丁橡胶

$$n\text{CH}_2=\text{CH}-\text{CH}=\text{CH}_2 + n\text{CH}_2=\text{CH} \xrightarrow{\text{加聚}} \begin{bmatrix} \text{CH}_2-\text{CH}=\text{CH}-\text{CH}_2-\text{CH}_2-\text{CH} \end{bmatrix}_n$$

丁二烯　　　　　　苯乙烯　　　　　　　　　　丁苯橡胶

发生加聚反应的单体一般含有不饱和键，如烯烃、共轭二烯烃和它们的衍生物等。通过加聚反应得到的高分子化合物与单体的化学组成相同，因此高分子化合物的相对分子质量是单体相对分子质量的整数倍。

2. 缩聚反应

由一种或多种单体通过脱去小分子如 H_2O、HX、ROH 等而缩合成高分子化合物的反应称为缩聚反应，如对苯二甲酸二甲酯与乙二醇缩合反应生成的确良。

$$n\text{CH}_3\text{OOC}-\boxed{}-\text{COOCH}_3 + n\text{HOCH}_2\text{CH}_2\text{OH} \longrightarrow$$

对苯二甲酸二甲酯　　　　　　　　乙二醇

$$\begin{bmatrix} \text{OC}-\boxed{}-\text{COOCH}_2\text{CH}_2\text{O} \end{bmatrix}_n + n\text{CH}_3\text{OH}$$

涤纶　　　　　　　　甲醇

发生缩聚反应的单体应该带有两个或两个以上的—OH、—COOH、—NH_2、—X 和活泼 H 等原子或基团，如二元酸、二元醇、二元胺、醇酸、氨基酸、苯酚、甲醛等。由于缩聚反应中失去了小分子，因此缩聚反应得到的高分子化合物与单体的化学组成不相同，其相

对分子质量也不是单体相对分子质量的整数倍。

加聚反应与缩聚反应的区别，如表 12-1 所示。

表 12-1　加聚反应与缩聚反应的区别

物质	加聚反应	缩聚反应
反应物	单体不饱和	单体不一定不饱和,但是必须含有特定的官能团
生成物	只有高分子	高分子和小分子
聚合物与单体	分子组成与单体相同	分子组成与单体不完全相同

*第二节　合成高分子化合物的特性

高分子化合物有诸多特点，是什么原因使高分子化合物具有那么多小分子化合物所不具备的优良特性呢？

一、合成高分子化合物的结构

合成高分子化合物的分子结构有两种，一种是线型结构，另一种是体型结构。

1. 线型结构

线型结构是指分子中的原子以共价键的形式连接成一条链，称为分子链，分子链可以伸直或卷曲，有些分子链中也含有少量的支链，如图 12-1（a）和图 12-1（b）属于线型结构。由于线型结构高分子化合物中的分子可以自由运动，因此线型高分子化合物具有弹性大、可塑性好、硬度小、可熔融的特点。常见的线型结构高分子化合物有聚乙烯、聚氯乙烯、聚己内酰胺等。

(a)　　　　　　　(b)　　　　　　　(c)

图 12-1　高分子化合物的线型和体型结构

2. 体型结构

体型结构是指分子中原子所形成的分子链之间通过共价键再互相连接，形成网状的三维结构，如图 12-1（c）。体型结构可以看做是线型结构的相互连接。由于结构上的不同，使两者之间差异较大。

体型结构由于没有独立大分子，因此体型结构高分子化合物没有弹性和可塑性，不能溶解和熔融，硬度较大。酚醛树脂就是体型结构的高分子化合物。

二、合成高分子化合物的特性

由于特殊的分子结构和较大的相对分子质量，使合成高分子化合物具备了与小分子化合物差别较大的特性。

1. 溶解性

取有机玻璃粉末 0.5g 放入试管中，加入 10mL 三氯甲烷，振荡试管。观察有机玻璃是否溶解。

取废轮胎粉末 0.5g 放入试管中，加入 10mL 汽油，振荡试管，观察轮胎粉末是否溶解及其他现象。

线型高分子化合物一般可以溶解在适当的溶剂中，如有机玻璃可以溶解于三氯甲烷中。具有网状结构的体型高分子化合物不易溶解，如橡胶，有的可以被溶剂溶胀。

2. 电绝缘性

高分子化合物中原子之间以共价键结合，不存在自由的电子或离子，一般不易导电，所以高分子材料通常是很好的电绝缘材料，常用作电线电缆的绝缘外皮。但是也有一些功能化的特殊导电高分子材料，如聚乙炔导电高分子材料。

3. 机械强度

高分子化合物由于具有较大的相对分子质量，因此分子间作用力较大，机械强度较大。所以，一些高分子化合物可以代替金属用于制备机械零件。

4. 热塑性和热固性

在一支试管中放入聚乙烯塑料碎片，用酒精灯缓慢加热，观察塑料碎片软化和熔化的情况。等熔化后立即停止加热以防分解。再等冷却固化后加热，观察现象。

线型高分子化合物加热到一定温度时，开始软化，并有流动性，可以塑造成不同的形状，冷却后又变为固体。这种性质称为高分子化合物的热塑性。如聚乙烯、聚苯乙烯都是热塑性的高分子化合物。利用这一性质可以将热塑性高分子化合物制成薄膜，拉成丝或压制成各种形状，用于工业、农业和日常生活等。

有些体型高分子一经加工成型就不会再受热熔化，这种性质称为高分子化合物的热固性，例如酚醛塑料（电木）等。

5. 弹性

线型高分子化合物的分子链较长，并且可以自由旋转，每个链节的相对位置可以改变，因此分子可以以各种卷曲的状态存在。当受到外力拉伸时，分子链可以被拉直伸长，当外力撤销时，分子链又恢复到卷曲的状态，从而表现出较好的弹性，如橡胶就具有较好的弹性。

第三节　重要的合成高分子化合物

你知道生活中的塑料制品有哪些吗？
它们的化学成分是什么？

塑料与合成橡胶、合成纤维形成了当今日常生活不可缺少的三大合成材料。

一、塑料

塑料是一类具有可塑性的合成高分子材料。具体地说，塑料是以天然或合成高分子化合物（如前面提到的聚乙烯、聚丙烯、聚氯乙烯等）为主要成分，在一定条件下塑制成一定形状的材料。除此以外为了改善它的性能还需要加入一些辅助试剂如填料、增塑剂、稳定剂、着色剂等。

按照性能和使用范围来分类，通常将塑料分为两大类：通用塑料和工程塑料。通用塑料是指产量大、成本低、应用广泛的塑料，包括聚乙烯、聚丙烯、聚苯乙烯、聚氯乙烯、酚醛树脂、氨基树脂等称为六大通用塑料，这类塑料广泛用于工农业生产和日常生活中。工程塑料是指力学性能好，可以代替金属用于工程材料的高分子化合物，如聚酰胺、聚甲醛、聚碳酸酯等。这类材料广泛应用于机械制造、仪器仪表、建筑、交通运输、航空航天及国防科技等领域（见表12-2）。

表 12-2　常见塑料种类、性质和用途

名称	结构	缩写符号	主要性能	用途
聚乙烯	$-CH_2-CH_2-_n$	PE	耐化学腐蚀,电绝缘性好,耐热性差,无毒	用于制备农业用膜、药品、食品、化肥、工业品的包装材料,保鲜膜、塑料袋、奶瓶、水杯、厨房用具等日用品
聚氯乙烯	$-CH_2-CH-_n$ 其中 Cl	PVC	耐化学腐蚀,耐有机溶剂,电绝缘性好,耐热性差,有毒	用于制备管道、绝缘材料、建筑装潢用品、雨衣、鞋底、玩具等日用品
聚四氟乙烯俗称"特氟隆"	$-CF_2-CF_2-_n$	PTFE	耐化学腐蚀,不溶于王水,耐有机溶剂,耐高温,电绝缘性好,密封性好、高润滑不黏附,无毒	用于国防、航天、电子电气、化工、机械、仪器仪表、建筑、纺织、医疗食品,冶金冶炼中的耐高低温、耐腐蚀材料,绝缘材料、防粘涂层、密封材料和填充材料

名称	结构	缩写符号	主要性能	用途
酚醛塑料 俗称"电木"		PF	耐化学腐蚀,耐热、耐摩擦,机械强度较高、电绝缘性好	制备电工器材、仪表外壳、隔音材料、机械零件、日常用品
聚甲基丙烯酸甲酯 俗称"有机玻璃"	$-\!\!\left[CH_2-\overset{\displaystyle CH_3}{\underset{\displaystyle COOCH_3}{C}}\right]\!\!_n$	PMMA	透明度优良,有突出的耐老化性,耐酸碱,溶于有机溶剂,耐磨性较差	制备仪器仪表零件、各种照明材料、光学镜片、透明管道,建筑、汽车和飞机用玻璃

小知识

塑料制品底部标注的数字和英文字母代表的含义

标注	01 PET	02 HDPE	03 PVC	04 LDPE	05 PP	06 PS	07 Others
含义	聚对苯二甲酸乙二醇酯(聚酯)	高密度聚乙烯	聚氯乙烯	低密度聚乙烯	聚丙烯	聚苯乙烯	其他

二、合成纤维

合成纤维是指以小分子化合物为原料通过化学合成和机械加工所得到的具有一定长度、强度和韧性的丝状高分子化合物。而棉花、羊毛、蚕丝、麻等非人工合成的纤维称为天然纤维。以天然纤维为原料经过加工处理得到的纤维称为人造纤维。人造纤维和合成纤维统称为化学纤维。

与天然纤维、人造纤维相比,合成纤维显现出多方面的优势,如品种繁多、性能优良等。除了广泛应用到纺织行业,为人类提供衣着材料外,在工农业生产、国防、科技发展等方面也发挥了重要的作用。下面介绍几种常见的合成纤维。

1. 聚酰胺纤维

聚酰胺纤维是指以酰胺键（ $-\!\!\overset{\displaystyle O}{\overset{\|}{C}}\!-\!NH\!-$ ）连接高分子中链节的一类合成纤维,商品名为

尼龙。聚酰胺纤维的特点是强度大、耐磨性好、不发霉，可用于制衣、绳索、渔网、降落伞等。

2. 聚酯纤维

聚酯纤维是指以酯键（ $-\overset{\text{O}}{\underset{\text{||}}{\text{C}}}-\text{O}-$ ）连接高分子中链节的一类合成纤维。如以对苯二甲酸、乙二醇为单体通过缩聚反应形成的纤维，商品名为涤纶，俗称"的确良"，它是聚酯纤维中的主要品种。除了用于裁制衣物，聚酯纤维还用做渔网、帘子线、耐酸滤布、水龙带等。

3. 聚丙烯腈纤维

以丙烯腈为单体发生聚合反应得到的纤维称为聚丙烯腈纤维（ $\left[\!\!\begin{array}{c}\text{CN}\\|\\\text{CH}_2-\text{CH}\end{array}\!\!\right]_n$ ），商品名为腈纶或开司米，俗称"人造羊毛"。 聚丙烯腈纤维保暖性、弹性、耐光性好，柔软舒适，是制作衣物的理想面料。

三、合成橡胶

合成橡胶是由小分子单体如丁二烯、氯丁二烯、苯乙烯、丙烯腈等通过聚合反应所形成的高分子化合物。由橡胶树中的乳胶加工得到的是天然橡胶。合成橡胶从性能、种类和产量方面都远远优于天然橡胶。

小分子单体聚合得到的橡胶称为生胶，也就是没有经过加工的橡胶。一般来说，生胶的强度、弹性和稳定性等各方面性能都较差，没有实际的用途，因此生胶必须要进行硫化处理。硫化后的橡胶性能明显优于生橡胶，从而在日常生活、工农业生产、交通运输、医疗器械、军事、科技等方面发挥巨大的作用。下面介绍几种常见的橡胶。

1. 丁苯橡胶

丁苯橡胶是由丁二烯和苯乙烯发生聚合反应得到的高分子化合物，是合成橡胶中产量最大的一种。这类橡胶主要用途是制作车辆轮胎、电缆和胶鞋底等。

$$\left[\!\!\begin{array}{c}\text{CH}_2-\text{CH}=\text{CH}-\text{CH}_2-\text{CH}_2-\text{CH}\\ |\\ \bigcirc\end{array}\!\!\right]_n$$

2. 丁腈橡胶

由丁二烯和丙烯腈聚合得到的高分子化合物称为丁腈橡胶。丁腈橡胶的耐油、耐热性较好。主要用于制造各种耐油制品，如胶管、密封垫圈等。

$$\left[\!\!\begin{array}{c}\text{CH}_2-\text{CH}=\text{CH}-\text{CH}_2-\text{CH}_2-\text{CH}\\ |\\ \text{CN}\end{array}\!\!\right]_n$$

3. 硅橡胶

硅橡胶是一种具有特殊性能的特种橡胶，它是分子中含有硅原子的合成橡胶的总称。如由二甲基二氯硅烷制备的二甲基硅橡胶。

$$\left[\!\!\begin{array}{c}\text{CH}_3\\ |\\ \text{Si}-\text{O}\\ |\\ \text{CH}_3\end{array}\!\!\right]_n$$

硅橡胶除了具有电绝缘性好，耐臭氧和耐大气老化等优良性能外，最突出的特点是使用温度广，能在－60～250℃下长期使用，因此可用于制造特种密封材料。同时由于硅橡胶无毒、无味、无腐蚀、与机体的相容性好、能经受苛刻的消毒条件而广泛用于医疗卫生和食品工业方面，如可用做医疗器械、人工脏器以及做奶嘴、奶瓶吸管等，硅橡胶奶嘴和吸管见图 12-2。

图 12-2　硅橡胶奶嘴和吸管

四、离子交换树脂

离子交换树脂是一类具有离子交换功能的合成高分子材料。在溶液中它能将本身的离子与溶液中的某些离子进行交换。不溶于水和一般的酸、碱，也不溶于普通有机溶剂。一般为颗粒状，粒径为 $0.3 \sim 1.2 mm$。

1. 离子交换树脂的结构和分类

从结构上来说，离子交换树脂具有空间网状结构，由小分子单体聚合形成的高分子骨架和附着在这个骨架上的许多活性基团组成。

按照单体的种类，离子交换树脂可以分为苯乙烯型、酚醛型、丙烯酸型、环氧型等。按照活性基团的不同，离子交换树脂可以分为阳离子交换树脂和阴离子交换树脂两类。阳离子型交换树脂的活性基团为酸性（强酸或弱酸，如 $-SO_3H$、$-COOH$），阴离子型交换树脂的活性基团为碱性（强碱或弱碱，如 $-NR_3^+$、OH^-、$-NH_2$）。活性基团又包括两部分结构：一是与骨架牢固结合，不能自由移动的固定部分，二是能在一定空间内自由移动并能与周围环境中其他离子进行交换的活动部分。如在交联苯乙烯强酸性阳离子交换树脂中，SO_3^- 是固定部分，H^+ 是活动部分，其余部分为骨架。

强酸性阳离子交换树脂　　强碱性阴离子交换树脂

这种树脂的制备是将苯乙烯与对苯二烯聚合得到的高分子化合物为骨架，经过硫酸处理引入磺酸基得到强酸性阳离子交换树脂，引入季铵碱得到强碱性阴离子交换树脂。两者可以简写为 $R-SO_3^- H^+$ 和 $R-CH_2-N^+(CH_3)_3 OH^-$。

2. 离子交换树脂的工作原理

阳离子交换树脂的高分子骨架上含有大量的酸性基团，如磺酸基 $-SO_3H$，容易在溶液中离解出 H^+，故呈酸性。树脂离解后，本体所含的负电基团，如 $-SO_3^-$，能吸附结合溶液中的其他阳离子。这两个反应使树脂中的交换离子与溶液中的阳离子如 Na^+、K^+、Mg^{2+}、Ca^{2+} 等互相交换。

阴离子交换树脂的高分子骨架上含有大量的碱性基团，如季铵碱 $-NR_3OH$，容易在溶液中离解出 OH^-，呈碱性。树脂离解后，本体所含的正电基团，如 $-N^+R_3$，能吸附结合溶液中的其他阴离子。这两个反应使树脂中的交换离子与溶液中的阴离子如 Cl^-、SO_4^{2-}、CO_3^{2-} 等互相交换。

3. 离子交换树脂的应用

离子交换树脂的用途广泛，主要用于水处理，包括水质的软化、去离子水的制备和海水的淡化。普通水中含有 $NaCl$、KCl、Na_2SO_4、$MgCl_2$、$Ca(HCO_3)_2$ 等矿物质，在经过阳离子交换树脂时，水中的 Na^+、K^+、Mg^{2+}、Ca^{2+} 等阳离子会被除去：

$$R—SO_3H+Na^+(K^+、Mg^{2+}、Ca^{2+}) \Longleftrightarrow R—SO_3Na(K^+、Mg^{2+}、Ca^{2+})+H^+$$

水再经过阴离子交换树脂时，Cl^-、SO_4^{2-}、HCO_3^- 等阴离子会被除去：

$$R—CH_2N(CH_3)_3OH+Cl^-(HCO_3^-、SO_4^{2-}) \Longleftrightarrow R—CH_2N(CH_3)_3Cl(HCO_3^-、SO_4^{2-})+OH^-$$

在经过了阳离子和阴离子交换树脂的处理后，水中的阴阳离子均被除去，因此得到了去离子水。离子交换反应是可逆的，离子交换树脂在使用一段时间之后，交换能力下降，可将其用酸或碱淋洗，恢复交换能力，这个过程称为离子交换树脂的再生。

除了在水处理方面的应用，离子交换树脂还广泛应用在冶金行业、化工行业、食品行业，进行金属、化工产品的分离提纯以及食品的脱色纯化等，在环境保护方面，离子交换树脂被普遍用于电镀废水、造纸废水、生活污水、工业废气的治理。

*第四节　新型高分子材料简介

除了传统的高分子材料，你知道哪些新型的有特殊功能的高分子材料呢？

合成高分子材料由于具有诸多普通材料所无法替代的优点而获得了迅速发展。但是随着社会的进步和科技的发展，人类对特殊功能材料的需求也越来越高。因此，在大力发展通用高分子材料、进一步改善其性能的基础上，研究和开发具有特殊功能的新型高分子材料成为长期以来人们不断为之努力和奋斗的方向。目前已有不少具有特殊功能的高分子材料诞生和应用。

功能性高分子材料，一般是指具有某种特殊功能或者是能在某种特殊环境下使用的高分子材料，换言之功能高分子材料是指表现出力学、电、磁、光、生物、化学等特性的材料。

一、光电磁高分子材料

20 世纪 70 年代中期，第一个导电高分子聚乙炔的发现改变了高分子只能是绝缘体的观念，在导电高分子研究领域取得突破性的发现，这一开创性研究获得 2000 年诺贝尔化学奖。从此，具有光、电、磁活性的导电高分子材料成为对物理学家和化学家都具有重要意义的研究领域。

这类材料的合成方法一般有两种，复合型和结构型。复合型是指在普通的高分子材料中加入各种导电材料而制成的，如加入导电金属粉、石墨及各种导电金属盐等。结构型导电高分子材料是依靠高分子本身导电。导电高分子材料在二次电池、导电橡胶、导电涂料、导电黏合剂、电磁波屏蔽材料和抗静电材料等许多领域发挥着重要的作用。

磁性高分子材料也分为复合型和结构型两种。复合型高分子材料所添加的磁性材料主要是铁氧和稀土。与传统的磁性材料相比，复合型高分子磁性材料因为具有密度小、容易加工成尺寸精度高和形状复杂的制品、能与其他元件一体成型等优点，而得到广泛的应用，如用做电冰箱等冷藏设备的密封件，用做通信设备的传感器、微型扬声器的磁性元件等。

高分子发光材料是一种功能性的发光高分子材料，它是将感光性物质加入到高分子化合物中或作为高分子材料的感光基团而合成的材料。可以被高分子吸收能量的光包括可见光、紫外线以及各种射线等，使发光高分子材料的发展前景非常广阔。

二、生物医用高分子材料

生物医用高分子材料指用于生理系统疾病的诊断、治疗、修复或替换生物体组织或器官，增进或恢复其功能的高分子材料。在生物医学、材料科学和生物技术领域的共同努力下，新型高分子材料不断得到更新和发展，新型的生物医用高分子材料也在不断地完善和得到应用。

目前，生物医用高分子材料应用的范围包括组织黏合剂、手术缝线、眼科材料、人造器官、高分子药物以及药物释放控制技术等。虽然有些生物医用高分子材料还没有达到完全满足生命体需要的理想状态，如植入人工心脏瓣膜的患者需要终身使用药物等。但是随着高分子科学、生命科学和现代医学的不断发展，生物医用高分子材料将进入一个全新的时代。

三、智能型高分子材料

智能高分子材料是指能够感知环境变化，通过自我判断和结论，实现指令和执行的新材料。其中环境刺激因素很多，如温度、酸碱度、电场、磁场、溶剂、光等，对这些刺激产生有效响应的智能高分子材料自身性质会随之发生变化。由于它具有反馈功能，与仿生和信息密切相关，其先进的设计思想被誉为材料科学史上的一大飞跃，已引起世界各国政府和多种学科科学家的高度重视。

如目前研究最多并投入使用的热敏型形状记忆高分子材料。将这类材料加热到一定的温度，并施加外力使其变形，在变形状态下冷却，当再加热到一定温度时会自动恢复到原来的状态。

四、生物可降解高分子材料

随着高分子材料的迅速发展，它给人类带来巨大便利的同时也引发了一大难题——环境污染。大多数合成高分子化合物在自然环境下难以分解，造成严重的污染。因此合成生物可降解高分子材料成为世界各国高分子材料领域的热门研究课题。所谓生物可降解高分子材料是指能在微生物分解酶的作用下分解的材料。这类材料除了不会引发环境污染问题，其意义还在于用于生物医用领域，可在生物体内分解，参与人体的新陈代谢并最终排出体外。

生物可降解高分子材料的合成方法主要有三种。一是微生物合成，是通过细菌在一定的生命养料环境中发酵产生可降解高分子化合物。这种方法产率较低，不适合大规模的生产。二是用化学方法合成，如目前已具实用价值并商品化的生物可降解高分子材料脂肪族聚酯、聚乳酸和聚乙烯醇。第三种方法是由淀粉、蛋白质、纤维素、甲壳素等天然高分子进行改性或与化学合成的可降解高分子共同合成可生物降解高分子材料。

生物可降解高分子材料目前的应用领域多集中在生物医用领域。如微胶囊药物释放体系、骨科内固定材料、组织修复材料及手术缝合线等。

虽然可降解高分子材料的应用还存在一些挑战，但是无环境污染这一特点使这类材料受到越来越多的瞩目。随着高分子材料合成技术的进一步发展和商业化，生物可降解高分子材料的应用前景定会更加光明。

五、高吸水性高分子材料

所谓高吸水性高分子材料是指与水接触后能吸收高于自身质量数百倍甚至上千倍水的高分子材料。其吸湿原理主要是高分子中含有能够吸收大量水分的亲水基团。

高吸水性高分子材料按照原料的不同可分为三种，淀粉系列、纤维素系列和合成系列。前两种是以淀粉或纤维素为主要原料，在主链上引入亲水基团。合成系列主要由聚丙烯酸型树脂或聚乙烯醇树脂为原料制备的。

高吸水性树脂应用范围极广。在建筑工程方面，高吸水性高分子材料可用作防渗水材料、防潮防霉材料、隔水材料。在石油化工行业，可以用作堵漏材料、密封材料及脱水剂等。在农林业生产方面更是发挥着巨大的作用，如做土壤改良剂、保水剂、植物无土栽培材料、种子覆盖材料，还可用于沙漠改造，防止土壤流失等。在医疗卫生用品领域，人们利用高吸水性高分子材料吸收尿液、血液、药物等，除此之外还用于制造卫生巾、一次性尿布、餐巾纸、医用药棉等。

本章小结

1. 合成高分子化合物的基本概念
2. 高分子化合物的合成方法
3. 合成高分子化合物的结构
4. 合成高分子化合物的特性
5. 重要的合成高分子化合物（重点）
6. 新型高分子材料

 习题

一、选择

1. 下列有关高分子化合物性质描述中不正确的是（　　）。

A. 一般具有良好的绝缘性

B. 均不溶于水，易溶于有机溶剂

C. 均不耐热，受热后会熔化，改变原有形状

D. 一般比同质量的金属强度大

2. 合成结构简式为 $\cdots CH-CH_2-CH_2-CH=CH-CH_2 \cdots_n$ 的高聚物，其单体为（　　）。
①苯乙烯 ②丁二烯 ③丁二炔 ④丙炔 ⑤苯丙炔

A. ①② 　　　 B. ④⑤ 　　　 C. ③⑤ 　　　 D. ①③

二、写出下列化合物的结构式

1. 聚丙烯

2. 腈纶

3. 丁苯橡胶

4. 聚四氟乙烯

5. 二甲基硅橡胶

三、简答题

1. 人造纤维、合成纤维和天然纤维的区别是什么？

2. 离子交换树脂由哪几部分组成？它的主要用途是什么？

3. 为什么高分子化合物的相对分子质量是平均分子质量？

4. 为什么将聚乙烯用于制作食品包装或餐具，而不使用聚氯乙烯？

5. 离子交换树脂可将海水淡化，请解释原理。

综合实训

实训项目一　有机实验的基本操作

一、蒸馏

蒸馏是分离、提纯液体有机化合物最常用的方法之一。根据不同的物理性质，可将蒸馏分为常压蒸馏、减压蒸馏和水蒸气蒸馏三种。它们分别适用不同的分离场合。

1. 常压蒸馏

（1）基本原理　在常压下，将液体物质加热至沸腾，使之汽化，然后将蒸气冷凝为液体并收集到另一容器中。这一操作叫做常压蒸馏。常压蒸馏一般用于沸点低于150℃的液体混合物的分离。

（2）蒸馏装置　常压普通蒸馏装置如实训图1所示。主要包括汽化、冷凝和接收三部分。

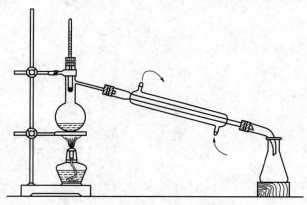

实训图1　普通蒸馏装置

① 汽化部分。由蒸馏烧瓶和温度计组成。液体在烧瓶中受热汽化，蒸气从侧管进入冷凝管。烧瓶规格的选择，以被蒸馏物的体积不超过其容量的2/3、不少于1/3为宜。

② 冷凝部分。由冷凝管组成。蒸气进入冷凝管的内管后，被外层套管中的冷水冷凝为液体。当被蒸馏液体的沸点高于140℃时，应采用空气冷凝管（见实训图2）。

③ 接收部分。由尾接管和接收器（常用圆底烧瓶和锥形瓶）组成。若蒸馏得到的产物易挥发、易燃或有毒时，应在尾接管的支管上接一根橡胶管，通入水槽的下水管或引出室外。若同时还是低沸点物质，还要将接收器置于冷水浴或冰水浴中冷却（见实训图3）；若蒸馏出的是易受潮分解或无水产品，则可在尾接管的支管上连接一装有无水氯化钙的干燥管（见实训图4）。

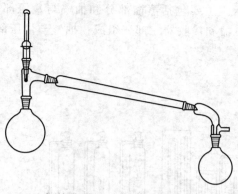

实训图 2　空气冷凝蒸馏装置

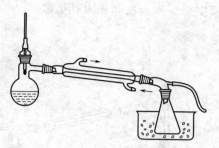

实训图 3　易挥发、易燃或
有毒产品的蒸馏装置

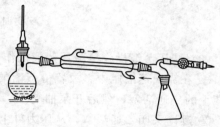

实训图 4　易受潮分解
产品的蒸馏装置

（3）蒸馏操作　蒸馏操作可按下列程序进行。

① 安装仪器。按自下而上、自左至右的顺序安装好蒸馏装置，检查仪器各部分是否紧密和妥善。

② 加入物料。将样品沿瓶颈慢慢倾入，加入数粒沸石，再装好温度计。

③ 通冷凝水。检查气密性，打开水龙头，缓缓通入冷凝水。

④ 加热蒸馏。开始用小火加热，逐渐增大火力，使液体沸腾；调节热源，控制蒸馏速度，以每秒蒸馏出 1～2 滴为宜。

⑤ 观察沸点，收集馏分。记录下第一滴馏出液滴入接收器时的温度，此时的馏出液常是物料中沸点较低的液体，称为"前馏分"或"馏头"。前馏分蒸完，温度趋于稳定后，蒸出的即是较纯的物质，此时应该更换一个洁净干燥的接收器接收。记录下这部分液体开始馏出时的温度和馏出最后一滴的温度读数，两读数之差即为该馏分的"沸程"。纯液体的沸程一般不超过 1～2℃。

⑥ 停止蒸馏。如果维持原来的加热温度却不再有馏出液蒸出，而温度却突然下降，此时应停止蒸馏。

（4）操作注意事项　在进行蒸馏操作时，应注意以下几点。

① 组装蒸馏装置时，各仪器之间连接一定要紧密，接收部分要与大气相通，不可造成密闭体系。

② 不要忘记加入沸石，每次重新蒸馏时都要重新添加沸石，如果忘记加沸石，必须补加，且要在液体温度低于其沸腾温度时进行。

③ 蒸馏过程中，加热温度不宜过高，否则造成蒸气过热，水银球上的液珠消失，导致所测沸点偏高；温度也不宜过低，以免水银球不能被蒸气充分包围，导致所测沸点偏低。

④ 结束蒸馏时，应先停止加热，稍冷后再关冷凝水。

2. 减压蒸馏

（1）基本原理　物质的沸点是随着外界压力的降低而降低的。利用这一性质，降低系统压力，使液体在低于正常沸点的温度下被蒸馏出来。这种在较低压力下进行的蒸馏叫做减压蒸馏。

（2）蒸馏装置　减压蒸馏装置如实训图5所示。主要包括蒸馏部分和抽气与量压部分。蒸馏部分和常压蒸馏相通，也是由蒸馏烧瓶、冷凝器和接收器三部分组成；抽气与量压部分是由真空泵、安全瓶和压力计组成。

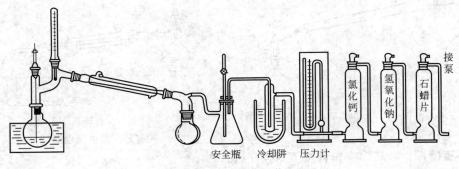

实训图5　减压蒸馏装置

（3）减压蒸馏操作　减压蒸馏操作可按下列程序进行。

① 在克氏蒸馏瓶中，放置待蒸馏的液体，装好仪器，旋紧毛细管上的螺旋夹，打开安全瓶上的二通活塞，然后开泵抽气。

② 逐渐关闭二通活塞，从压力计上观察系统所能达到的真空度。

③ 开启冷凝水，选用合适的热浴加热蒸馏。加热时，烧瓶的圆球部位至少应有2/3浸入浴液中。

④ 经常注意蒸馏情况和记录压力、沸点等数据。

⑤ 当达到要求时，小心转动接收管，收集馏出液，直到蒸馏结束。

⑥ 蒸馏完毕，灭去火源，撤去热浴，待稍冷后缓缓解除真空，使系统内外压力平衡后，方可关闭油泵，最后关上冷凝水。否则，由于系统中的压力较低，油泵中的油就有吸入干燥塔的可能。

（4）操作注意事项　在进行减压蒸馏操作时，应注意以下几点。

① 组装好仪器后，先检查气密性：关闭毛细管，减压至压力稳定后，夹住连接系统的橡皮管，观察压力计水银柱有否变化，无变化说明不漏气，有变化即表示漏气。为使系统密闭性好，磨口仪器的所有接口部分都必须用真空油脂润涂好。

② 检查气密性后，加入待蒸的液体，其量不超过蒸馏瓶的一半，关好安全瓶上的活塞，开动油泵，调节毛细管导入的空气量，以能冒出一连串小气泡为宜。

③ 当压力稳定后，开始加热。液体沸腾后，控制温度，观察沸点变化情况。待沸点稳定时，转动多尾接液管接收馏分，蒸馏速度以0.5～1滴/s为宜。蒸馏完毕，除去热源，慢慢旋开夹在毛细管上的橡皮管的螺旋夹，待蒸馏瓶稍冷后，慢慢开启安全瓶上的活塞，平衡内外压力，最后关闭抽气泵。

3. 水蒸气蒸馏

（1）基本原理　将水蒸气通入有机物中，或将水与有机物一起加热，使有机物与水共沸而蒸出的操作叫做水蒸气蒸馏。水蒸气蒸馏是分离和提纯具有一定挥发性的有机化合物的重要方法之一。

水蒸气蒸馏常用于以下几种情况：

① 常压下蒸馏，会发生氧化和分解的有机物的提纯；

② 混合物中含有焦油状物质，采取过滤、蒸馏、萃取等方法都难以分离的；

③ 从较多的固体反应物中分离出被吸附的液体产物；

④ 要求除去挥发性杂质。

（2）蒸馏装置　水蒸气蒸馏装置由四部分组成：水蒸气发生器（配安全管）；蒸馏部分；冷凝部分及接收部分。如实训图 7 所示。

① 水蒸气发生器　一般是金属制品，也可由圆底烧瓶替代（见实训图 6）。加水量以不超过其容量的 2/3 为宜。在发生器上插有一支安全管，安全管的下端接近发生器的底部。当容器内压力增大时，水就会沿着安全管上升，从而调节内压。

发生器的蒸气导出管经 T 形管与伸入烧瓶内的蒸气导入管相连接，T 形管的支管套有一短橡胶管并配有螺旋夹。其作用是排除在此冷凝下来的积水，调节内压，防止倒吸，切断电源。见实训图 7 所示。

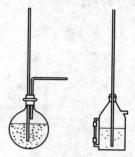

实训图 6　水蒸气发生器

② 蒸馏部分　蒸馏瓶一般采用三口烧瓶，其中一口插入蒸气导入管，末端接近瓶底；另一口插入蒸气导出管与冷凝管相连接，烧瓶向发生器保持倾斜 45°角，以防止飞溅的液体泡沫冲入冷凝管（见实训图 7）。

（3）水蒸气蒸馏操作　水蒸气蒸馏操作可按下列程序进行。

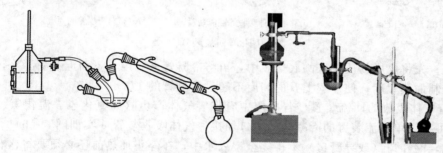

实训图 7　水蒸气蒸馏装置

① 加入物料。将待蒸馏物倒入三口烧瓶，其量不超过烧瓶容积的 1/2。组装好装置，检查气密性，并将螺旋夹打开。

② 加热。开启冷凝水，加热水蒸气发生器直至沸腾。

③ 蒸馏。当 T 形管的支管处有较大量蒸气冲出时，逐渐旋紧螺旋夹，蒸气进入烧瓶中。此时可见烧瓶中的混合物不断翻腾，水蒸气蒸馏开始进行。当冷凝的乳浊液进入接收器时，控制加热速率，调节蒸气量，控制馏出速度为每秒 2~3 滴。

④ 停止蒸馏。当馏出液无明显油珠，澄清透明时，便可停止蒸馏。此时，应先打开螺旋夹，再停止加热，最后再关冷凝水。

（4）操作注意事项

① 安装正确，连接处严密。

② 调节火焰，控制蒸馏速度为每秒 2~3 滴，并时刻注意安全管。

③ 停火前必须先打开螺旋夹，然后移去热源，以免发生倒吸现象。

④ 按安装相反顺序拆卸仪器。

二、回流

1. 回流的基本原理

室温下，有机化学反应速率一般较慢或难于进行，为了加快反应速率，常常需要使反应物质保持较长时间的沸腾。此时，为了防止长时间加热造成反应物料的蒸发损失，避免易燃、易爆、有毒物质的逸散，常采用回流操作。在反应过程中使加热产生的蒸气冷却并令冷凝液流回反应系统的过程称为回流。

2. 回流装置及用途

（1）普通回流装置

① 简单回流装置。简单回流装置是由单口圆底烧瓶和冷凝管组成［实训图8（a）］，适用于常规回流操作。

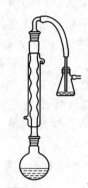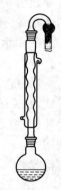

(a) 简单回流装置　　　(b) 带有气体吸收的回流装置　　　(c) 带有干燥管的回流装置

实训图8　回流装置

使用时，先将反应物质放入圆底烧瓶中，再将冷凝管夹套内自下而上注满冷水，在热浴中加热。控制加热程度，使蒸气上升的高度不超过冷凝管的1/3。

② 带有气体吸收的回流装置。若反应中有有害气体产生（如氯化氢、溴化氢、二氧化硫等），则可在简单回流装置的冷凝管的上口加接一气体吸收装置［实训图8（b）］。此时，要特别注意，漏斗口（或导管口）不得完全浸入水中，在停止加热前还必须要将盛有吸收液的容器移去，以防倒吸。

③ 带有干燥管的回流装置。如果反应中由于水汽的存在会影响物料的回流，那么，为了防止水汽进入回流体系，应选择带有干燥管的回流装置［实训图8（c）］。使用这种回流装置时，为了防止体系被封闭，要注意干燥管内不能填装粉末状干燥剂，可以在管底塞上脱脂棉，再填装块状或颗粒状干燥剂，不要装得太实。

（2）回流反应装置　在进行有机物制备时，有时需要将反应物料分批加入，或需测定调节反应温度，或需加热回流、搅拌等操作同时进行。此时的回流装置就较为复杂，常用二口以上的圆底烧瓶与冷凝管及其他附件，常见的有以下几种（实训图9）。

① 带有滴液漏斗的回流反应装置。实训图9（a）所示的装置是由二口烧瓶（或装有一个二口连接管的圆底烧瓶）、冷凝管和滴液漏斗组成。适用于加热回流，同时滴加物料的操作。

② 带有测温、搅拌的反应装置。实训图9（b）所示的装置是由三口烧瓶、冷凝管、搅拌器和温度计组成。适用于加热回流，同时需要测温、搅拌的操作。

③ 带有滴液漏斗和搅拌器的反应装置。实训图9（c）所示的装置是由三口烧瓶、冷凝管、搅拌器和滴液漏斗组成。适用于加热回流，同时需要滴加物料和搅拌的操作。

3. 回流操作

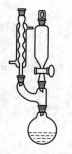

(a) 滴加回流装置　　　　　　(b) 测温、搅拌回流装置

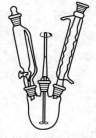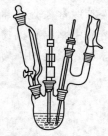

(c) 滴加、搅拌回流装置　　　　(d) 滴加、搅拌、测温回流装置

实训图 9　常用回流反应装置

（1）组装仪器　首先选择适当规格的反应容器，以物料量占反应器容积的 1/3～2/3 为宜。再根据反应的需要选择适当的加热方式（水浴、油浴、电热套、电炉等），最后按自下而上的原则依次安装好仪器。

（2）加入物料　一般操作是将反应物料加到反应容器中以后，再按顺序组装好仪器。使用三口烧瓶作反应器时，物料也可从一侧口加入。

（3）加热回流　在检查装置气密性之后，先开启冷凝水，然后开始加热。控制回流速度，保持蒸气充分冷凝。控制加热速度，使蒸气上升的高度不超过冷凝管的 1/3。

（4）停止回流　回流结束时，先停止加热，待冷凝管中没有蒸气后再停冷凝水。

4. 操作注意事项

① 组装仪器时，各仪器的连接部位要紧密；冷凝管上口必须与大气相通，整套装置安装要规范。

② 加物料时，不要忘记加入沸石（使用带搅拌器的装置时，不需加沸石）；回流时如果发现忘记加沸石，需要补加时，不得在液体沸腾时加入，一定要在液体稍冷以后再补加，否则，液体有可能冲出而伤人。

③ 直立的冷凝管夹套中自下而上通入冷水，保持夹套内充满水，水流速率不必太快，能保持充分冷凝即可。

④ 控制加热程度，使蒸气上升的高度不超过冷凝管的 1/3。

三、萃取

1. 萃取的基本原理

萃取是利用物质在不同溶剂中的溶解度不同而进行分离和提纯混合物的一种操作。从液体或固体混合物中提取需要的物质时，通常也将萃取叫做"抽提"；若是除去混合物中的杂质，则被称为"洗涤"。

2. 溶剂的选择

用于萃取的溶剂又叫萃取剂，常用萃取剂有有机溶剂、水、稀酸溶液、稀碱溶液、浓硫酸等。

有机溶剂（苯、乙醇、乙醚、石油醚等）可以将混合物中的有机产物提取出来，也可除去某些产物中的有机杂质；水可用于提取混合物中的水溶性产物，也可用于洗去有机产物中的水溶性杂质；稀酸或稀碱溶液常用于洗涤产物中的碱性或酸性杂质；浓硫酸可用于除去产物中的醇、醚等少量有机杂质。

3. 萃取的类型和操作

根据物质所处体系的聚集状态的不同，萃取分为两种类型：液液萃取和固液萃取。

（1）液液萃取　液液萃取常在分液漏斗中进行，分液漏斗是一种用来分离两种不相混溶液的仪器。它常用于从溶液中萃取有机物或者用水、碱、酸等洗涤粗品中的杂质。

常见分液漏斗有圆球形、梨形和圆筒形三种，如实训图10所示。

(a) 圆球形　　　　　　(b) 梨形　　　　　　(c) 圆筒形

实训图 10　分液漏斗的形状

① 准备分液漏斗。分液漏斗上口的顶塞应用小线系在漏斗上口的颈部，旋塞则用橡皮筋绑好，以避免脱落打破；取下旋塞并用纸将旋塞及旋塞腔擦干，在旋塞孔的两侧涂上一层薄薄的凡士林，再小心塞上旋塞并来回旋转数次，使凡士林均匀分布并透明。但上口的顶塞不能涂凡士林；使用前应先用水检查顶塞、旋塞是否紧密。倒置或旋转旋塞时都必须不漏水，方可进行使用。

② 萃取操作。由分液漏斗上口倒入混合溶液与萃取剂（液体总体积应不超过漏斗容积的 2/3），然后盖紧顶塞并封闭气孔。为使分液漏斗中的两种液体充分接触，用右手握住漏斗上口颈部，并用食指根部（或手掌）顶住顶塞，以防顶塞松开。用左手大拇指、食指按住处于上方的旋塞把手，漏斗颈向上倾斜 30°～45°角，并沿同一个方向振摇（实训图11），振摇几下后，旋开旋塞，放出因振摇而产生的气体。反复振摇几次后，将漏斗放置铁圈中，打开顶塞，使漏斗与大气相通，静置、分层。

③ 分离操作。待两层液体界面清晰时，先将分液漏斗下端靠在接收瓶壁上，然后缓缓旋开旋塞，放出下层液体（实训图12）。当两液面界限接近旋塞时，关闭旋塞并手持漏斗颈稍加振摇，使黏附在漏斗壁上的液体下沉，再静置片刻，下层液体常略有增多，再打开旋

实训图 11　分液漏斗的使用

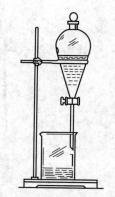

实训图 12　分离两层液体

塞，将下层液体仔细放出。当液面间的界线移至旋塞孔的中心时，关闭旋塞。最后把漏斗中的上层液体从上口倒入另一个容器中。

操作注意事项如下。

a. 分液漏斗中装入的液体不得超过其容积的 2/3，若液体量过多，进行萃取操作时，不便振摇漏斗，不利于两相液体的充分接触，影响萃取效果。

b. 分液漏斗与碱性溶液接触后，必须用水冲洗干净。不用时，顶塞、旋塞应用薄纸条夹好，以防粘住（若已粘住，不要硬扭，可用水泡开）。

c. 当分液漏斗需放入烘箱中干燥时，应先卸下顶塞与旋塞，上面的凡士林必须用纸擦挣，否则凡士林在烘箱中炭化后，很难洗去。

d. 在萃取过程中，将一定量的溶剂分做多次萃取，其效果比一次萃取为好。

e. 不论萃取还是洗涤，上下两层液体都要保留至实验完毕。否则一旦中间操作失误，就无法补救和检查。

f. 分液漏斗使用完毕，应用水洗净，擦去旋塞和孔道中的凡士林，在顶塞和旋塞处垫上纸条，以防久置黏结。

（2）固液萃取　实训室常采用脂肪提取器萃取固体物质。脂肪提取器又叫做索氏提取器，是利用溶剂回流和虹吸原理，使固体物质连续不断地为纯溶剂所萃取的仪器。索氏提取器装置如实训图 13 所示，主要由圆底烧瓶、提取器和冷凝管三部分组成。

进行萃取操作时，先在圆底烧瓶中装入溶剂，再将固体物质研细放入滤纸套筒内，封好上、下口，置于提取器中，按实训图 13 所示安装好装置；开启冷凝水，对溶剂进行加热，当溶剂受热沸腾时，蒸气通过玻璃管上升，进入冷凝管内冷凝为液体，滴入提取器中。当液面超过虹吸管的最高处时，虹吸流回烧瓶，从而萃取出溶于溶剂的部分物质。溶剂就这样在仪器内循环流动，把所要提取的物质集中到下面的烧瓶里。

思考题

1. 萃取的基本原理是什么？有哪几类？

2. 如何正确使用分液漏斗？

3. 液体在通过活塞放出之前，为什么必须打开或拿去分液漏斗上的塞子？

4. 什么情况下可以利用水蒸气蒸馏进行分离提纯？

5. 回流操作的基本原理是什么？实验室常用的回流装置有几类？各自适合哪些场合？

6. 在什么场合下，使用带有气体吸收的回流装置？应注意哪些事项？

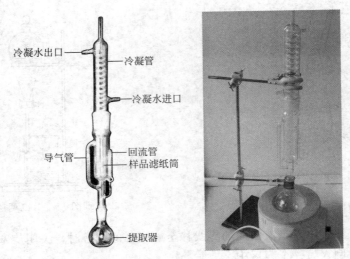

冷凝水出口 — 冷凝管

冷凝水进口

导气管 — 回流管
样品滤纸筒

提取器

实训图 13　索氏提取器

实训项目二　常压过滤与减压过滤

　　过滤是最常用的分离方法之一。当溶液和沉淀的混合物通过过滤器（如滤纸）时，沉淀就留在过滤器上，溶液则通过过滤器而漏入接收的容器中。过滤所得的溶液叫做滤液。过滤一般有两个目的：一是滤除溶液中的不溶物得到溶液；二是去除溶剂（或溶液）得到结晶。

　　溶液的温度、黏度、过滤时的压力、过滤器的孔隙大小和沉淀物的状态，都会影响过滤速度。热的溶液比冷的溶液容易过滤。溶液的黏度愈大，过滤愈慢。减压过滤比常压过滤快。过滤器的孔隙要选择适当，太大会透过沉淀，太小则易被沉淀堵塞，使过滤难于进行。沉淀若呈现胶状时，必须先加热一段时间来破坏它，否则它要透过滤纸。总之，要考虑各方面的因素来选用不同的过滤方法。

　　一、实训目的

　　1. 理解并掌握抽滤、常压过滤操作的要点，熟悉操作流程。

　　2. 掌握滤纸的折叠方法，减压过滤装置安装、操作程序。

　　二、实训原理

　　常用的三种过滤方法是常压过滤、减压过滤和热过滤。

　　常压过滤是用内衬滤纸的锥形玻璃漏斗过滤，滤液靠自身的重力透过滤纸流下，实现分离。

　　减压过滤（抽气过滤）是用安装在抽滤瓶上铺有滤纸的布氏漏斗或玻璃砂芯漏斗过滤，吸滤瓶支管与抽气装置连接，过滤在减低的压力下进行，滤液在内外压差作用下透过滤纸或砂芯流下，实现分离。

　　加热过滤是用插有一个玻璃漏斗的铜制热水漏斗过滤。热水漏斗内外壁间的空腔可以盛水，加热使漏斗保温，使过滤在热水保温下进行。有机化学实验中前两者更为常用。

　　1. 常压过滤

　　此方法最为简便和常用。先把滤纸折叠成四层并剪成扇形（圆形不必再剪）。如果漏斗的规格不标准（非 60°角），滤纸和漏斗将不密合，这时需要重新折叠滤纸，把它折成一个适当的角度，展开后可成大于 60°角的锥形，或成小于 60°角的锥形，根据漏斗的角度来选

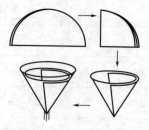

实训图 14　滤纸折叠的方法　　　　　　　　实训图 15　常压过滤装置

用，使滤纸与漏斗密合，如实训图 14 所示。然后撕去一小角。用食指把滤纸按在漏斗内壁上，用水湿润滤纸，并使它紧贴在壁上，赶去纸和壁之间的气泡。这样过滤时，漏斗颈内可充满滤液，滤液以本身的重量曳引漏斗内液体下漏，使过滤大为加速，否则，气泡的存在将延缓液体在漏斗颈内流动而减缓过滤的速度。漏斗中滤纸的边缘应略低于漏斗的边缘。常压过滤装置见实训图 15。

　　过滤时应注意，漏斗要放在漏斗架上，漏斗颈要靠在接收容器的壁上；先转移溶液，后转移沉淀；转移溶液时，应把它滴在三层滤纸处并使用搅拌棒引流，每次转移量不能超过滤纸高度的 2/3。

　　如果需要洗涤沉淀，则等溶液转移完毕后，往盛着沉淀的容器中加入少量洗涤剂，充分搅拌并放置，待沉淀下沉后，把洗涤剂转移入漏斗，如此重复操作两三遍，再把沉淀转移到滤纸上。洗涤时贯彻少量多次的原则，洗涤效率才高。检查滤液中的杂质含量，可以判断沉淀是否已经洗净。

　　2. 减压过滤（简称"抽滤"）

　　减压过滤装置见实训图 16。图中，水泵中急速的水流不断将空气带走，从而使吸滤瓶内压力减小，布氏漏斗内的液面与吸滤瓶内造成一个压力差，提高了过滤的速度。在连接水泵的橡皮管和吸滤瓶之间安装一个安全瓶，用以防止因关闭水阀或水泵内流速的改变引起自来水倒吸，进入吸滤瓶将滤液沾污并冲稀。也正因为如此，在停止过滤时，应首先从吸滤瓶上拔掉橡皮管，然后才关闭自来水龙头，以防止自来水吸入瓶内。

　　抽滤用的滤纸应比布氏漏斗的内颈略小，但又能把瓷孔全部盖没。将滤纸放入并湿润后，慢慢打开自来水龙头，先抽气使滤纸紧

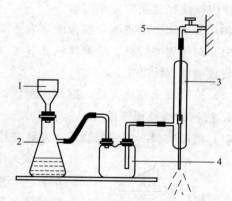

实训图 16　简易减压过滤装置
1—水泵；2—吸滤瓶；3—布氏漏斗；
4—安全瓶；5—自来水龙头

贴，然后才往漏斗内转移溶液。其他操作与常压过滤相似。有些浓的强酸、强碱或强氧化性的溶液，过滤时不能使用滤纸，因为它们要和滤纸作用而破坏滤纸。这时可用涤纶布或尼龙布来代替滤纸。另外也可使用烧结玻璃漏斗（也叫玻璃砂芯漏斗），这种漏斗在化学实验室中常见的规格有四种，即 1 号、2 号、3 号、4 号。1 号的孔径最大。可以根据沉淀颗粒不同来选用。但它不适用于强碱性溶液的过滤，因为强碱会腐蚀玻璃。

　　三、实训用品

　　1. 主要试剂与器材

试剂名称	1mol/L CaCl₂	2mol/L Na₂CO₃	粗盐
	蒸馏水		
器材名称	玻璃棒	定性滤纸	量筒 50mL
	烧杯 100mL/250mL	洗瓶	漏斗
	托盘天平	减压过滤装置	实验室常见装置

2．实训装置（见实训图 16 和实训图 17）

四、实训操作步骤

1．过滤粗盐溶液

（1）将所用的洗瓶注满蒸馏水，将所用漏斗用三遍自来水、三遍蒸馏水洗净备用。选出适用的滤纸。

（2）用四折法叠出滤纸后分一层/三层打开，从三层一侧的角上撕下一个角来，正确放入漏斗中。

（3）左手食指按紧三层一侧滤纸，右手操作洗瓶吹入蒸馏水润湿滤纸，使锥体上部与漏斗贴紧，可用食指轻按调整。

（4）如实训图 17 所示，漏斗、承接烧杯安放在铁架台上。

（5）用公用量筒向一个烧杯中分别加入 30mL 蒸馏水，8g 待分离提纯的粗盐样品，用玻璃棒搅拌使粗盐颗粒完全溶解。

（6）采用倾泻法将沉淀混合液倾入滤纸锥体中，玻璃棒适度搅动，使所有沉淀转入滤纸锥体中。对使用的烧杯、玻璃棒洗涤 3 次（或以上），洗涤液也全部倾入锥体中，最后用洗瓶螺旋式清洗沉淀 2 次。

（7）待溶液全部滴下后，拆卸实验仪器，洗净备用。氯化钠溶液按教师要求处理。

2．过滤碳酸钙浑浊液

（1）清洗实验所用仪器烧杯，安装并检查抽滤装置是否完好，如实训图 16 所示。

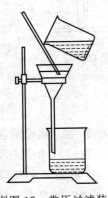

实训图 17　常压过滤装置

（2）用公用量筒取 20mL 1mol/L CaCl₂ 加入烧杯中，用另一公用量筒取 1mol/L Na₂CO₃ 溶液 25mL 加入 100mL 烧杯中，用玻璃棒充分搅拌。

（3）取一张滤纸，比照布氏漏斗的内径大小，剪成小于布氏漏斗内径但覆盖全部磁孔的大小。用少量水润湿滤纸，打开真空泵，使滤纸紧贴在瓷板上。

（4）将混合溶液搅拌均匀后，沿玻璃棒倾泻法倒入布氏漏斗中，使沉淀尽可能均匀分布于滤纸上。

（5）用洗瓶清洗玻璃棒、烧杯。

（6）清洗滤纸上的沉淀 3 次，直至抽至微干后关机。

（7）交验已经抽滤至干燥的滤纸及上面的沉淀。

（8）使用结束后拆卸装置，清理实验台，各归各位。

五、实训操作指南和安全提示

（1）过滤操作中的要点：三贴紧两低于，此外过滤必须用玻璃棒引流，不可直接将滤液倒入漏斗，滤纸要完好，无破损，否则会影响过滤效果。承接滤液的烧杯要洁净，否则会使得到的滤液受到污染。

（2）过滤溶液时采用倾倒法，过滤沉淀操作时应使玻璃棒下端靠近滤纸三层的一边，沿着玻璃棒倾入清液，且尽可能不搅动沉淀，使其留在烧杯中，倾注溶液时最满应不超过滤纸边缘 7.5mm 处，否则沉淀会因毛细管作用向上越过滤纸边缘。

六、实训关键步骤（关键点）

（1）需要转移沉淀到漏斗滤纸上时，先用少量洗液约 10mL，倾入烧杯中，把沉淀搅动起来，将浑浊液顺着玻璃棒小心倾入滤纸上，这样反复倾洗几次，绝大部分沉淀均已移入滤纸上，但杯壁和玻璃棒上可能还附着少量沉淀，不易冲洗下来，此时可用一端附带的玻璃棒，蘸少量洗液擦洗，并用洗瓶压入洗液以把全部沉淀冲至滤纸上。

（2）抽滤操作中滤纸的剪切必须要合适。

七、项目实施过程的工作评价

工作评价见实训表 1、实训表 2。

实训表 1　实训小组自我工作表现评价

实训题目：＿＿＿＿＿＿　　组别：＿＿＿＿＿＿　　班级：＿＿＿＿＿＿

内容	评价项目	评价意见			
实验步骤准确性	仪器和药品检查	优秀	良好	一般	较差
	操作步骤准确	优秀	良好	一般	较差
	操作条件控制准确	优秀	良好	一般	较差
	产物合格	优秀	良好	一般	较差
学习能力	阅读材料的能力，提取信息的能力，举一反三的能力	优秀	良好	一般	较差
	学习中能发现问题、分析问题和归纳总结的能力	优秀	良好	一般	较差
	运用各种媒体进行学习的能力，获取新知识的自学能力	优秀	良好	一般	较差
工作能力	根据工作任务，运用所学知识提出工作方案、完成工作任务的能力	优秀	良好	一般	较差
	工作中发现问题、分析问题、解决问题的能力	优秀	良好	一般	较差
	对工作过程和检测质量的自我控制和工作评价的能力	优秀	良好	一般	较差
	组织开展工作的能力，协调能力，团队合作的能力	优秀	良好	一般	较差
	安全意识和集体责任感	优秀	良好	一般	较差
创新能力	学习中能提出不同见解的能力	优秀	良好	一般	较差
	工作中能提出多种解决问题的思路、完成任务的方案及途径等方面的能力	优秀	良好	一般	较差

实训题目：_____　　学生姓名：_____　　班级：_____

内容	评价项目	评价意见			
检测工作态度	守纪（不迟到，不早退，不高声讲话，不串岗）	优秀	良好	一般	较差
	环保（废液倒到指定位置，节约试剂）	优秀	良好	一般	较差
	与他人合作和谐	优秀	良好	一般	较差
	文明检测中和检测后符合 6s 要求	优秀	良好	一般	较差
检测工作过程	工作过程有条理、不混乱	优秀	良好	一般	较差
	原始记录完整、及时、清晰、规范真实、无涂改	优秀	良好	一般	较差
	仪器使用操作规范	优秀	良好	一般	较差
	数据处理公式正确、结果正确、有效数字正确	优秀	良好	一般	较差

八、实训过程记录

1. 实训步骤及现象

实训步骤及现象见实训表 3、实训表 4。

实训表 3　常压过滤实训步骤及现象

时间	步骤	现象
15min	装配好过滤装置	
12min	在烧杯中用 30mL 蒸馏水溶解 8g 粗盐样品，用玻璃棒搅拌	粗盐溶解
16min	将沉淀混合液倾入滤纸锥体中，对使用的烧杯、玻璃棒洗涤 3 次，最后用洗瓶螺旋式清洗沉淀 2 次	杂质留在滤纸上，滤液清亮
5min	待滤液全部留下	
7min	拆卸、清洗仪器	
5min	称量细盐，计算产率	

实训表 4　减压过滤实训步骤及现象

时间	步骤	现象
15min	装配好减压过滤装置	
2min	反应准备碳酸钙浑浊液	白色浑浊液
3min	将浑浊液搅拌均匀后，沿玻璃棒倾泻法倒入布氏漏斗中	沉淀尽可能均匀分布于滤纸上
3min	用洗瓶清洗玻璃棒、烧杯	
5min	清洗滤纸上的沉淀，微干后关机	滤液清亮
5min	拆卸、清洗仪器	
5min	称量细盐，计算产率	

2. 实训结果

（1）细盐产率

	粗盐样品	细盐产品
质量/g		

细盐样品：_____ g

粗盐样品：8.0g

产率：$\omega=$ 细盐样品质量/粗盐样品质量$\times 100\%=$（__ g/8.0g）$\times 100\%=$

（2）过滤的产率

	滤纸＋产品	滤纸	产品
质量/g			

理论产量：$n(CaCO_3)M(CaCO_3)=0.02\times 100.00=2.0g$

实际产量：_____ g

产率：$\omega=$ 实际产量/理论产量$\times 100\%=$（__ g/2.0g）$\times 100\%=$

3. 实训讨论

（1）过滤后，滤液仍然浑浊可能的原因有哪些？

（2）过滤的操作要点：一贴二低三靠是什么含义？

（3）过滤操作需要哪些仪器？

实训项目三　蒸馏水的制备

一、实训目的

1. 初步学会装配简单仪器装置的方法。

2. 初步学会制取蒸馏水的实验操作技能。

二、实训原理

蒸馏是分离和提纯液态混合物常用的方法之一。应用这一方法可以把沸点不同的物质从混合物中分离出来，还可以把混在液体里的杂质去掉。水中所含杂质主要是一些无机盐，一般是不挥发的。把水加热到沸腾时，大量生成水蒸气，然后将水蒸气冷凝就可得到蒸馏水。

三、实训用品

1. 主要试剂与器材

试剂名称	自来水		
器材名称	试管	烧杯	锥形瓶
	冷凝管	温度计	石棉网
	沸石	单孔橡胶塞	铁架台
	酒精灯		

2. 实训装置（见实训图 18）

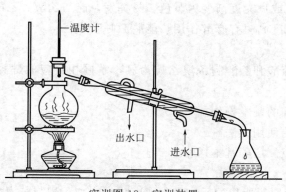

实训图 18　实训装置

四、实训操作步骤

如实训图 18 连接好实验装置，检查装置的气密性。在 100mL 烧瓶中加入约 1/3 体积的自来水，再加入几粒沸石，连接好装置。向冷凝管中通入冷却水，加热烧瓶，弃去开始馏出的部分液体，用锥形瓶收集约 10mL 液体，停止加热。

五、实训操作指南与安全提示

(1) 在蒸馏烧瓶中放入少量沸石，防止液体暴沸；

(2) 温度计的水银球应靠近支管口处；

(3) 蒸馏烧瓶中所盛液体不能超过其容积的 2/3，也不能少于 1/3，蒸馏烧瓶内液体不可蒸干；

(4) 冷凝管中的冷却水从下口进、上口出，即"下进上出"。

六、实训关键步骤（关键点）

先通冷凝水再加热。

七、项目实施过程的工作评价

工作评价见实训项目二。

八、实训过程记录

1. 实训步骤及现象

实训步骤及现象见实训表 5。

实训表 5　蒸馏水的制备实训步骤及现象

时间	步骤	现象
15min	在 100mL 烧瓶中加入约三分之一体积的自来水，再加入几粒沸石，按实训图 18 连接好装置	
4min	向冷凝管中通入冷却水，加热烧瓶	水温逐渐升高，到 98℃时沸腾，出现第一滴馏出液
2min	弃去开始馏出的液体，用锥形瓶接收约 10mL 液体，停止加热	水蒸气通过冷凝管进入接收器

2. 实训讨论

为什么要弃去开始馏出的部分液体？

实训项目四　溴乙烷的制备

溴乙烷，别称乙基溴，分子式为 CH_3CH_2Br，相对分子质量 109.0，熔点 $-119℃$，沸点 38.4℃，$n_D^{20} = 1.4239$。水溶性（20℃）0.914g/100g，无色油状液体，有类似乙醚的气味和灼烧味，露置空气或见光逐渐变为黄色。易挥发，能与乙醇、乙醚、氯仿和多数有机溶剂混溶。蒸气有毒，浓度高时有麻醉作用，能刺激呼吸道。

一、实训目的

1. 以溴化钠、浓硫酸和乙醇制备溴乙烷为例，掌握相对应的醇为原料制备一卤代烷的实验原理和方法。

2. 学习低沸点蒸馏的基本操作。

3. 巩固分液漏斗的使用方法。

4. 掌握和巩固沸点测定等基本操作。

二、实训原理

利用醇的羟基被卤原子取代的反应来制取卤代烃。如，醇与氢卤酸反应，可以制取对应的一卤代烃。

$$ROH + HX \rightleftharpoons RX + H_2O$$

为使平衡向右移动，往往采用增加醇或氢卤酸浓度，也可以设法移去某种生成物。如，由乙醇制取溴乙烷，可采用47.5％的浓氢溴酸或用溴化钠与硫酸反应生成溴化氢。

主反应：

$$NaBr + H_2SO_4 \longrightarrow HBr + NaHSO_4$$
$$CH_3CH_2OH + HBr \longrightarrow CH_3CH_2Br + H_2O$$

副反应：

$$2C_2H_5OH \xrightarrow[\triangle]{浓硫酸} C_2H_5OC_2H_5 + H_2O$$
$$C_2H_5OH \xrightarrow[\triangle]{浓硫酸} CH_2 = CH_2 + H_2O$$
$$2HBr + H_2SO_4 \xrightarrow[\triangle]{浓\ H_2SO_4} Br_2 + 2H_2O + SO_2$$

为及时蒸出低沸点的溴乙烷，可以采用蒸馏装置。本反应用硫酸不宜过浓，否则，容易把刚生成的溴化氢氧化生成溴，所以只能用较浓硫酸或在无水乙醇中加些水。可用过量乙醇使平衡向右移动。

三、实训用品

1. 主要试剂与器材

试剂名称	95％乙醇	无水溴化钠	98％浓硫酸
	饱和亚硫酸氢钠溶液		
器材名称	100mL圆底烧瓶	直形冷凝管	接收弯头
	蒸馏头	电炉	100mL分液漏斗
	100℃温度计	250mL锥形瓶	10mL量筒
	250mL加热套		

2. 实训装置（见实训图19）

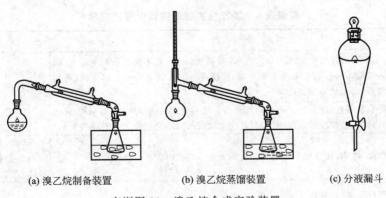

(a) 溴乙烷制备装置　　　(b) 溴乙烷蒸馏装置　　　(c) 分液漏斗

实训图19　溴乙烷合成实验装置

四、实训操作步骤

在100mL圆底烧瓶中加入10mL95％乙醇及9mL水，在不断振荡和冷却下，缓慢加入浓硫酸19mL，混合物冷却到室温，在搅拌下加入研细的15g溴化钠，再加入几粒沸石，小心摇动烧瓶使其均匀。冷凝管下端连接接引管。溴乙烷沸点很低，极易挥发。为了避免损失，在接收器中加入冷水及5mL饱和亚硫酸氢钠溶液，放在冰水浴中冷却，并使接收管的末端刚浸没在水溶液中。

开始小火加热,使反应液微微沸腾,使反应平稳进行,直到无溴乙烷流出为止。随反应进行,反应混合液开始有大量气体出现,此时一定控制加热强度,不要造成暴沸然后固体逐渐减少,当固体全部消失时,反应液变得黏稠,然后变成透明液体(此时已接近反应终点)。用盛有水的烧杯检查有无溴乙烷流出。

将接收器中的液体倒入分液漏斗,静止分层后,将下面的粗溴乙烷转移至干燥的锥形瓶中。在冰水冷却下,小心加入 1～2mL 浓硫酸,边加边摇动锥形瓶进行冷却。用干燥的分液漏斗分出下层浓硫酸。将上层溴乙烷从分液漏斗上口倒入 50mL 烧瓶中,加入几粒沸石进行蒸馏。由于溴乙烷沸点很低,接收器要在冰水中冷却。接收 37～40℃的馏分。产量约 10g(产率约 54%)。

五、实训操作指南和安全提示

(1)制取溴乙烷,其装置必须严密,不得有漏气现象,以防产品挥发受到损失。

(2)在制取溴乙烷时,开始加热的火焰不能太强,应徐徐升温,使反应平稳进行。

(3)如果在加热之前没有把反应混合物摇匀,反应时极易出现暴沸使反应失败。开始反应时,要小火加热,以避免溴化氢逸出。加入浓硫酸精制时一定注意冷却,以避免溴乙烷损失。实验过程采用两次分液,第一次保留下层,第二次要上层产品。在反应过程中,既不要反应时间不够,也不要蒸馏时间太长,将水过分蒸出造成硫酸钠凝固在烧瓶中。

六、实训关键步骤(关键点)

蒸馏时间和升温速度的控制。

七、项目实施过程的工作评价

工作评价见实训项目二。

八、实训过程记录

1. 实训步骤及现象

实训步骤及现象见实训表6。

实训表6　溴乙烷的制备实训步骤及现象

时间	步　骤	现象
10min	在100mL圆底烧瓶中加入10mL95%乙醇及9mL水,在不断振荡和冷却下,缓慢加入浓硫酸19mL,混合物冷却到室温,在搅拌下加入研细的15g溴化钠,再加入几粒沸石,摇动烧瓶使其均匀	溴化钠粉末结块,溶液中显淡黄色
10min	连接好实验装置,冷凝管下端连接接引管。在接收器中加入冷水及5mL饱和亚硫酸氢钠溶液,放在冰水浴中冷却,并使接收管的末端刚浸没在水溶液中	
40min	小火加热,微沸,使反应平稳进行。直到无溴乙烷流出为止	容器内逐渐固体消失,反应液变黏稠,最终变成透明液体,直至无液体流下
15min	移去接收瓶,停止加热	
10min	馏出物转入分液漏斗中,分出有机层,置于干燥锥形瓶中,将锥形瓶放于冰水浴中,在冰水冷却下,小心加入1～2mL浓硫酸	水层在上 有机层在下
10min	用干燥分液漏斗分去硫酸	有机层在上 硫酸在下
25min	将上层溴乙烷从分液漏斗上口倒入50mL烧瓶中,加入沸石进行蒸馏。接收器要在冰水中冷却。接收37～40℃的馏分	

2. 实训结果

质量/g	接收器＋产品	接收器	产品

理论产量：n（溴乙烷）M（溴乙烷）$=13.734g$

实际产量：＿＿＿＿＿＿＿g

产率：$\omega=$实际产量/理论产量$\times100\%=$

3. 实训讨论

（1）溴乙烷沸点低（38.4℃），实验中可采取哪些措施减少溴乙烷的损失？

（2）溴乙烷的制备中浓 H_2SO_4 洗涤的目的何在？

（3）为了提高乙醇的转化率，本实验采用哪两种主要措施？

（4）实验中为什么加入水？

（5）为什么先加 9mL 的水，再加入硫酸，可不可以反过来加入？

（6）溴化钠在使用前为什么要研细？

（7）加入硫酸洗涤的目的有哪些？

（8）反应结束后，为什么要趁热倒出反应的残余物？

实训项目五　无水乙醇的制备

一、实训目的

1. 了解氧化钙制备无水乙醇的原理和方法。

2. 熟悉掌握回流、蒸馏装置的安装和使用方法。

二、实训原理

普通的工业酒精是含乙醇95.6％和4.4％水的恒沸混合物，其沸点为 78.15℃，用蒸馏的方法不能将乙醇中的水进一步除去。要制得无水乙醇，在实验室中可加入生石灰后回流，使水分与生石灰结合后再进行蒸馏，得到无水乙醇。

$$CaO+H_2O \longrightarrow Ca(OH)_2$$

蒸馏原理：根据混合物中各组分的蒸气压不同而达到分离的目的。

三、实训用品

1. 主要试剂与器材

试剂名称	95％乙醇	生石灰	氢氧化钠
	氯化钙		
器材名称	100mL 圆底烧瓶	直形冷凝管	球形冷凝管
	干燥管	100℃温度计	蒸馏头
	接引管	铁架台	电炉

2. 实训装置（实训见图20）

四、实训操作步骤

将 40mL 95％的乙醇、10g 生石灰和少量氢氧化钠装入 100mL 的圆底烧瓶中，回流 1h。回流结束后，待反应体系稍冷，将其改装成蒸馏装置，往 100mL 的圆底烧瓶中加少许沸石，用锥形瓶作接收器，接引管支口上接盛有无水氯化钙的干燥管。将所得乙醇倒入干燥的量筒，读数，并计算回收率。可用无水硫酸铜检验乙醇是否还含水。

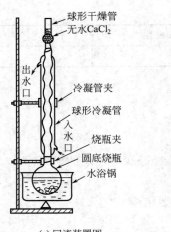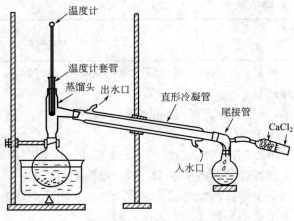

(a) 回流装置图	(b) 蒸馏装置图

实训图 20　无水乙醇的制备实训装置

五、实训操作指南与安全提示

（1）要过量加入干燥剂，让干燥剂充分吸收多余的水分。

（2）使用颗粒状氧化钙，不能使用粉末状氧化钙，否则会导致严重暴沸。

（3）控制好温度，使之不要超过 80℃。

（4）沸石必须在加热前加入，若忘记加入，则必须停止加热，冷却至室温后补加。

（5）蒸馏低沸点及易燃液体时，附近应禁止明火。

六、实训关键步骤（关键点）

回流和蒸馏时间的控制。

七、项目实施过程的工作评价

工作评价见实训项目二。

八、实训过程记录

1. 实训步骤及现象（见实训表 7）

实训表 7　无水乙醇的制备实训步骤及现象

时间	步　骤	现象
10min	烘干所有在本实验中需要使用到的玻璃仪器	—
10min	用量筒量取工业酒精 40.0mL，并称取生石灰 10.0g	酒精无色透明，生石灰为白色粉末
10min	在 100mL 圆底烧瓶中依次加入生石灰、4 小片 NaOH 固体及工业酒精	NaOH 固体为白色片状晶体，烧瓶内呈浑浊状态
60min	连接回流装置后，先通水，再加热，并开始回流计时 1h	烧瓶内微沸，呈乳白色浑浊液，冷凝管下端有水滴滴下，约每秒 1 滴
15min	结束回流，先移开电炉，再拆开装置，并取下圆底烧瓶稍冷，往里面加入少许沸石	沸石为白色小颗粒
5min	组装蒸馏装置，先通水，再加热，并开始观察蒸馏过程，记录相关温度和时间	开始沸腾，有液滴滴下，温度计显示 70～80℃
14min	加热	几乎无液珠滴下
1min	停止加热	无液滴滴下
5min	加无水硫酸铜	液体未变蓝

2. 实训结果

记录项	工业酒精体积/mL	无水乙醇体积/mL	产率/%
数据	40.0		

乙醇产率的计算公式：产率=蒸馏出的乙醇体积/工业酒精体积

理论产量：40.0×95%=38.0mL

实际产量：

产率：ω=实际产量/理论产量×100%=

3. 实训讨论：

导致乙醇产率偏低的主要原因有哪些？

实训项目六　阿司匹林的制备

阿司匹林化学名称为乙酰水杨酸，是白色晶体，易溶于乙醇、氯仿和乙醚，微溶于水。因其具有解热、镇痛和消炎作用，可用于治疗伤风、感冒、头痛、发烧、神经痛、关节痛及风湿病等，也用于预防心脑血管疾病。

一、实训目的

1. 熟悉酚羟基酰化反应的原理。
2. 掌握阿司匹林的制备方法。
3. 巩固重结晶、抽滤等基本操作技术。

二、实训原理

实验室通常采用水杨酸和乙酸酐在浓硫酸的催化下发生酰基化反应来制取。反应式：

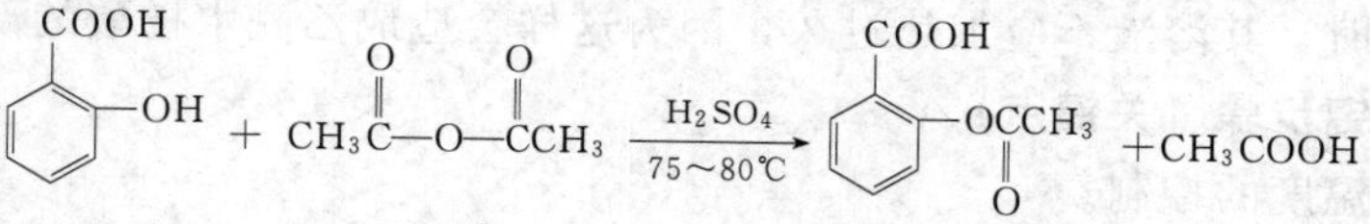

水杨酸　　乙酸酐　　乙酰水杨酸

反应温度应控制在75～80℃，温度过高易发生下列副反应：

水杨酰水杨酸酯

乙酰水杨酰水杨酸酯

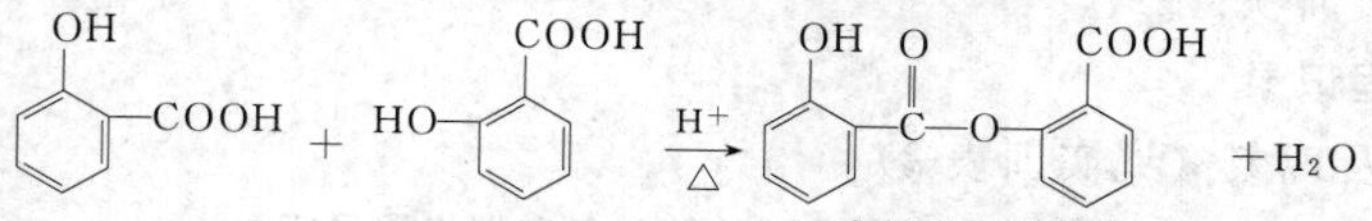

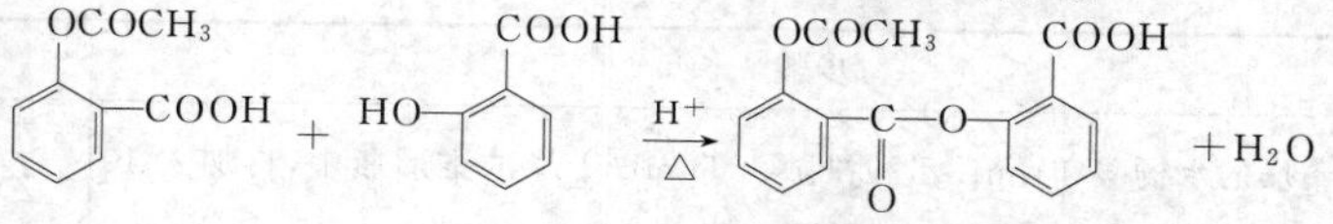

生成的阿司匹林粗品，用35%的乙醇溶液进行重结晶将其纯化。

三、实训用品

1. 主要试剂与器材

试剂名称	水杨酸	乙酸酐	硫酸(98%)
	三氯化铁溶液		
器材名称	锥形瓶(50mL)	量筒(10mL,25mL)	100℃温度计
	烧杯(200mL,100mL)	布氏漏斗	抽滤瓶
	水浴锅	表面皿	

2. 实训装置（见实训图 21）

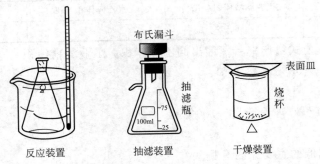

实训图 21　阿司匹林制备装置

四、实训操作步骤

将 6.3g 干燥的水杨酸和 9mL 的乙酸酐放入 50mL 干燥的锥形瓶中，再加入 10 滴浓硫酸，充分振摇至固体全部溶解。在水浴上加热，保持瓶内温度在 70℃左右，维持 20min，同时振摇，以控制温度（温度过高将增加副产物的生成）。稍微冷却后，在不断搅拌下倒入 100mL 冷水中，并用冰水冷却 15min。抽滤后，将乙酰水杨酸粗产品用冰水洗涤两次，烘干，得乙酰水杨酸粗产品。

五、实训操作指南与安全提示

（1）乙酸酐具有强烈刺激性，取用时要在通风橱内进行，并注意不要粘在皮肤上。

（2）酰化反应进行时，要用手压住瓶塞，以防反应蒸气冲出；同时要不断振摇，确保反应进行完全。

（3）控制酰化反应温度，减少副产物的生成。

（4）重结晶时，其溶液不应加热过久，因为这样会造成乙酰水杨酸的部分分解。

六、实训关键步骤（关键点）

水浴加热时温度的控制。

七、项目实施过程的工作评价

工作评价见实训项目二。

八、实训过程记录

1. 实训步骤及现象（见实训表 8）

实训表 8　阿司匹林的制备实训步骤及现象

时间	步骤	现象
20min	将 6.3g 干燥的水杨酸和 9mL 乙酸酐放入 50mL 干燥的锥形瓶中,再加入 10 滴浓硫酸	水杨酸:白色晶体 乙酸酐:无色液体,味道类似醋酸
15min	充分振摇至固体全部溶解。在水浴上加热,保持瓶内温度在 75℃左右,维持 15min,同时振摇	液体为无色透明溶液
5min	在不断振摇下逐渐升温至 80℃,再维持 5min,使反应进行完全	
15min	在充分搅拌下将反应液倒入 100mL 冷水中,并用冰水冷却 15min。使晶体析出完全	白色晶体析出
27min	抽滤,用少量水洗涤晶体 2~3 次	
40min	烘干,称重	得到产品_____g

2. 实训结果

	表面皿＋产品	表面皿	产品
质量/g			

理论产量：$6.3 \times 180.17/138 = 8.225$g

实际产量：

产率：$\omega = $ 实际产量/理论产量 $\times 100\% = $

3. 实训讨论

制备阿司匹林时，浓硫酸的作用是什么？可以用其他浓酸代替吗？

实训项目七　肥皂的制备

肥皂是人们生活中常用的一种去污剂，其历史悠久，不污染环境，使用后微生物可分解掉肥皂，使之变成二氧化碳和水，但只适合在软水中使用，在硬水中会生成脂肪酸钙盐，以凝乳状沉淀析出，从而失去去污能力。

一、实训目的

1. 知道皂化反应和盐析原理。
2. 能熟练安装与操作回流装置。
3. 知道肥皂的制备方法。

二、实训原理

猪油的主要成分是高级脂肪酸甘油酯，将猪油与氢氧化钠共热，会发生皂化反应，生成肥皂和甘油。利用盐析原理，加入无机盐，降低水对肥皂的溶解作用，使肥皂析出，从而分离肥皂和甘油。

反应式如下：

$$
\begin{array}{l}
H_2C - OOCR^1 \\
HC - OOCR^2 \\
H_2C - OOCR^3
\end{array}
+ 3NaOH \xrightarrow{\triangle}
\begin{array}{l}
H_2C - OH \quad R^1COONa \\
HC - OH + R^2COONa \\
H_2C - OH \quad R^3COONa
\end{array}
$$

三、实训用品

1. 主要试剂与器材

试剂名称	猪油	40%氢氧化钠溶液	95%乙醇
	饱和食盐水		
器材名称	圆底烧瓶(250mL)	球形冷凝管	减压过滤装置
	电热套	烧杯(400mL)	烧杯(100mL)
	漏斗	试管	

2. 实训装置（见实训图22）

四、实训操作步骤

1. 皂化

在100mL的小烧杯中，加入6g猪油、15mL 95%乙醇、15mL 40%氢氧化钠溶液，混合均匀后，用漏斗将混合液体转入250mL圆底烧瓶，安装回流装置（实训图22），用电热套加热，保持微沸40min。若圆底烧瓶内产生大量泡沫，可从冷凝管上口滴入几滴乙醇和氢

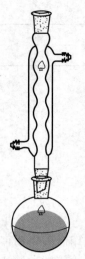

实训图 22　回流装置

氧化钠混合液（等体积混合）。

　　用长玻璃棒从冷凝管口插入圆底烧瓶，蘸取几滴反应液放入装有少量热水的试管中，振荡，观察有无油珠，没有则说明皂化反应完全，否则需补加氢氧化钠溶液，继续加热皂化直至皂化完全。

　　2. 盐析

　　待皂化完全后，在 400mL 烧杯中倒入 120mL 饱和食盐水，趁热将皂化液倒入该烧杯中，边倒边搅拌，然后静置冷却，肥皂以糊状物呈现在上层。充分冷却后，将肥皂混合液倒入布氏漏斗中，减压过滤。用冷水洗涤肥皂两次。抽干。

　　3. 干燥称重

　　将滤饼取出，可以添加少量香料，压制成型，晾干，称重并计算产率。实训图 23 为学生自制的肥皂。

　　五、实训操作指南与安全提示

　　（1）实验中应使用新炼制的猪油。长期放置的猪油会部分变质，生成醛、羧酸等物质，影响皂化。

　　（2）40％氢氧化钠溶液具有腐蚀性，使用时应注意，尤其注意不能让玻璃器皿的磨口处沾染到氢氧化钠，否则会形成黏性很强的硅酸钠，把玻璃器皿粘连在一起。

　　（3）皂化反应过程中，应始终保持小火加热，以防温度过高，泡沫溢出。

　　（4）反应中用到的乙醇易燃，应注意防火。

　　六、实训关键步骤（关键点）

　　温度的控制。

　　七、项目实施过程的工作评价

　　工作评价见实训项目二。

　　八、实训过程记录

实训图 23　学生自制的肥皂

1. 实训步骤及现象（见实训表 9）

实训表 9　肥皂的制备实训步骤及现象

时间	步骤	现象
5min	取小烧杯，加入 6g 猪油、15mL 95％乙醇、15mL 40％氢氧化钠溶液，混合均匀	
5min	安装回流装置，并向烧杯中加入上述混合液	
5min	安装电热器开始加热至微沸	
40min	保持微沸 40min	
25min	将产物倒入盛有 120mL 的饱和食盐水溶液的小烧杯中，并不断搅拌，然后静置冷却	分层，产物为白色糊状物
10min	用布氏漏斗抽滤，并用少量冷水洗涤，抽干	
10min	压制成型，晾干，称重并计算产率	

2. 实训结果

	表面皿＋产品	表面皿	产品
质量/g			

收率：

3. 实训讨论

（1）在制备肥皂的过程中，为何要加入乙醇？

（2）制皂反应的副产物是甘油，你如何通过实验检验甘油？

（3）除猪油外，还有哪些物质可以用来制备肥皂？请举例说明。

实训项目八　乙酸乙酯的制备

一、实训目的

1. 知道羧酸与醇合成酯的一般原理和方法。

2. 能熟练使用回流装置与蒸馏装置。

3. 会用分液漏斗进行萃取。

二、实训原理

乙酸和乙醇在浓 H_2SO_4 催化下发生酯化反应，生成乙酸乙酯：

$$CH_3COOH+CH_3CH_2OH \xrightarrow[110\sim120℃]{浓\ H_2SO_4} CH_3COOCH_2CH_3+H_2O$$

这是一个可逆反应，生成的乙酸乙酯在同样的条件下又可以水解成乙酸和乙醇，为了获得较高产率的酯，通常采用增加酸或醇的用量以及不断移去产物中的酯或水的方法来进行。本实验采取让乙醇过量的方式及采用回流装置来增加酯的产率。由于实验中水、乙醇、乙酸乙酯可形成沸点较低的三元共沸物，容易被蒸出，为此粗馏液应用干燥剂除去水分，再精馏，才能得到纯的乙酸乙酯。

反应完成后，没有反应完全的乙酸、乙醇及反应中产生的水分别用饱和碳酸钠、饱和氯化钙及无水硫酸镁（固体）除去。

三、实训用品

1. 主要试剂与器材

试剂名称	冰乙酸	无水乙醇	浓硫酸
	饱和碳酸钠溶液	饱和氯化钙溶液	饱和氯化钠溶液
器材名称	圆底烧瓶(150mL)	球形冷凝管	直形冷凝管
	蒸馏头	接液管	温度计
	铁架台	分液漏斗	烧杯
	磨口锥形瓶	橡胶管	小量筒

2. 实训装置（见实训图 22、实训图 24）

四、实训操作步骤

1. 酯化

在干净的 150mL 圆底烧瓶中，加入 19mL 无水乙醇、12mL 冰乙酸，混合均匀后，用胶头滴管逐滴滴加 15 滴浓硫酸，边滴边振荡烧瓶（若出现黑色要重新做），然后加入 2～3 粒沸石，装好回流装置，打开冷凝水，用调温电炉小火加热，控制回流的速度为每秒 1 滴，保持反应液在微沸状态下回流 40～50min。

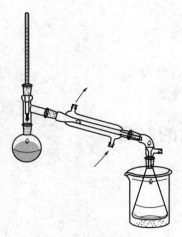
实训图 24　蒸馏装置

待烧瓶冷却后，将回流装置改为蒸馏装置（实训图 24），接收瓶用冷水冷却，用调温电炉小火加热，收集 70～79℃ 的产品，直到馏出液体积约为反应物总体积的 1/2 为止，得到乙酸乙酯粗产品。

2. 精制

（1）中和　在粗乙酸乙酯中慢慢地加入约 10mL 饱和碳酸钠溶液（分次分批加），直到无二氧化碳气体逸出后（pH≈7），再多加 1～3 滴饱和碳酸钠溶液。然后将混合液倒入分液漏斗中，静置分层后，保留上层的酯层，放出下层的水层。

（2）洗涤　用约 10mL 饱和氯化钠溶液洗涤酯层，充分振摇，静置分层后，保留上层的酯层，放出下层的水层。

再用约 20mL 饱和氯化钙溶液分两次洗涤酯层，充分振荡，静置分层后，保留上层的酯层，放出下层的水层。

（3）干燥　酯层由漏斗上口倒入一个 50mL 干燥的锥形瓶中，并放入 2g 无水 MgSO₄ 干燥，配上塞子，然后充分振摇至液体澄清。

3. 称量

将干燥后的乙酸乙酯，用量筒量取体积，通过相对密度（乙酸乙酯相对密度 0.905）换算成质量，并计算产率。

五、实训操作指南与安全提示

（1）实训进行前，圆底烧瓶、冷凝管应是干燥的，另外，注意装置接口的严密性，避免漏气。

（2）加入浓硫酸时，一定要缓慢加入浓硫酸，并边加边振荡。防止浓硫酸局部浓度过高，使乙醇发生碳化。

（3）回流时注意控制加热速度，以能回流为标准，并且温度不宜太高，否则会增加副产物的量。

（4）在进行分液操作的过程中，当分液漏斗中上下两层液体的界面下降到接近阀门时，应关闭阀门，稍加摇动并静置片刻，此时下层液体体积会略有增加，再仔细放出下层液体。

（5）在馏出液中除了酯和水外，还含有未反应的少量乙醇和乙酸，也还有副产物乙醚，故加饱和碳酸钠溶液主要除去其中的酸。多余的碳酸钠在后续的洗涤过程可被除去。

（6）饱和食盐水主要洗涤粗产品中的少量碳酸钠，还可洗除一部分水。此外，由于饱和食盐水的盐析作用，可大大降低乙酸乙酯在洗涤时的损失。

（7）氯化钙饱和溶液洗涤时，氯化钙与乙醇形成配合物而溶于饱和氯化钙溶液中，由此除去粗产品中所含的乙醇。

六、实训关键步骤（关键点）
酯化时温度的控制。

七、项目实施过程的工作评价
工作评价见实训项目二。

八、实训过程记录

1. 实训步骤及现象（见实训表 10）

实训表 10　乙酸乙酯的制备实训步骤及现象

时间	步骤	现象
5min	在干净的 150mL 圆底烧瓶中，加入 19mL 无水乙醇、12mL 冰乙酸，混合均匀后，用胶头滴管逐滴滴加 12 滴浓硫酸，边滴边振荡烧瓶，然后加入 2～3 粒沸石	无色透明溶液
5min	安装回流装置	
5min	安装电热器，小火加热至微沸	
50min	保持微沸 50min	
15min	冷却溶液	
30min	将回流装置改为蒸馏装置，小火加热，收集 70～79℃ 的产品	得到无色透明的有特殊气味的粗产品
5min	在粗产品中分次分批慢慢地加入 10mL 饱和碳酸钠溶液，至无二氧化碳气泡（pH≈7），再多加 2 滴饱和碳酸钠溶液	有大量气泡产生（二氧化碳）
3min	将混合液倒入分液漏斗中，静置分层后，保留上层，放出下层	分层
5min	在上述分液漏斗中加入约 10mL 饱和氯化钠溶液，充分振摇，静置分层后，保留上层，放出下层	分层
3min	继续加入约 10mL 饱和氯化钙溶液，充分振摇，静置分层后，保留上层，放出下层	分层
3min	再加入约 10mL 饱和氯化钙溶液，充分振摇，静置分层后，保留上层，放出下层	分层
3min	上层酯层由漏斗上口倒入一个 50mL 干燥的锥形瓶中，加入 2g 无水 $MgSO_4$ 干燥，盖上塞子，充分振摇至液体澄清，得到产品	
5min	用量筒量取体积，换算成质量，并计算产率	

2. 实训结果

体积/mL	密度/(g/mL)	质量/g

理论产量：$\dfrac{12 \times 1.049}{60.05} \times 88.11 = 18.5g$

实际产量：

产率：$\omega =$ 实际产量/理论产量 $\times 100\% =$

3. 实训讨论

(1) 蒸出的粗乙酸乙酯中主要有哪些杂质？如何除去它们？

(2) 在本实验中硫酸起什么作用？

(3) 能否用浓的氢氧化钠溶液代替饱和碳酸钠溶液来洗涤蒸馏液？

实训项目九　甲基橙的制备

甲基橙别称金莲橙 D，化学式 $C_{14}H_{14}N_3SO_3Na$，相对分子质量 327.3，熔点 300℃，密度 1.28g/cm³，闪点 37℃，最大吸收波长 463nm，外观呈橙黄色粉末或鳞片状结晶，结构式命名是对二甲基氨基偶氮苯磺酸钠或 4-（（4-（二甲氨基）苯基）偶氮）苯磺酸钠盐。1 份溶于 500 份水中，稍溶于水而呈黄色，易溶于热水，溶液呈金黄色，几乎不溶于乙醇。主要用做酸碱滴定指示剂，也可用于印染纺织品。

一、实训目的

1. 通过甲基橙的制备巩固对重氮化反应、偶合反应的理解。

2. 巩固重结晶、减压过滤的原理和基本操作。

二、实训原理

甲基橙由对氨基苯磺酸重氮盐与 N，N-二甲基苯胺的醋酸盐，在弱酸性介质中偶合得到。偶合首先得到的是嫩红色的酸式甲基橙，称为酸性黄，在碱中酸性黄转变为橙色的钠盐，即甲基橙。

反应主要历程：

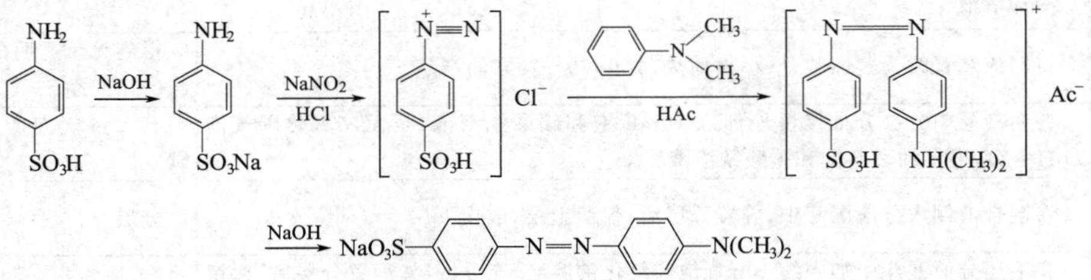

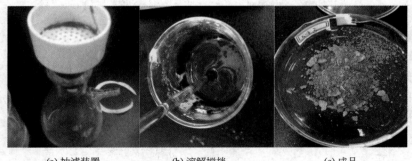

三、实训用品

1. 主要试剂与器材

试剂名称	浓盐酸	N，N-二甲基苯胺	冰醋酸
	对氨基苯磺酸	5％NaOH	NaNO$_2$
	10％NaOH	饱和 NaCl	乙醇
器材名称	烧杯 50mL/100mL/250mL	量筒 10mL/100mL	玻璃棒
	滴管	电炉	抽滤装置
	表面皿	温度计	滤纸
	KI-淀粉试纸		

2. 实训装置（见实训图 25）

（a）抽滤装置　　　　（b）溶解搅拌　　　　（c）成品

实训图 25　实训装置

四、实训操作步骤

1. 对氨基苯磺酸重氮盐的制备

（1）在 100mL 烧杯中放置 10mL 5％氢氧化钠溶液及 2.00g 对氨基苯磺酸晶体，温热使其溶解。

（2）冷却至室温，加 0.8gNaNO$_2$，溶解后，在搅拌下，将其溶解。同时将 13mL 冰冷水和 2.5mL 浓盐酸混合，分批滴入到上述溶液中。

（3）用玻璃棒蘸取液体点在 KI-淀粉试纸上。

（4）使温度保持在 5℃以下，待反应结束后，冰浴放置 15min。

2. 偶合

（1）在一支试管中加入 1.3mL N,N-二甲基苯胺和 1mL 冰醋酸，振荡混合。

（2）搅拌下，将此液慢慢加入到上述冷却重氮盐中，搅拌 10min。现象：此时颜色红得发黑了。

（3）冷却搅拌，慢慢加入 15mL NaOH 至为橙色。现象：颜色趋于橙红。

（4）将反应物加热至沸腾，溶解后，稍冷，置于冰冷水浴中冷却，使甲基橙全部重新结晶析出后，抽滤收集结晶。现象：在滤纸上得到橙色的黏稠晶体。

（5）用饱和 NaCl 冲洗烧杯两次，每次 10mL，并用此冲洗液洗涤产品。

3. 精制

（1）将滤纸连同上面的晶体移到装有 75mL 热水中微热搅拌，全溶后，冷却至室温，冰浴冷却至甲基橙结晶全部析出，抽滤。

（2）用少量乙醇洗涤产品。现象：得到橙色的结晶物。

（3）产品晾在空气中几分钟，称重，计算产率。

4. 检验

溶解少许产品，加几滴稀 HCl，然后用稀 NaOH 中和，观察颜色变化。现象：滴入稀 HCl 后颜色由橙色变成红色，滴稀 NaOH 后颜色又变回至橙色。

五、实训操作指南和安全提示

（1）对氨基苯磺酸为两性化合物，酸性强于碱性，它能与碱作用生成盐而不能与酸作用成盐。

（2）重氮化过程中，应严格控制温度，反应温度若高于 5℃，生成的重氮盐易水解为酚，降低产率。

（3）若试纸不显色，需补充亚硝酸钠溶液。

（4）若反应物中含有未作用的 N,N-二甲基苯胺醋酸盐，在加入 NaOH 后，就会有难溶于水的 N,N-二甲基苯胺析出，影响产物的纯度。

（5）重结晶操作要迅速，否则由于产物呈碱性，在温度高时易变质，颜色变深。

（6）用乙醇洗涤的目的是为了让产品迅速干燥。

六、实训关键步骤（关键点）

低温的控制和重结晶操作。

七、项目实施过程的工作评价

工作评价见实训项目二。

八、实训过程记录

1. 实训步骤及现象（见实训表 11）

实训表 11　甲基橙的制备实训步骤及现象

实验时间	实验内容	实验现象
5min	称取 2.00g 对氨基苯磺酸于 100mL 烧杯中，再加入 10mL 5%NaOH，水浴加热至溶解	对氨基苯磺酸为白色粉末状，溶解后溶液呈橙黄色
7min	让溶液冷却至室温	
12min	向溶液中加入 0.8gNaNO₃ 和 6mL 水，混合均匀后，冰水浴冷却	加入 NaNO₃ 后，溶液的橙色变淡，溶液中有白色的小颗粒

实验时间	实验内容	实验现象
6min	将 2.5mL 浓 HCl 慢慢加入到 13mL 的水中,混合均匀后,边搅拌边逐滴加入到溶液中,然后用 KI-淀粉试纸检验	加入 HCl 后溶液颜色加深,变成了红色溶液,但溶液中又有很多白色颗粒。KI-淀粉试纸呈紫色
16min	冰水浴 15min 制得重氮盐	溶液分层,下层为白色颗粒
10min	将 1.3mLN,N-二甲基苯胺和 1mL 冰醋酸加到试管中,振荡混合后,边搅拌边加到重氮盐中,搅拌 10min	N,N-二甲基苯胺呈淡黄色油状液体,加入混合液后,溶液变成了红色的糊状液
15min	往溶液中慢慢加入 15mL 10%NaOH 溶液至橙色	
15min	加热溶液至沸腾,让反应完全	刚开始加热时,产生大量的泡沫。随着温度的升高,泡沫慢慢消失,变成红色悬浊液。沸腾后,白色颗粒消失,变成了深红色溶液
25min	待溶液稍冷却后,冰水浴,冷却结晶。然后减压过滤。用饱和 NaCl 冲洗烧杯两次,每次 10mL	过滤得到橘黄色颗粒的滤饼,滤液为棕色液体
40min	将滤饼连同滤纸一起移到装有 75mL 热水的烧杯中,全溶后冷却至室温。开始冰水浴,冷却结晶	烧杯中慢慢有晶体析出,晶体下层为粉末状,上层为片状,母液表面也有一层晶体
7min	减压过滤,用乙醇洗涤滤饼两次,每次 2mL。将得到的滤饼转移到表面皿	滤饼为橘黄色块状固体
5min	干燥产品,称重	产品为橙红色片状晶体,少许为粉末状晶体
2min	溶解少许产品,加几滴稀 HCl,再加入几滴稀 NaOH,观察颜色变化	产品溶解后呈橙色,加入盐酸后,溶液变紫红色,再加入 NaOH 后,溶液呈橙色

2. 实训结果

	表面皿＋产品	表面皿	产品
质量/g			

已知对氨基苯磺酸的相对分子质量：$M_1 = 173.83g/mol$；

甲基橙的相对分子质量：$M_2 = 327.33g/mol$。

理论产量：$(2.00g \times M_2) \div M_1 = (2.00g \times 327.33g/mol) \div 173.83g/mol = 3.77g$

实际产量：_____ g

产率：$\omega = $ 实际产量/理论产量 $\times 100\% = $

3. 实训讨论

(1) 甲基橙产率较低,可能的原因有哪些?

(2) 实验过程应注意哪些事项?

(3) 在本实验中,制备重氮盐时为什么要把对氨基苯磺酸变成钠盐?

(4) 本实验如改成下列操作步骤：先将对氨基苯磺酸与盐酸混合,再滴加亚硝酸钠溶液进行重氮化反应,可以吗?为什么?

(5) 用淀粉碘化钾试纸检验的原因是什么?

实训项目十 苯磺酸钠的制备

苯磺酸钠分子式 $C_6H_5SO_3Na$，相对分子质量 180.15，熔点 450℃，密度 1.124 g/cm³，为白色片状结晶体，易溶于水，微溶于醇。是一种应用较为广泛的有机制品。用于合成新型农药杀虫螨，用于染料中间体、洗涤助剂以及铸造行业。

一、实训目的

1. 巩固对苯的磺化反应过程的认识，了解常用磺化剂的使用方法。
2. 通过实际操作掌握制备苯磺酸钠的原理和方法。
3. 了解苯磺酸钠的性质。
4. 熟悉减压过滤分离的方法。

二、实训原理

芳环上氢原子被磺酸基取代生成芳磺酸的反应叫做磺化反应。磺化是亲电子取代反应，磺化反应时，芳环上的氢原子被磺酸基取代（—SO₃）为亲电取代反应。苯的磺化反应较难进行，选择较强的发烟硫酸作磺化剂。在苯的沸点（78～100℃）之间进行反应。

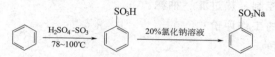

对于磺化产物的分离，本实验用脱硫酸钠法。

三、实训用品

1. 主要试剂与器材

试剂名称	苯	浓硫酸	95％乙醇
	20％氯化钠溶液		
器材名称	水浴锅	砂芯漏斗	托盘天平
	量筒 10mL/50mL/100mL	抽滤装置	三口烧瓶
	温度计 100℃	分液漏斗 250mL	控温电炉 0～100℃
	实验室常用仪器	球形冷凝管	搅拌器

2. 实训装置（见实训图 26）

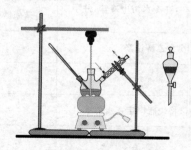
(a) 制备苯磺酸钠的反应装置图

(b) 抽滤装置

实训图 26　苯磺酸钠合成实验装置

四、实训操作步骤

1. 磺化

在烧瓶中加入 6mL 苯,再缓慢滴加 8mL 发烟硫酸,并振荡混合摇匀,塞上带有玻璃管的橡胶塞,放入水浴锅加热 80℃,保温 20min。反应结束后,将产物倒入盛有 40mL 的 20%氯化钠溶液的小烧杯,在冷水浴中冷却,并不断搅拌,同时有苯磺酸钠晶体析出,用砂芯漏斗抽滤或普通漏斗用两层滤纸抽滤,并用少量乙醇洗涤,干燥,称重,得粗品。

2. 精制

在 500mL 的烧瓶加入苯磺酸钠粗品,再加入 160mL95%乙醇及沸石,将烧瓶固定在水浴锅中,并装上回流装置,加热使溶液沸腾直到苯磺酸钠不再溶解,加乙醇 10mL,停止加热,趁热过滤,冰水冷却,抽滤,并用少量乙醇洗涤结晶,烘干,称重。

五、实训操作指南和安全提示

(1) 发烟硫酸为强腐蚀性液体,应小心操作,防止灼伤。配制时应戴眼镜和手套,并在通风橱内操作。

(2) 磺化反应温度应控制在 110℃以下,高于此温度会增加副产物。

(3) 若要得到高纯产品,需用 95%的乙醇进行重结晶,每克苯磺酸钠约需 18mL95%的乙醇。

六、实训关键步骤 (关键点)

回流时间及温度的控制、热过滤、抽滤。

七、项目实施过程的工作评价

工作评价见实训项目二。

八、实训过程记录

1. 实训步骤及现象(见实训表 12)

实训表 12 苯磺酸钠的制备实训步骤及现象

时间	实验步骤	实验现象
4min	安装装置完毕,并向烧瓶中加入 6mL 苯	烧瓶中为无色液体
1min	再向装置中加入 8mL 发烟硫酸	溶液呈现微黄色
10min	安装电热器开始加热并用搅拌器开始搅拌	$T=34℃$
20min	继续加热 20min	开始出现回流,$T=82℃$,溶液呈现棕色
5min	将产物倒入盛有 40mL 的 20%氯化钠溶液的小烧杯,在冷水浴中冷却,并不断搅拌	有苯磺酸钠晶体析出
5min	用砂芯漏斗抽滤或普通漏斗用两层滤纸抽滤,并用少量乙醇洗涤	
30min	干燥	
10min	苯磺酸钠粗品加入烧瓶中,再加入 95%乙醇及沸石,将烧瓶固定在水浴锅中	
10min	装配好回流装置	
10min	加热使溶液沸腾	苯磺酸钠不再溶解为结束
2min	加乙醇 10mL	
8min	停止加热,趁热过滤	

时间	实验步骤	实验现象
15min	冰水冷却，抽滤，并用少量乙醇洗涤结晶	得细结晶
20min	干燥	
5min	计算产率	

2. 实训结果

质量/g	表面皿＋产品	表面皿	产品

理论产量：n（苯）M（苯磺酸钠）$=\dfrac{V（苯）\rho（苯）}{M（苯）}\times 180.15=12.13g$

实际产量：_____ g

产率：$\omega=$ 实际产量/理论产量 $\times 100\%=$

3. 实训讨论

（1）苯的磺化可否用浓硫酸作磺化剂？

（2）影响磺化反应的因素有哪些？

（3）怎样配制不同浓度的发烟硫酸？

（4）磺化过程中有哪些反应？

（5）各种浓度的发烟硫酸如何配制？

实训项目十一　肉桂酸的制备

肉桂酸又称桂皮酸，化学名称为 β-苯丙烯酸。自然界中存在于妥卢香脂、苏合香脂中。纯净的肉桂酸是白色针状晶体，熔点为133℃，不溶于冷水，溶于热水和醇、醚等有机溶剂中。主要用于制备香精和医药的中间体。

一、实训目的

1. 学习肉桂酸的制备原理和方法。

2. 掌握水蒸气蒸馏的原理及其应用。

3. 进一步掌握回流、水蒸气蒸馏、抽滤等基本操作。

二、实训原理

芳香醛和酸酐在碱性催化剂的作用下，生成 α，β-不饱和芳香醛，这个反应称 Perkin 反应。催化剂通常是相应酸酐的羧酸钾盐或钠盐，也可用碳酸钾或叔胺。

利用 Perkin 反应，将苯甲醛和乙酸酐混合后在无水碳酸钾的存在下加热缩合，可以制得肉桂酸。

反应式如下：

主反应：

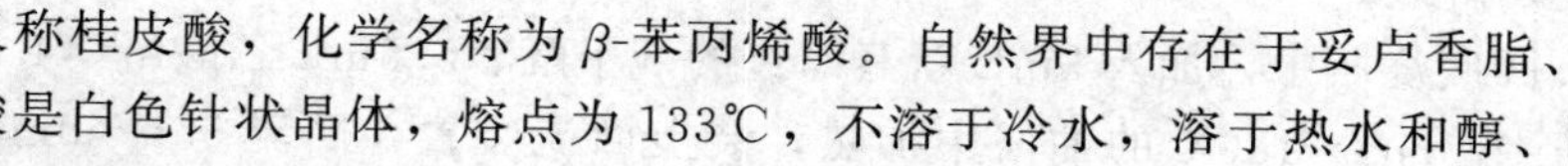

副反应：

反应物中混有少量未反应的苯甲醛，可通过水蒸气蒸馏的办法除去。肉桂酸有顺反异构体，常以反式形式存在。

三、实训用品

1. 主要试剂与器材

试剂名称	苯甲醛（新蒸馏过）	乙酸酐	无水碳酸钾
	10%氢氧化钠溶液	浓盐酸	活性炭
器材名称	圆底烧瓶（250mL）	空气冷凝管	水蒸气蒸馏装置
	减压过滤装置	烧杯（250mL）	表面皿
	温度计（200℃）	保温漏斗	油浴锅

2. 实训装置（见实训图 27）

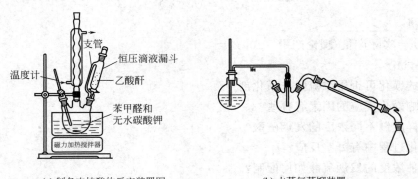

(a) 制备肉桂酸的反应装置图   (b) 水蒸气蒸馏装置

实训图 27   肉桂酸合成实训装置

四、实训操作步骤

在 250mL 圆底烧瓶中，加入 3mL 新蒸馏过的苯甲醛、5.5mL 乙酸酐、4.00g 无水碳酸钾，混合均匀后在 170～180℃ 的油浴中加热，装上回流装置，回流 55～60min。反应初期由于逸出二氧化碳，有泡沫出现。

冷却反应混合物，加入 20mL 水，浸泡几分钟。用玻璃棒轻轻压碎瓶中的固体，进行水蒸气蒸馏，以蒸除混合物中未反应的苯甲醛，直至无油状物蒸出为止。将烧瓶稍微冷却，加入 40mL 10%氢氧化钠溶液，使所有的肉桂酸形成钠盐而溶解。再加入 20mL 水，加入适量活性炭，煮沸 10min，趁热过滤。在热滤液中，边搅拌边加入 25mL 浓盐酸和 20mL 水的混合液，至溶液成酸性（pH≈3）。用冷水浴冷却结晶，抽滤析出的晶体，并用少量冷水洗涤晶体，压紧抽干后，移至表面皿上晾干，称重。

五、实训操作指南与安全提示

（1）乙酸酐有毒，并具有强烈的刺激性，使用时应注意避免吸入其蒸气。

（2）缩合加热时，也可用简易的空气浴代替油浴进行加热，将烧瓶底部向上移动，稍微离开石棉网进行加热回流。

（3）欲得到比较纯净的产品，粗产物可用乙醇和水（体积比为 1∶3）的稀乙醇溶液或热水重结晶。

六、实训关键步骤（关键点）

回流时间和温度的控制。

七、项目实施过程的工作评价

工作评价见实训项目二。

八、实训过程记录

1. 实训步骤及现象（见实训表13）

实训表13　肉桂酸的制备实训步骤及现象

时间	步骤	现象
10min	将3.0 mL苯甲醛、5.5 mL乙酸酐、4.00g无水碳酸钾依次加入250mL三口烧瓶中摇匀	烧瓶底部有白色颗粒状固体，上部液体无色透明，反应剧烈，有白烟冒出
55min	搭好回流装置，开始加热回流（约1h，温度控制在170～180℃）	加热后有气泡产生，白色颗粒状固体逐渐溶解，由奶黄色逐渐变为淡黄色，并出现一定的淡黄色泡沫，随着加热泡沫逐渐变为红棕色液体，表面有一层油状物
20min	加入40mL10%氢氧化钠水溶液和20 mL水，将装置改为水蒸气蒸馏装置，开始加热蒸馏	
20min	对蒸汽发生器进行加热，待蒸汽稳定后再通入烧瓶中液面下开始蒸汽蒸馏，待检测馏出液中无油滴后停止蒸馏	溶液由橘红色变为浅黄色
5min	加入1.0g活性炭脱色，热过滤	加入活性炭后液体变为黑色
5min	加入25 mL浓盐酸，冰水浴	烧杯中有白色颗粒出现
5min	抽滤（用冰水洗涤）	抽滤后为白色固体
5min	烘箱干燥，称重	称重得 $m=0.33g$

2. 实验结果

	表面皿＋产品	表面皿	产品
质量/g			

理论产量：$\dfrac{3\times1.05}{106.12}\times148.17=4.45g$

实际产量：

产率：$\omega=$实际产量/理论产量$\times100\%=$

3. 实训讨论

本次实训过程中出现了哪些异常现象？如何解释？

实训项目十二　重结晶法提纯苯甲酸

苯甲酸俗称安息香酸，是典型的芳香酸。苯甲酸是针状或鳞片状的白色晶体，粗苯甲酸因含杂质而略显黄色，熔点122℃。微溶于冷水，可溶于热水和乙醇、乙醚等有机溶剂。苯甲酸具有杀菌防腐的作用，其钠盐是食品中常用的防腐剂。

一、实训目的

1. 了解重结晶法提纯固体物质的基本原理。
2. 熟悉重结晶的操作程序。
3. 掌握热溶解、热过滤、减压过滤的操作技能。

二、实训原理

苯甲酸在水中的溶解度随温度的变化较大，如20℃时溶解度为0.46g，100℃时溶解度为5.5g。本实训就是利用这一性质对苯甲酸进行重结晶提纯。

重结晶是指将固体物质溶解在热的溶剂中，成为饱和溶液，当溶液冷却时，溶解度降低，溶液过饱和，而重新析出晶体的过程。重结晶是提纯固体化合物常用的方法之一，适用于提纯杂质含量小于 5% 的固体化合物。

由于粗苯甲酸呈浅黄色，因此在重结晶的过程中需使用活性炭进行脱色。将粗苯甲酸溶于沸水中，加入活性炭脱色，热过滤除去不溶杂质和活性炭，再将滤液冷却析出苯甲酸晶体，减压过滤除去母液中的可溶性杂质，从而得到纯净的苯甲酸。

三、实验用品

1. 主要试剂与器材

试剂名称	苯甲酸粗品	活性炭
器材名称	烧杯(250mL)	锥形瓶(250mL)
	减压过滤装置	保温漏斗
	滤纸	表面皿

2. 实训装置（见实训图 28～实训图 30）

实训图 28　扇形滤纸

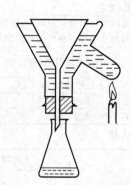

实训图 29　热过滤装置

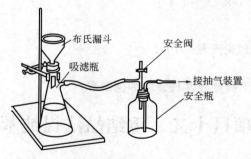

实训图 30　抽滤装置

四、实训操作步骤

1. 热溶解

称取 2g 苯甲酸粗品放入 250mL 锥形瓶中，加入 60mL 蒸馏水，加热至微沸，并不断搅拌使苯甲酸完全溶解。若不能完全溶解，可逐次加入 2～3mL 热水，直至完全溶解。

2. 脱色

将锥形瓶拿离热源，加入 5mL 冷水，加入 0.1g 活性炭，搅拌，继续煮沸 5～10min。

3. 热过滤

安装热过滤装置，在保温漏斗的夹套中注入热水，用酒精灯加热侧管。将叠好的扇形滤纸放入漏斗中。当夹套中的水接近沸腾时，立即将混合液分批倒入漏斗中过滤，不要倒入太满，也不要等滤完再倒。用洁净的烧杯接收滤液，过滤完毕后，用少量热水洗涤锥形瓶和滤纸。

4. 结晶

将烧杯加盖表面皿，滤液静置冷却至室温，再置于冰水中冷却 15min，至晶体析出完全。

5. 减压过滤

将晶体放于布氏漏斗上进行减压过滤，同时用洁净的塞子或刮刀挤压晶体，使晶体与滤液完全分离。停止减压抽滤，用 5mL 冷水洗涤晶体，再压紧抽干，重复此操作两次，使晶体洗涤干净。

6. 干燥

将提纯的苯甲酸转移至表面皿，并在低于 100℃ 的温度下烘干。称重并计算收率。

五、实训操作指南与安全提示

（1）活性炭的加入量一般是粗品质量的 1%～5%。

（2）切勿在接近沸点的溶液中加入活性炭，以防止引起暴沸。

（3）在脱色时加入 5mL 冷水，既可以降低溶液的温度，又可以补充沸腾时水的损失。

（4）热过滤操作应动作迅速，以防止溶液冷却而析出晶体。

（5）热过滤时，一般不用玻璃棒引流，以防止加速降温。选用的玻璃漏斗颈越短越好。

（6）接收滤液的烧杯一般不要紧靠漏斗颈，以防止滤液迅速冷却析出晶体沿内壁向上堆积而堵塞漏斗。

（7）停止抽滤时，应先将吸滤瓶侧管上的橡皮管拔掉或者是先将安全瓶的活塞打开放空，再关闭抽气泵。

六、实训关键步骤（关键点）

热过滤动作要迅速，以防止晶体析出。

七、项目实施过程的工作评价

工作评价见实训项目二。

八、实训过程记录

1. 实训步骤及现象（见实训表 14）

实训表 14　重结晶法提纯苯甲酸实训步骤及现象

时间	步骤	现象
20min	称取 2g 苯甲酸粗品放入 250mL 锥形瓶中，加入 60mL 蒸馏水，加热至微沸，并不断搅拌	苯甲酸慢慢溶解，溶液澄清透明，看不到固体
15min	将锥形瓶拿离热源，加入 5mL 冷水，加入 0.1g 活性炭，搅拌，继续煮沸 5～10min	液体变为黑色
30min	安装热过滤装置，当夹套中的水接近沸腾时，趁热过滤	得到澄清滤液
40min	将烧杯加盖表面皿，滤液静置冷却至室温，再置于冰水中冷却 15min	慢慢析出针状晶体
15min	将晶体进行减压过滤，并反复洗涤晶体	得到白色晶体
120min	将提纯的苯甲酸转移至表面皿，并在低于 100℃ 的温度下烘干。称重并计算收率	得到干燥的白色晶体

2. 实训结果

	表面皿＋产品	表面皿	产品
质量/g			

收率：

3. 实训讨论

（1）用重结晶法提纯苯甲酸时，为什么可以用水作溶剂？

（2）活性炭为什么要在固体物质完全溶解后加入？为什么不能在溶液沸腾时加入？

（3）热过滤时，溶剂挥发对重结晶有什么影响？如何减少溶剂挥发？

（4）停止抽滤时，为什么要先将吸滤瓶侧管上的橡皮管拔掉或者是先将安全瓶的活塞打开放空，再关闭抽气泵。

（5）本次实训过程中出现了哪些异常现象？如何解释？

实训项目十三　从黄连中提取黄连素

黄连为我国特产药材之一，又有很强的抗菌能力，对急性结膜炎、口疮、急性细菌性痢疾、急性肠胃炎等均有很好的疗效。黄连中含有多种生物碱，以黄连素（俗称小檗碱）为主要有效成分，随野生和栽培及产地的不同，黄连中黄连素的含量约 $4\% \sim 10\%$。

一、实训目的

1. 知道从植物中提取天然产物的原理和方法。
2. 熟练使用回流、蒸馏装置。
3. 熟练使用重结晶技术。

二、实训原理

黄连素有抗菌、消炎、止泻的功效。对急性菌痢、急性肠炎、百日咳、猩红热等各种急性化脓性感染和各种急性外眼炎症都有效。

黄连素是黄色针状体，微溶于水和乙醇，较易溶于热水和热乙醇中，几乎不溶于乙醚。黄连素的盐酸盐、氢碘酸盐、硫酸盐、硝酸盐均难溶于冷水，易溶于热水，故可用水对其进行重结晶，从而达到纯化目的。

黄连素在自然界多以季铵碱的形式存在，结构如下：

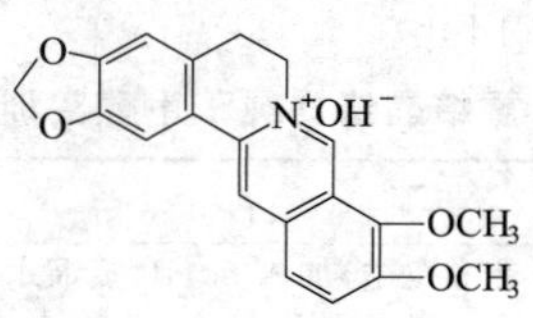

本实验采用乙醇作溶剂，从黄连中提取黄连素，浓缩后，用盐酸进行酸化，得到相应的盐酸盐晶体。

三、实训用品

1. 主要试剂与器材

试剂名称	黄连	无水乙醇	浓盐酸
	1%乙酸溶液	丙酮	
器材名称	圆底烧瓶（250mL）	球形冷凝管	直形冷凝管
	蒸馏头	接液管	温度计
	铁架台	减压过滤装置	调温电炉
	水浴锅	锥形瓶	烧杯

2. 实训装置（见实训图 31）

四、实训操作步骤

1. 提取

称取 10g 中药黄连，用研钵研碎后，倒入 250mL 圆底烧瓶中，加入 100mL 无水乙醇，安装回流装置，用水浴加热回流 1h，再静置浸泡 1h。

减压过滤，滤渣用少量无水乙醇洗涤两次，弃滤渣。

2. 浓缩

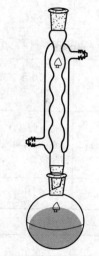

实训图 31　回流装置

将滤液倒入 250mL 圆底烧瓶中，安装蒸馏装置，用水浴加热蒸馏，回收大部分乙醇，直至瓶内残留液体呈棕红色糖浆状，停止蒸馏。冷却。

3. 结晶

向烧瓶里加入 1% 乙酸 30mL，加热溶解后，趁热抽滤，除去固体杂质，将滤液倒入小烧杯中，滴加浓盐酸，至溶液浑浊为止（约需 10mL）。然后将小烧杯放入冰水浴充分冷却，黄连素盐酸盐以黄色晶体析出，抽滤，用冰水洗涤两次，得到黄连素盐酸盐粗产品。

4. 重结晶

将粗产品放入 100mL 烧杯中，加入少量水，小火加热，边搅拌边加水直至粗产品完全溶解，停止加热，稍冷后，放入冰水浴中充分冷却，抽滤，用少量冷水洗涤两次，再用少量丙酮洗涤一次，抽干，即得成品，称重。

五、实训操作指南与安全提示

（1）浓盐酸易挥发且有强腐蚀性，实验中应避免吸入其蒸气。

（2）滴加浓盐酸时，注意浓盐酸应该冷却至室温，以免浓盐酸大量挥发。

六、实训关键步骤（关键点）

回流时间。

七、项目实施过程的工作评价

工作评价见实训项目二。

八、实训过程记录

1. 实训步骤及现象（见实训表 15）

实训表 15　从黄连中提取黄连素实训步骤及现象

时间	步　骤	现象
5min	称取 10g 中药黄连,用研钵研碎后,倒入 250mL 圆底烧瓶中,加入 100mL 无水乙醇	
5min	安装回流装置,用水浴加热	
60min	回流 1h	溶液为黄色
60min	静置浸泡 1h	
5min	减压过滤,用少量无水乙醇洗涤两次滤渣	得到黄色滤液
25min	将滤液倒入圆底烧瓶中,安装蒸馏装置,加热蒸馏,直至瓶内残留液体呈棕红色糖浆状,停止蒸馏,冷却	得到棕红色糖浆状液体
5min	向烧瓶里加入 30mL 1% 乙酸,加热溶解后,趁热抽滤,除去固体杂质	得到黄色滤液

时间	步骤	现象
3min	将滤液倒入小烧杯中,滴加浓盐酸,至溶液浑浊为止	
30min	放入冰水浴充分冷却,黄连素盐酸盐以黄色晶体析出,抽滤,用冰水洗涤两次,得到粗产品	粗产品为黄色晶体
40min	将粗产品放入小烧杯中,加入少量水,小火加热,边搅拌边加水直至完全溶解,停止加热,稍冷后,放入冰水浴中充分冷却,抽滤,用少量冷水洗涤两次,再用少量丙酮洗涤一次,抽干,即得成品	产品为黄色晶体
5min	称重,计算产率	

2. 实训结果

	表面皿＋产品	表面皿	产品
质量/g			

收率:

3. 实训讨论

(1) 蒸馏回收乙醇时,为什么不能蒸得太干?

(2) 黄连素有哪些功能?

实训项目十四　从橙皮中提取柠檬油

香精油在化学上是萜烯类、倍半萜烯类化合物,此外还有高级醇、醛类、酮类和酯类,以及有机酸、樟脑素等混合物,是广泛存在于动、植物体内的一类天然有机化合物。香精油种类繁多,不同的植物体内含有不同的香精油。从柠檬、橙子、柑橘等新鲜水果中提取出来的香精油叫柠檬油。大多数香精油具有芬芳的气味,被广泛应用于医疗、制药行业,也常用作食品、化妆品和洗涤用品的香料添加剂。

一、实训目的

1. 学习从橙皮中提取柠檬油的原理和方法。

2. 了解并掌握水蒸气蒸馏的原理及基本操作。

3. 巩固分液漏斗的使用方法。

二、实训原理

柠檬、橙子、柑橘等新鲜水果中含有大量的香精油——柠檬油。柠檬油是一种以柠檬烯为代表的萜类化合物,为黄色透明液体,具有浓郁的柠檬香气,是饮料的香精成分。柠檬油还具有镇静中枢神经、减轻应激的作用,能使人消除疲劳。

目前从植物中提取天然精油的主要方法有水蒸气蒸馏法、萃取法和磨榨法三种。

本实验以橙皮为原料,将橙皮进行水蒸气蒸馏,用二氯甲烷萃取馏出液,然后蒸去二氯甲烷,留下的残液即为柠檬油。纯柠檬烯沸点为176℃。

三、实训用品

1. 主要试剂与器材

试剂名称	橙皮（新鲜）	二氯甲烷	无水硫酸钠
器材名称	三口烧瓶(500mL)	直形冷凝管	接液管
	锥形瓶(50mL、100mL、250mL)	分液漏斗(125mL)	旋转蒸发仪
	蒸馏头	梨形烧瓶	温度计(100℃)
	剪刀	减压水泵	

2. 实训装置（见实训图32）

四、实训操作步骤

将 2～3 个新鲜橙子皮剪切成极小的碎片后，放入 250mL 三口瓶中，此时果皮应尽量剪得碎，且直接放入三口瓶中，以防止精油流失。加 80mL 水，参照实训图 32 安装好装置，进行水蒸气蒸馏。当馏出液达 50～60mL 时即可停止蒸馏。这时可观察到馏出液水面上附有一片薄薄的油层。

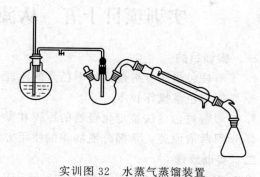

实训图 32　水蒸气蒸馏装置

将馏出液倒入 125mL 分液漏斗中，每次用 10mL 二氯甲烷萃取，萃取三次。合并三次萃取液放入 50mL 干燥的锥形瓶中，加入适量无水硫酸钠干燥，此时应充分振摇至液体澄清透明为止。

将干燥液滤入 50mL 梨形烧瓶中，配上蒸馏头，用旋转蒸发仪蒸去二氯甲烷。待二氯甲烷基本蒸完后，再用水泵减压抽去残余的二氯甲烷。此时二氯甲烷一定要抽干，否则会影响产品的纯度。烧瓶中所剩少量橙黄色油状液体，即为柠檬油。

五、实训操作指南及安全提示

（1）二氯甲烷有毒，萃取操作最好在通风橱中，且在低温下进行，以防止其蒸气挥发。

（2）也可选用柑橘或柠檬皮做实验原料。原料最好是新鲜的，干原料效果较差。

六、实训关键步骤（关键点）

回流时间和温度的控制；控制馏出速度为每秒 1 滴。

七、项目实施过程的工作评价

工作评价见实训项目二。

八、实训过程记录

1. 实训步骤及现象（见实训表 16）

实训表 16　从橙皮中提取柠檬油实训步骤及现象

时间	步　骤	现象
10min	将 2～3 个新鲜橙子皮剪切成极小的碎片后，放入 250mL 的三口瓶中，加 80mL 水	
55min	安装好装置，进行水蒸气蒸馏（约 40min）。当馏出液达 50～60mL 时即可停止蒸馏	观察到馏出液水面上附有一片薄薄的油层
20min	将馏出液倒入 125mL 分液漏斗中，每次用 10mL 二氯甲烷萃取，萃取三次。合并三次萃取液放入 50mL 干燥的锥形瓶中，加入适量无水硫酸钠干燥	此时应充分振摇至液体澄清透明为止
20min	将干燥液滤入 50mL 梨形烧瓶中，配上蒸馏头，用旋转蒸发仪蒸去二氯甲烷。待二氯甲烷基本蒸完后，再用水泵减压抽去残余的二氯甲烷	烧瓶中所剩少量橙黄色油状液体，即为柠檬油

2. 实验结果

	烧瓶＋产品	烧瓶	产品
质量/g			

收率：

3. 实训讨论

本次实训过程中出现了哪些异常现象？如何解释？

实训项目十五　从菠菜中提取天然色素

一、实训目的

1. 了解柱色谱法分离菠菜叶中色素的原理和方法。
2. 掌握柱色谱操作技术。
3. 学习薄层色谱法鉴定化合物的原理和操作。
4. 学习萃取原理，掌握分液漏斗的使用方法。

二、实训原理

绿色植物如菠菜中含有叶绿素（包括叶绿素 a 和叶绿素 b）、叶黄素及胡萝卜素等天然色素。

叶绿素 a 为蓝黑色固体，在乙醇溶液中呈蓝绿色；叶绿素 b 为暗绿色，其乙醇溶液呈黄绿色。它们是吡咯衍生物与镁的络合物，是植物进行光合作用必需的催化剂，易溶于石油醚等非极性溶剂中。通常植物中叶绿素 a 的含量是叶绿素 b 的三倍。其结构式如下：

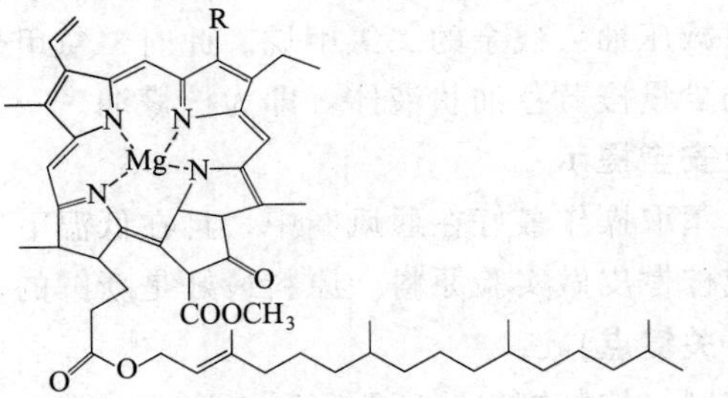

叶绿素 a（R＝CH₃）和叶绿素 b（R＝CHO）

胡萝卜素是一种橙色的天然色素，属于四萜，为一长链共轭多烯，有 α、β、γ 三种异构体，其中 β 异构体含量最多。

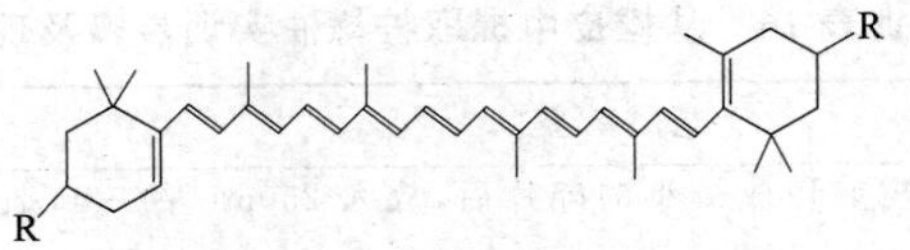

β-胡萝卜素（R＝H）和叶黄素（R＝OH）

叶黄素是一种黄色色素，与叶绿素同存在于植物体内，是胡萝卜素的羟基衍生物，较易溶于乙醇，在石油醚中溶解度较小。秋天，高等植物的叶绿素被破坏后，叶黄素的颜色就显示出来。

本实验从菠菜叶中提取上述各种色素，并用柱色谱法进行分离。

三、实训用品

1. 主要仪器及器材

试剂名称	菠菜	石油醚	无水硫酸钠
	乙醇	中性氧化铝	丙酮
	正丁醇	蒸馏水	
器材名称	研钵	分液漏斗	酸式滴定管
	锥形瓶	硅胶板	色谱缸

2. 实训装置（见实训图 33、实训图 34）

实训图 33　将菠菜捣碎

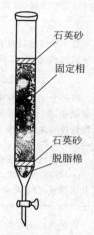

石英砂

固定相

石英砂

脱脂棉

实训图 34　柱色谱装置

四、实训操作步骤

（1）取 5g 新鲜的菠菜叶于研钵中捣烂，用 30mL 2：1 的石油醚-乙醇分几次浸取。把浸取液过滤，滤液转移至分液漏斗中，加等体积的水洗一次，弃去下层的水-乙醇层。石油醚层再用等体积的水洗两次，有机相用无水硫酸钠干燥后转移到另一锥形瓶中保存。取一半做柱色谱分离，其余留作薄层分析。

（2）柱色谱分离：用 25mL 酸式滴定管，20g 中性氧化铝装柱。先用 9：1 的石油醚-丙酮洗脱，当第一个橙黄色色带流出时，换一接收瓶接收，它是胡萝卜素，约用洗脱剂 50mL（若流速慢，可稍稍进行减压）。接着用 7：3 的石油醚-丙酮洗脱，当第二个棕黄色色带流出时，换一接收瓶接收，它是叶黄素，约用洗脱剂 200mL。再换用 3：1：1 的正丁醇-乙醇-水洗脱，分别接收叶绿素 a（蓝绿色）和叶绿素 b（黄绿色），约用洗脱剂 30mL。

（3）鉴定：取一 10cm×4cm 的硅胶板，在板的一端约 1~1.5cm 处用铅笔轻轻画一条直线作为起点。用分离后的叶绿素 a 和叶绿素 b 点样，用石油醚展开，当展开剂前沿上行到板另一端约 1cm 时，立即取出并作好记号。晾干后量下斑点所走的距离，计算 R_f 值。

五、实训操作指南及安全提示

（1）研磨只可适当，不可研磨得太烂而成糊状，否则会造成分离困难。

（2）洗涤时要轻轻振荡，以防止产生乳化现象。

（3）水洗的目的是除去有机相中少量的乙醇和其他水溶性物质。

六、实训关键步骤（关键点）

提取绿色叶片中的色素。

七、项目实施过程的工作评价

工作评价见实训项目二。

八、实训过程记录

1. 实训步骤及现象（见实训表17）

实训表17　从菠菜中提取天然色素实训步骤及现象

时间	步　骤	现象
20min	称取约10g新鲜菠菜叶在研钵中捣烂成泥，加10mL 2∶1的石油醚-乙醇混合液浸取，研磨5min成浆。减压过滤，收集滤液，重新加入10mL 2∶1的石油醚-乙醇混合液浸取，研磨后抽滤。重复上述操作三次	绿色菠菜泥
10min	将三次抽滤后的萃取液合并，转入分液漏斗中，加入等体积的水洗一次。弃去下层的水-乙醇层，石油醚层再用等体积的水洗涤两次	
30min	将一个25mL酸式滴定管固定在铁架台上代替色谱柱。取少量脱脂棉，用石油醚浸湿，加入20mL石油醚。用玻璃漏斗将20g中性氧化铝注入柱中，打开旋塞，使柱内石油醚高度不变，最终高出氧化铝表面约2mm，关闭旋塞	
10min	将菠菜色素的浓缩液加到色谱柱顶部。打开旋塞，让液面下降到柱面以下约1mm处，关闭旋塞，滴加石油醚至液面上1mm处，再打开旋塞，使液面下降。经几次反复，使色素全部进入柱体，再滴加石油醚至高于柱面2mm处	
20min	在色谱柱上方装一滴液漏斗，内装50mL体积比为9∶1的石油醚-丙酮洗脱剂。同时打开漏斗及柱下端的旋塞，让洗脱剂逐滴放出，柱色谱即开始进行。先用一小烧杯在柱底接收流出液。得到橙黄色的液体，为胡萝卜素。换用7∶3的石油醚-丙酮洗脱，得到棕黄色的叶黄素。最后用体积比为3∶1∶1的正丁醇-乙醇-水洗脱蓝绿色带叶绿素a和黄绿色带叶绿素b	分离等到：橙黄色的胡萝卜素；棕黄色的叶黄素；蓝绿色带叶绿素a和黄绿色带叶绿素b

2. 实训讨论

本次实训过程中出现了哪些异常现象？如何解释？

技能检查与测试

一、填空题

1. 加热玻璃仪器时，应_____，不能_____。

2. 使用温度计时，应注意不要_____，以免炸裂，尤其是水银球部位，应_____再清洗。不能用温度计搅拌液体或固体物质，以免损坏。

3. 带旋塞或具塞的仪器洗涤后，应在塞子和磨口接触处_____或_____，以防黏结。

4. 装配有机合成实验各种反应装置时，应首先选好_____的位置，按照一定_____逐个安装，先_____后_____。从_____至_____。做到横平竖直。拆卸时，应按_____逐个拆卸。

5. 有机合成实验中，烧瓶的选择，应选用质量好的，容积大小适度，所盛反应物占其容积的_____为宜，最多不应超过_____。冷凝管的选择，一般情况下蒸馏用_____，回流用_____。

6. 使用三口圆底烧瓶时，三口分别安装_____、_____和_____。

7. 使用旋转蒸发器进行减压蒸馏时，当温度高、真空度低时，瓶内液体可能会暴沸。此时应及时_____，通_____降低真空度。对于不同的物料，应找出适宜的_____，使蒸馏平稳进行。

8. 电热套是加热温度在_____时的加热装置。使用时应注意不能用电热套直接加热_____。

9. 通过正丁醇与氢溴酸反应制备正溴丁烷时，为从反应混合物中分离出粗产品正溴丁烷，应选用_____分离，而不直接用_____进行分离。

10. 在合成阿司匹林的实验中，要将反应温度控制在_____之间。加入浓磷酸的目的是为_____。反应进行是否完全，可用_____检验。

11. 阿司匹林微溶于水，洗涤结晶时，用水量要_____，温度要_____，以减少产品损失。

12. 利用 Perkin 反应，将_____和_____混合后在_____存在下加热缩合，可以制得肉桂酸。

13. 在合成肉桂酸的实验中，缩合加热时可用简易的_____代替进行加热，将烧瓶底部_____移动，稍微_____进行加热回流。

14. 欲得到比较纯净的肉桂酸，粗产物可用_____溶液或_____重结晶。

15. 重氮化反应中，温度控制很重要，一般应控制在_____℃，若温度高，生成的重氮盐易水解成_____，降低产率。在合成甲基橙实验中，为使对氨基苯磺酸完全重氮化，反应过程必须不断_____。

16. 以橙皮为原料，将橙皮进行_____，用_____萃取馏出液可提取柠檬油。

二、选择题

1. 洗涤液体时常用（　　）。

A. 滴液漏斗　　　　B. 分液漏斗　　　　C. 普通漏斗　　　　D. 锥形瓶

2. 进行多组分混合物分馏时应选用（　　）。

A. 直形冷凝管　　B. 球形冷凝管　　　C. 分馏柱　　　　D. 圆底烧瓶

3. 溴代反应合成正溴丁烷，应选用（　　）。

A. 普通蒸馏装置　　　　　　　B. 减压蒸馏装置

C. 带有气体吸收的回流装置　　D. 普通回流装置

4. 酰化反应合成阿司匹林时，为得到比较纯净的产品，常选用（　　）进行重结晶。

A. 乙醇　　　　　B. 乙醚　　　　　C. 氢氧化钠溶液　　D. 饱和碳酸氢钠溶液

5. 从菠菜中提取天然色素，采用的方法是（　　）。

A. 蒸馏　　　　　B. 回流　　　　　C. 分离　　　　　D. 萃取

6. 从菠菜中提取天然色素通常选用的萃取剂是（　　）。

A. 石油醚-乙醇　　B. 石油醚-丙酮　　C. 石油醚-丙酮-水　D. 石油醚-乙醇-水

7. 从橙皮中提取柠檬油，选用的实验装置是（　　）。

A. 普通蒸馏装置　　B. 减压蒸馏装置　　C. 水蒸气蒸馏装置　　D. 回流装置

8. 从橙皮中提取出的柠檬油，可选用（　　）进行干燥。

A. 浓硫酸　　　　B. 无水硫酸钠　　　C. 氧化钙　　　　D. 硅胶

三、判断题

1. 分液漏斗和滴液漏斗的活塞可以互换。（　　）
2. 标准磨口仪器的标准磨口塞应保持清洁，所以清洗时应用去污粉洗擦磨口。（　　）
3. 电动搅拌器常用于反应时搅拌固体反应物，磁力搅拌器常用于搅拌液体反应物。（　　）
4. 在制备正溴丁烷的气体吸收装置中，漏斗口应浸入水中，以吸收溴化氢气体。（　　）
5. 利用溴代反应合成正丁醇，粗产品用硫酸洗涤的目的是除去产物中少量没反应的正丁醇和副产物正丁醚等杂质。（　　）
6. 在甲基橙的合成实验中，重结晶后的产品依次用少量乙醇、乙醚洗涤的目的是除去其中的杂质。（　　）
7. 从菠菜中提取出的天然色素，在用柱色谱分离时，最先分离出来的是叶绿素。（　　）

四、问答题

1. 在正溴丁烷的合成实验中，加料时如不按实验中的操作顺序加料，会出现什么后果？
2. 洗涤生成的阿司匹林晶体，用水量是否可以不加控制？为什么？
3. 偶联反应得到的甲基橙晶体，抽滤后洗涤滤饼时，为什么要用饱和食盐水？
4. 合成肉桂酸实验中，用水蒸气蒸馏除去什么？为什么能用水蒸气蒸馏法纯化产品？
5. 能进行水蒸气蒸馏的物质必须具备哪些条件？
6. 比较叶绿素、叶黄素和胡萝卜素的极性，说明为什么胡萝卜素在色谱柱中移动最快？

附 录

按次序规则排列的一些常见的取代基

（按优先递升次序排列）

序号	取代基	构造	序号	取代基	构造
1	氢	H	16	甲氧羰基	$CH_3O-\overset{\displaystyle O}{\overset{\|}{C}}-$
2	氘	D	17	氨基	H_2N-
3	甲基	CH_3-	18	甲氨基	CH_3NH-
4	乙基	CH_3CH_2-	19	二甲氨基	$(CH_3)_2N-$
5	异丙基	$(CH_3)_2CH-$	20	硝基	O_2N-
6	乙烯基	$CH_2=CH-$	21	羟基	$HO-$
7	环己基	⬡—	22	甲氧基	CH_3O-
8	叔丁基	$(CH_3)_3C-$	23	苯氧基	⬡—O—
9	乙炔基	$HC\equiv C-$	24	乙酰氧基	$CH_3-\overset{\displaystyle O}{\overset{\|}{C}}-O-$
10	苯基	⬡—	25	氟	$F-$
11	氰基	$NC-$	26	磺酸基	$HOSO_2-$
12	羟甲基	$HOCH_2-$	27	氯	$Cl-$
13	醛基	$H-\overset{\displaystyle O}{\overset{\|}{C}}-$	28	溴	$Br-$
14	乙酰基	$CH_3-\overset{\displaystyle O}{\overset{\|}{C}}-$	29	碘	$I-$
15	羧基	$HO-\overset{\displaystyle O}{\overset{\|}{C}}-$			

参考文献

[1] 章红，陈晓峰. 化学工艺概论. 北京：化学工业出版社，2010.

[2] 陈艾霞，杨龙. 化学. 北京：化学工业出版社，2009.

[3] 干洪珍. 化工分析. 北京：化学工业出版社，2010.

[4] 陈勇. 有机化学. 北京：化学工业出版社，2011.

[5] 宋金耀. 有机及生物化学. 北京：化学工业出版社，2009.

[6] 杨志明. 有机化学. 北京：化学工业出版社，2010.

[7] 周莹，赖桂春. 有机化学. 北京：化学工业出版社，2010.

[8] 刘斌. 基础化学. 北京：高等教育出版社，2012.

[9] 刘斌. 化学. 北京：高等教育出版社，2009.

[10] 唐迪. 基础化学. 第 2 版. 北京：化学工业出版社，2014.

[11] 马朝红，董宪武. 有机化学. 北京：化学工业出版社，2009.

[12] 王秀芳. 有机化学. 北京：化学工业出版社，2006.

[13] 潘华英. 有机化学. 第 2 版. 北京：化学工业出版社，2014.

[14] 姜淑敏. 化学实验基本操作技术. 北京：化学工业出版社，2008.

[15] 熊洪录，周莹，于冰川. 有机化学实验. 北京：化学工业出版社，2011.

[16] 孙世清，王铁成. 有机化学实验. 北京：化学工业出版社，2009.

[17] 邓苏鲁. 有机化学. 第 4 版. 北京：化学工业出版社，2007.

[18] 付云红. 工业分析. 北京：化学工业出版社，2009.